最適化工学のすすめ

——賢い決め方のワークベンチ——

工学博士　清水　良明　著

コロナ社

まえがき

我々は，日常生活で何気なく種々の意思決定を行っていて，多くの場合それなりに満足いく結果を得ている。一方，工学の世界では数学的な定式化を経た最適化の結果に基づいているにもかかわらず，現実の問題解決として有効でないという指摘がある。こうした「アバウトだけれど有効」，「厳密なのに使えない」といった乖離（かい）の原因を探りながら，「時と場所」に見合った最適化技術について展望する必要がある。そして，最適化とその周辺技術による現実的で効果的な問題解決手順を提示できる「最適化工学（optimization engineering）」の展開が求められる。

意思決定における最適化の必要性の背景には，近年，IMD（International Institute for Management Development）主宰の競争力ランキングが落ち込んでいることと連動させるべきと考えている。産業コストの国際比較において，特に人件費や輸送通信コストで競争諸国と比べてきわめて不利な状況の中で，意思決定のスピード化と運用の合理化が競争力回復の必須条件であるからともいえる。さらに多くの先進国の第３次産業の占める割合は70％を越え，あるいは越えようとしており，ハードな有形の製品を生産する「ものづくり」から，無形の製品を生み出す「ソフトなものづくり」が主流となってきていることの認識も必要となる。そこではサービスを含めた付加価値を高めることが，新しいビジネスモデルとなる「ことづくり」を併せて考えることが大切になってくる。最適化は，こうしたサービスイノベーションを指向する新しい領域における強力な手段の一つとしても期待されている。このとき，数理計画分野における最適化技術の単純な適用だけでは不十分で，製品やプロセスのライフサイクルにわたって問題発見から問題解決，そして実行支援への一連の手続きの中で包括的な考察が不可避となる。

最適化工学をこのような総合的な意思決定支援の一つの道具ととらえた場合，対象システムの特性に則した現実を柔軟かつ十分に反映させることが重要となる。本書はこうした認識に基づいて，新しい工学分野として，最適化工学の提案を行うものであり，そこで必要となる要素技術を広く選択して重点を分散させて解説を加えた。このため雑多でアンバランスであるという批判が危惧される面もあるが，専門用語のみからでもインターネットなどを用いて広く情報を得るのに便利な時代になっている。また，最適化理論や手法に関しては，これまで多くの書籍が出版されており，読者の要求レベルに応じて参考にすることができる。このように本書の一つの特徴は，最適化理論や手法に限定せず意思決定支援に必要な周辺技術にも関心を寄せ，「賢い決め方」の要素技術を，より大きな枠組みの中に配置したことである。本書の別の特徴は，学部と大学院の両方の教科書として利用できる点である。基礎となる3章と4章は，おもに学部の教科書として用いられることを念頭に置き，多くの例題と演習問題をつけた。残りの章は，学部での基礎的知識を修得後のより抽象的，概念的な内容に慣れた大学院での授業に用いるのが適当である。また応用例は，学部・大学院の両方での学習において適時参照し，具体的イメージを持つために有用となる。さらに企業の実務家には，1，2章と6章が特に役立つ。最適化の問題点の所在を知ることは現実の問題解決の入り口である。現状を知り周辺技術の利用価値を図って，適用の可能性を探っていただきたい。こうした試みの意図が理解され，本書が，だれでもがどこでも気軽に最適化を通じた「賢い決め方のワークベンチ」となり，ひいては最適化の知識を意思決定のための知恵に昇華するプロセスの鍛錬に利用されることを切に望んでいる。

そもそも本書の企画は，日本学術振興会第143委員会の傘下で，小生が代表世話役を果たした，ワークショップ26「意思決定の支援技術としての最適化」の最終報告書を取りまとめた頃に思いついた。現場では最適化技術がなかなか浸透していかないという意見が少なからずあり，何とか使える道具にする工夫が今後必要であるという課題が残った。そこで，本学での教鞭で蓄えてきた教材に書き足して，最適化を使える道具にする工夫をまとめたいと考えるようになった。この思いを現実化できたのは，ひとえにコロナ社によるところと深く感謝している。また，ワークショップでの議論も参考とさせていただいた。ここにメンバ全員に感謝の念を送りたい。悪筆を何度も繰り返し清書してくれた秘書の中尾佳子さんにもお礼を述べたい。家族の存在も完成までの大きな拠り所となっている。利香，祐香，良紀，皆にありがとうと告げたい。

2009年12月　豊橋にて

清水　良明

目　　　次

1. はじめに

2. 意思決定問題の認識と定義のための方法

3. モデル化とシステム解析法

4.　最適化理論と最適化手法

5.　多目的計画法による実行支援

6.　最適化工学の確立に向けて

7. お わ り に

1 はじめに

種々の日常の意思決定において，われわれは特段分析的に問題を定義することはまれであるが，暗に最適化を意識して数多くの決定を行っている。一方，工学世界の意思決定では，論理的に明確な定義（数学的定式化）が求められ，最適化はそこでの問題解決のための道具の一つとして古くから広く用いられてきた。このように見れば，最適化という概念は特殊なものでなく，むしろ身近なものである。

ところで従来，最適化理論や手法の研究・開発は主として数理工学やオペレーションズリサーチ（OR）の分野で行われてきた。したがって，そこでの最適化に対する研究は，最適化理論や最適化手法に関するものが中心となっており，その前提や結果の解釈とかかわるところにはほとんど関心が払われてこなかった。換言すれば，「いかに問題を一般的に理解するか」や「いかに問題を解くか」については数多くの研究がなされているが，「いかに問題を定義するか」や「いかに結果の利用を支援するか」についての研究はほとんど行われていない。また，**産業応用工学分野**（practical systems engineering，略してPSE）では，最適化研究の成果のユーザであることが多かった中で，計画・設計・運転・管理・保全といった業務上の異なる部門で求められる決定の質やレベルの違いに応じて最適化が適用されていただろうかという疑問が残る。

すなわち，最適化問題を決定変数 $\boldsymbol{x}$，目的関数 f および制約条件 X の3組表記，i.e., $\{\boldsymbol{x}, f, X\}$ として見たとき，これらの与え方や設定の妥当性や合理性を十分に検討することを習慣としてきたとはいい難い。また，求解結果の現実化のための技術開発も不十分であったといわざるを得ない。最適化技術の発展に伴って大規模化・複雑化してきた問題を，数理工学やOR分野の成果からの発見や工夫は適時付け加えるとしても，単に手法を適用して解くことだけに重点を置きすぎていたといっても過言ではない。

最適化技術は間違いなく今後とも，種々のPSEにおける意思決定支援の主要な要素技術の一つであり続けるであろうから，真に有効であるためには「時と場所」に見合った適用が求められる。そして，「数理的・理論的に優れた解法が応用現場でも必ずしも良いとはいえない」という仮説の下で，制御工学屋の「制御理論」に対して化学工学屋の「プロセス制御」があるように，理論的な最適化に対するPSEでの現実的な最適化である**最適化工学**（optimization engineering）の展開が求められる。

そして最適化が，工学とかかわる現実の問題解決の単に概念や後付けの解釈として有用であるだけにとどまらず，実際の役に立つためには，最適化プロセスを総合的な意思決定支援の一部ととらえ，対象システムの個性に応じて，最適化問題の3要素 $\{\boldsymbol{x}, f(\boldsymbol{x}), X\}$ のおのおのの現実を柔軟かつ適応的に反映させることが重要となる。すなわち，数理的な最適化は，「仮想の世界」の中で完結するのに対して，「最適化工学」で目指す最適化は，**図1.1**に示すように現実と仮想の世界を往来する枠組全体を視野に入れた取組みとなる。また，ライフサイクルにわたる現実での問題解決は一般に協調作業であり，これらの3組要素に対する認識はそれに携わる人々ごとに異なることを認識して，最適化周辺問題とも十分にかかわる必要がある。そして，これまでなんとなく決めていたため

- 目的があいまいでは
- その定式化で本当によいの
- 結果をどのように解釈したらよいの
- 結果をどのように生かせばよいの

などといった，PSEの現場でしばしば生じていた疑問に真剣に対峙（じ）し，これに対する明確な

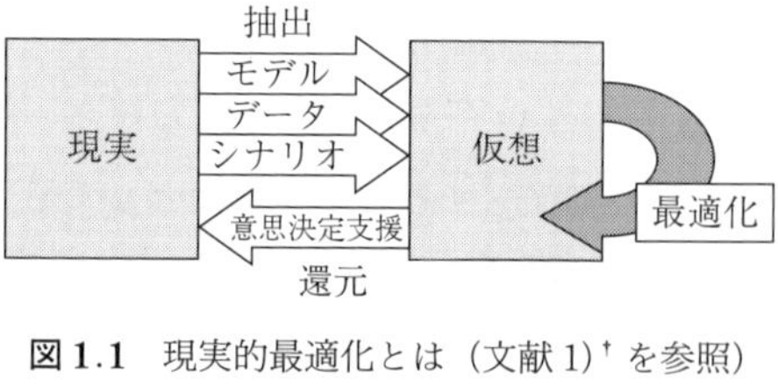

図1.1　現実的最適化とは（文献1)† を参照）

† 肩付き数字は，巻末の引用・参考文献を表す。

枠組みを与え，具体的に回答できる手順を示すことが重要となる。そして，こうした総合的な取組みの確立を最適化工学の目標とする。

そして，最適化工学では，意思決定手順における要件の各ステップ相互の連携を表現した**図 1.2**（IDEF0 で描写，その手法は 2.2.2 項で説明，モデル全体は付録 2.を参照）を念頭に置き，最適化自体は総合的な意思決定支援の一部としてとらえることにする。

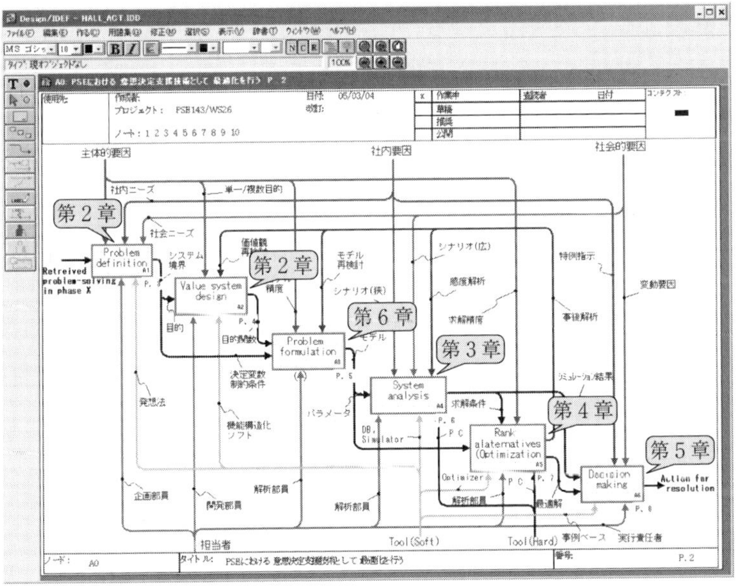

図 1.2　意思決定手順における要件の IDEF0 モデルの一部

さらに，**表 1.1** に示すような現実的な最適問題の特徴を意識しながら，対象システムの個性を生かすために

- 不確定（量）性に対する補償
- 設計問題と制御問題の連携解決の役割

などにも関心を持ち，評価指標（目的関数）の適切な設定は当然のこととし

表 1.1　現実的な最適問題の特徴

目的関数の数	複数
目的関数の性質	定量/定性的の混在
決定変数の性質	動的/経時的変化
パラメータ数	多数
探索空間の性質	未知の空間/多次元
制約条件の有無	有
数式モデルの性質	非線形
機能の分割	困難/不可能

制約条件の識別においては

- ソフト制約：できるだけ満たすようにする
- ハード制約：必ず満たすようにする

決定変数の性質として

- 設計量：決定後は固定される（静的）
- 制御量：決定後もある範囲以内で変更でき，動的な側面がある

などの特徴を意思決定の各ステップで求められる決定の質とレベルとの関連において意識することが重要となる。

このような観点の下で，さらに近年の最適化およびその周辺において着目すべきトピックス，例えば

- 大規模問題への取組み（全体最適化，統合最適化）
- ハイブリッドシステム，動的，オンライン最適化
- メタヒューリスティックス手法による組合せ最適化
- 最適化ソフトウェアの現状と役割

などにも関心を寄せ，最適化工学として開発の必要性の高い，あるいは効果の大きい要素技術に着目して，筆者のこれまでの著作物[2)~5)]なども参照しながら，基礎から応用までの解説を行う。本書は以下のような内容となっている。

まず1章では，上述のように検討すべき最適化についての考え方を述べた。

2章では，意思決定においてごく自然に求められる観点である合理性の意味について考察する。ついで，問題発見と問題定義のためのシステムズアプローチについて触れる。一般に，このような初期の段階の意思決定は問題自体の把握に大きな関心が寄せられることを指摘し，数学的に**悪定義**（ill-defined）な場合を考察できるような接近法が有効となることに着目し，ISM法と機能構造モデル化手法，IDEF0を紹介する。また，6章で例示する最適化問題の定式化のための方法論において援用する方法についてもごく簡単に触れる。

最適化結果が十分に生かされるためには，前提として対象とするシステムのモデル化と解析が重要となる。3章では，こうしたモデル化と解析のための基礎的な手法を紹介する。動的システムの伝統的なモデル化手法に続いて，離散事象システムに対するペトリネット手法と，近年種々の応用に成功しているニューラルネットワークの代表的な手法の解説を行う。所与の問題解決の視点と目的に応じて必要となるモデルは異なるということが理解され，モデル選択の重要性の認識の涵（かん）養を狙って

いる。

合理性を担保する論理的規範として，最適化は主要な位置を占めることから，4章では最適化理論と手法について述べる。まず，単一目的の最適化の中で最もよく知られている実用的解法である線形計画法（LP）について詳細に説明する。LPは新しい最適化手法とはいえないが，現在に至ってもけっして陳腐なものではない。現実に多くの分野での問題解決に広く応用されている。より効率よく解けるように，より問題固有の対応ができるようにと，たえず改良が行われてきたためといえる。特に近年，従来の常識を破る新しい解法である内点法は，大規模問題における実用的なアルゴリズムとして成功を収めている。

一方，非線形計画法（NLP）は，実用的な求解面からはLPのレベルにはいまだ達していない。最適化技術の役割が今後ますます増えていくことが予想される中で，現実のほとんどのシステムは非線形であることを考えれば，NLPの最適化理論や手法の新しい開発と応用が望まれる。ここでは，伝統的NLPの基礎理論と手法について解説する。

また，整数条件を持つ変数を導入することによってPSEにおける有用な多くの最適化問題を解決できるようになる。現在こうした問題に対して，汎用ソフトウェアを用いてかなり大規模な問題も求解できるようになってきていることは心強い。しかし，一般に整数変数の数の増大が求解を飛躍的に困難にするという事実（NP-困難/完全性）は変わらない。問題ごとに工夫を凝らし，必要最小限の整数変数の導入でシステムの表現を行う努力や，問題の特徴に合わせて解法を組み合わせるハイブリッドアプローチがPSEでは特に有用となる。ここでは，こうした観点を含めた解説を行う。

コンピュータの高速化やソフトウェアの性能によって，近年，最適化問題の解決能力は飛躍的に向上し，今後とも種々のアルゴリズムの効率化が期待できる。計算科学の飛躍的発展と，それに伴う有限要素法に代表されるようなシミュレーション技術をはじめとする周辺技術の目覚ましい進展に負うところもある。こうした流れの中で，従来，求解の困難であった組合せ最適化問題や大局的最適化問題に対して，メタヒューリスティックス（メタ解法）と総称される手法の開発と応用が盛んに行われてきている。こうした手法は理論に深くとらわれず，シミュレーションベースで手軽に最適化ができることや，他の手法とのハイブリッド化や新しい求解上の個別の工夫が比較的容易に行えることなどから，今後より広範な応用が期待されている。こうした最適化手法の発展は，従来求解が困難とされていた最適制御問題の求解法としても利用されるようになってきている。ここではこうした典型的な適用法に言及して紹介する。

意思決定における評価は本来的に多属性であり，近年の価値観の多様化傾向に追い風を受けて，多目的最適化の重要性は増大してきている。5 章では，このような多目的最適化の理論と手法について歴史的に概括する。ところで近年，研究が盛んな多目的進化手法は，本来，多目的解析法の一つである。しかし，現実的な意思決定では，純粋な数学的定式化におさまり切れない条件や当初は保留していた評価を改めて考慮する必要が生じるような場合もしばしば起こる。

例えば，**図 1.3** に示すように最初保留していた評価（f_2）を含めて総合的に下した決定 $\boldsymbol{x}^c$ は，元の単一目的問題では，そこでの最適解 $\boldsymbol{x}^*$ に劣る解である。しかし，評価 f_1 のわずかな劣化を受け入れることで評価 f_2 のかなりの改善が可能となることを知っていれば，はじめから決定 $\boldsymbol{x}^c$ を受け入れるようなことも起こり得る。このような点にも留意すれば，唯一の解より解集合を示す方が妥当であるとの立場からは，こうした多目的解析も広く多目的最適化とみなすことができる。

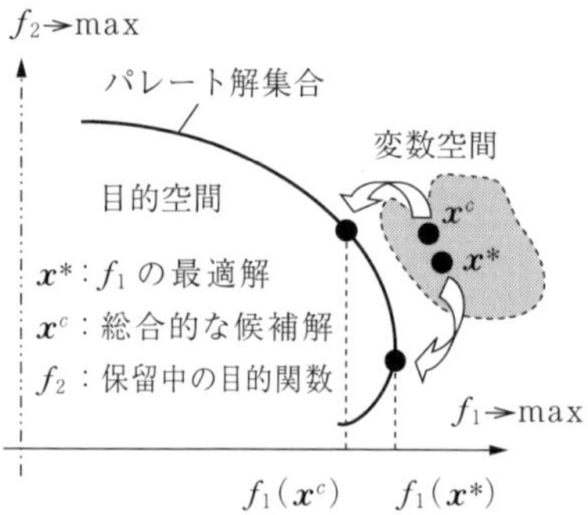

図 1.3　現実的な意思決定に伴う最適解の変容例

複雑な社会における多様な価値観の下での意思決定支援の効果的手法として，有限個の選択肢からの最良決定問題の代表的手法である階層分析法（AHP）を含めて広範な解説を試みる。

6 章では，種々の観点から最適化の現状の分析を踏まえて，まだ確立されていない最適化工学の展望について著者の考え方を述べ，2 章で紹介した要素技術を用いて最適化問題を定式化するためのシステムズアプローチの一例を示す。

7 章はまとめの章とする。

なお，**図 1.4** は最適化手順のロードマップを描いたものであるが，手元の改善したい問題の解決の手掛かりや学習の目的に到達するための地図として利用していただきたい。また，紙面の都合で不十分になった説明や応用例は，手前みそではあるが，著者の研究例を中心として引用した各章の文献などを参考としていただきたい。さらに，章ごとの演習問題の中には，本文中の説明の補足となるものも含まれている。参加型教材としての役割の一端が果たせるよう，解答例を見る前に自ら答を導いていただきたい。

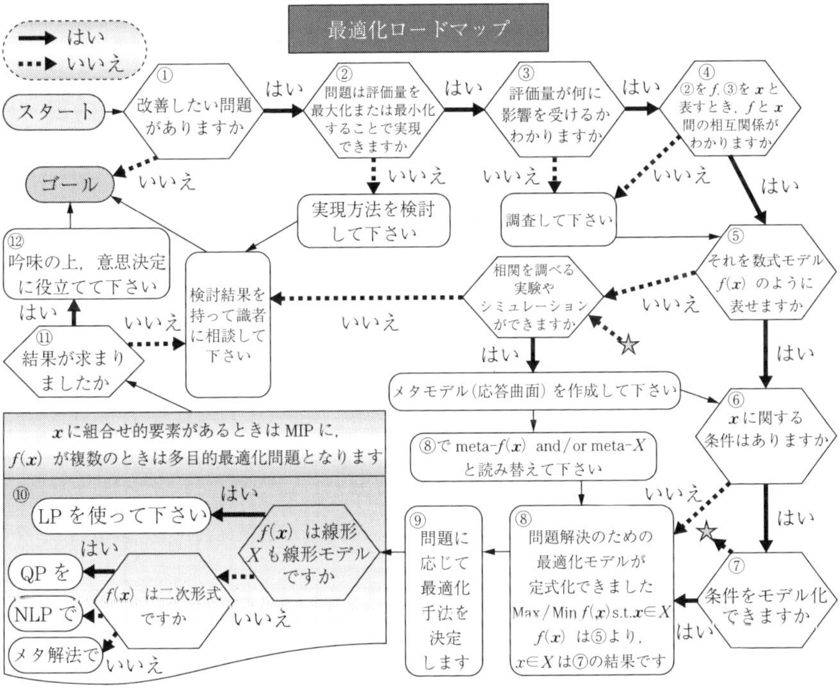

図 1.4　最適化手順のロードマップ

コーヒーブレイク

「**ロードマップ**」

懐かしい参加型の遊びが失われ，孤独な電子ゲームが席巻(けん)する中でボードゲームが静かに支持されていると聞く。最初，ボードゲームと聞いて怪訝(が)な顔つきに，双六(すごろく)みたいなものとの説明を受けて，なんだか懐かしくもうれしい気持ちになったようなことがあった。計画を立て，進捗状況を折に触れ確認することを，**TQM**（total quality management）風にいえば，「ロードマップを描きベンチマーキングを実践せよ」ということになるのだろうか。本書の学習においても，ぜひこれに習ってほしいが，双六にも「一回休み」や「元に戻る」というこまもあれば，「過ぎたるは及ばざるが如(ごと)し」のたとえもある。「ほどほどに」といえば，甘いというお叱りには，「息子よ，人生は舗装された道だけではない」というコピーでバランスをとりたい。この言葉は，かつてトヨタ自動車が出した四輪駆動車「トヨタランドクルーザー」の新聞広告で使われたという。

2 意思決定問題の認識と定義のための方法

2.1　合理性と意思決定規則

常識的にいって，人間はその人なりの価値観の中ですべてのことに合理的な意思決定を行おうとする。合理的であるとは，日常的には，「理性によって納得できる，正しい論理にかなっている，無駄を省き最大の効果を上げるさま，うまく説明が付くさま」とかいった意味で使われる。そして，不合理（原理原則に反する），非合理（原理原則を欠いている），反合理（合理的な考え方，行動に反対する），感傷的，独断的といった意味の対義語として使われている。

多くの工学システムにおいて，経済性が唯一の基準であることが広く認知されていた時代においては，「最終目標＝経済性」であり，合理的な意思決定とは，「経済の無駄を省き最大の利益を上げること」といえた。しかし社会環境の変化によって価値観の多様化した近年においては，最終目標は先のように単直で単一ではなく，一般に複数の属性から構成されると考えられる。このため決定に際して，その重要な属性が抜けていれば，それは「非合理」であり，属性間の重要度が正当に決定に反映されていなければ，「不合理」である。さらに単独ではなく複数の意思決定主体間の決定においては，総体の意思が反映されないような決定は独断的であり，結果として時には「反合理」な行動を呼び込む恐れがある。

ところで，意思決定とは，「選択を正当化する理由付けを探すことだ」との指摘があるように，ある選択肢をなぜ選んだのか，その理由が自他に対して正しく，わかりやすく説明される必要がある。このためには，対象とする意思決定の最終目標が何であるのか，すなわち**価値の構造**（value system）を明確にしておくことが重要となり，適用する意思決定規則の妥当性が問題となる。このため意思決定規則が，時と場合に応じて使い分けられて適用されており，これにはいくつかの種類が存在するので以下に紹介しておく[1]。

ある属性における低い評価を別の属性の高い評価が補って，総合的に評価される場合，これらの属性間には補償関係があるといわれる。意思決定規則は，属性間の補償関係を認めるかどうかで，**補償型**と**非補償型**に大別される。

非補償型のものとしては，以下のものが知られている。選択肢の対の中で，少なくとも一つの属性において他方より望ましく，その他のすべての属性において同等に望ましいか，それ以上であるような一方は他方に対して優越しているという。**優越性ルール**（dominance rule）とは，選択肢の対の中から一方を選ぶときに優越する方をとるような規則で，5章でのパレート最適性と通じるものである。

また，属性ごとに望ましいと考えられる基準値をあらかじめ設定し，すべての属性においてそれ以上であるような選択肢を選ぶのが，**連言ルール**（conjunctive rule）で，一つでも満たすものなら選択してよいというのが，**選言ルール**（disjunctive rule）である。

さらに，属性間の重要度に順序付けが可能な場合に，まず重要度の一番高い属性のみから見て最も好ましいものをとる。それが複数個あれば，つぎには，2番目に重要な属性で比較する。こうした手続きを順次繰り返していくのが**辞書式ルール**（lexicographic rule）である。**排除ルール**は，基準値を満たさないものをつぎつぎに排除していくもので，辞書式ルールと裏返しの関係にある。

一方，補償型のルールとしては以下のものがある。**勝率最大化ルール**は，比較対間で，相手より優れている属性の数が多い方を選ぶようなルールである。また，**効用差加算ルール**や**効用加算ルール**は，比較対象間で優れている属性の数を単に数えるだけではなく，その程度を定量的に評価して順位を決めようとするものである。前者は，属性ごとに優越性の差を値として与えその合計で優劣を決める。一方，後者は，多属性効用理論の標準的なルールであって，属性ごとの効用値の和を利用するものであり，関数の与え方で種々の効用の表現が可能である。

さらに，**プロダクションシステム利用ルール**は，例えば，「もし生産効率が同じなら，品質の優れた生産ラインの方がよい」といったようなIF-THEN型のプロダクションルールを用いて意思決定者の選好を表現しようとする試みである。人間の自然な価値判断を模擬できるが，複雑な問題では，条件部（IF）と帰結部（THEN）の組合せは莫(ばく)大となるため，一般的に現実的な対応は容易でないとされている。

2.2 問題発見と問題定義のためのシステムズアプローチ

サイモン（H. A. Simon）によれば，人間は直接解くことが困難な複雑で大規模な問題解決に遭遇した場合，一般につぎのような手順をとるという。まず，より理解しやすい複数のサブ問題への分割を考えてみる。つぎにこうした問題の細分化を，帰着するサブ問題が直接解けるところまで続けていき，個々のサブ問題の解を得る。さらに，これらの中から元の問題の解決に役立つと思われる結果を試行錯誤的に選び出しながら，今度はサブ問題の解を合成していくことで問題解決に至ろうとする。そして，こうした手順における一般的な過程として，**発見過程**（intelligence phase），**設計過程**（design phase），**選択過程**（choice phase）の三つを挙げている[2)]。

一方，ホール（A. D. Hall）は，システムエンジニアリングにおける形態学的な整理を行い，問題解決の論理的な展開手順として，**問題の定義**（problem definition），**価値システムの設計**（value system design），**システムの合成**（system synthesis），**システム解析**（system analysis），**代替案の最適化**（optimization of alternatives），**意思決定**（decision making），**実行計画**（planning for action）という七つのステップを示している[3)]。なお，図1.2で示した本書の構成もほぼこの展開にならっている。

これらの考え方に共通していることは，一挙に問題解決が不可能なとき，問題の規模や複雑さの程度に応じて，考察の範囲を限定しながら段階を踏むという点である。このような接近法は，人間の思考範囲の限界を考えれば，合理性に優れた常套(とう)的手順の一つと考えてよい。また，現実に一つのプロセスを工業的に完成させていく場合においても，プロセス全般にわたって，一挙にすべての問題解決を行うことはきわめてまれである。プロセスの規模が大きくなればなるほど，完成までに多くの情報が必要となり，決定すべき事項も飛躍的に増大する。しかもどの段階での答を求められているかによって，与えられる情報の量や質もまちまちであり，決定の程度の詳しさや質も大きく違ってくる。したがって，情報や決定の特性がある程度そろえられる範囲で対象を区切るのが一般には実際的であり，また効率的でもある。

ところで初期段階の意思決定のように，問題設定の境界で不確定な外的条件とのかかわりを抜きにして論じられないような場合には，数式によるモデル化が困難な場合も少なくない。このため一般的には，数式モデルに依存するような手法は採りにくく，問題自体の把握に大きな関心が寄せられる。したがって，純粋に数理的な手法より，問題構造を明らかにしながら論理的な意思決定を支援するための手法，例えば，種々の発想法や機能構造のモデル化手法の適用が有用といえる。中でも古くからよく用いられてきたブレインストーミングやデルファイ法，および近年のいくつかの方法については2.2.3項で取り上げる。さらに数理的手法自体も数学的に**悪定義，悪設定**（ill-posed）な場合を含めて考察できるようなものが有効となる[4),5)]。以下では，そのような視点から役立つと思われる手法として，ISM法[6)]と機能構造モデル化手法IDEF0[7)]について説明する。

2.2.1 ISM法[6)]

ワーフィールド（J. N. Warfield）によって開発された**ISM法**（interpretive structure modeling method）は構造モデル化手法の一つである。ISMは，システムを構成する要素間の相互関係の個人またはグループとしての認識パターンを明らかにすることを通じて，複雑な問題を分析し，システムの理解に役立てようとするものである。このためコンピュータを使ってグラフ理論に基づく系統的処理により，解析結果を多階層の有向グラフとして視覚的に表現するのである。以下にその手順の概要を示す。

システム要素の集合 $S=\{s_1, s_2, \cdots, s_n\}$ 上で，要素 s_i が要素 s_j に直接的に，

ある関係 R を持つ場合，これを s_iRs_j と表す（このような R は**二項関係**と呼ばれる）。集合 S 上での二項関係は，S の要素 s_i をグラフの頂点で表し，s_iRs_j のとき，頂点 s_i から頂点 s_j へ向かう矢印を描くことにより，有向グラフとして表すことができる。二項関係を**二部グラフ**と呼ばれる有向グラフで表現した例を**図 2.1** に示す。そこでは例えば s_1 は（直接的に）s_5 と関係し，また，s_3 と s_4 は相互に関係し合っている様子が表されている。

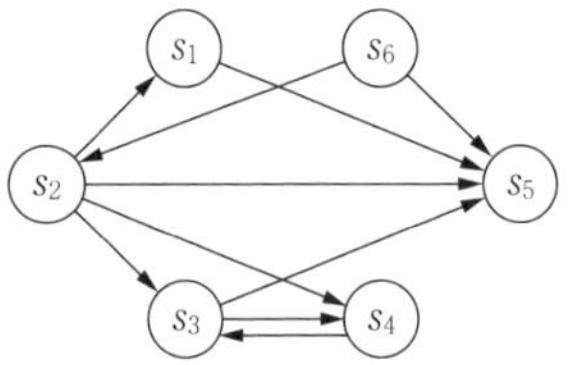

図 2.1　二部グラフの例

ISM での実際の作業は，すべての要素間で関係 R が成立するか，しないかを調べ[†1]，その結果を 2 値行列より表すことから始められる。つぎの例において具体的に示す。

【例 2.1】　図 2.1 に有向グラフで表した関係の ISM モデルの作成手順を以下に示す。

（1）もし第 i 要素が第 j 要素に直接関係しているときには，行列の第 i-j 要素に 1 を，そうでないときには，0 を記入した**随伴行列**（adjacency matrix）$\boldsymbol{A}$ を作製する。ここでの随伴行列は右のようになる。

$\boldsymbol{A}=$

	s_1	s_2	s_3	s_4	s_5	s_6
s_1	0	0	0	0	1	0
s_2	1	0	1	1	1	0
s_3	0	0	0	1	1	0
s_4	0	0	1	0	0	0
s_5	0	0	0	0	0	0
s_6	0	1	0	0	1	0

（2）随伴行列に単位行列 $\boldsymbol{I}$ を加え，$(\boldsymbol{A}+\boldsymbol{I})^{n-1} \neq (\boldsymbol{A}+\boldsymbol{I})^n = (\boldsymbol{A}+\boldsymbol{I})^{n+1}$ が得られるまでブール演算[†2]を繰り返し，**可到達行列**（reachability matrix）$\boldsymbol{T}$ を求める。

先の例では，式（2.1）のようになる。ここで網がけされた 1 は，元の（$\boldsymbol{A}+\boldsymbol{I}$）行列にはなかった要素で間接的な関係を示す。例えば，$t_{45}=1$ は，要素 s_4 と要素 s_5 との間には直接的な関係はないが，図 2.1 からもわかるように，要素 s_3 を通して（間接的に）関係している。つまり，可到達行列 $\boldsymbol{T}$ の（i,j）要素 t_{ij} が 1 であれば，有向グラフ上で頂点 s_i から頂点 s_j へたどって行けることを，t_{ij} が 0 なら頂点 s_i から頂点 s_j へはどのようにしても到達できないことを表している。なお，このときの n は，最長の経路数を表している。したがって，行列 $\boldsymbol{T}$ には行列 $\boldsymbol{A}$ に表現された直接的関係とともに，関係 R の推移性を仮定したときの間接的関係も同時に示されていることになる。

†1　例えば，関係 R を「好ましさ」とするとき，s_i は s_j より好ましいかどうかを調べる。
†2　（和）$1+1=1$，$1+0=1$，$0+1=1$，$0+0=0$，（積）$1\cdot 1=1$，$1\cdot 0=0$，$0\cdot 0=0$

$$
\boldsymbol{T}=(\boldsymbol{A}+\boldsymbol{I})^2=\left[\begin{array}{c|cccccc}
 & s_1 & s_2 & s_3 & s_4 & s_5 & s_6 \\ \hline
s_1 & 1 & 0 & 0 & 0 & 1 & 0 \\
s_2 & 1 & 1 & 1 & 1 & 1 & 0 \\
s_3 & 0 & 0 & 1 & 1 & 1 & 0 \\
s_4 & 0 & 0 & 1 & 1 & 1 & 0 \\
s_5 & 0 & 0 & 0 & 0 & 1 & 0 \\
s_6 & 1 & 1 & 1 & 1 & 1 & 1
\end{array}\right]=(\boldsymbol{A}+\boldsymbol{I})^3 \tag{2.1}
$$

（3）グラフの階層関係を調べるため，同一レベルに属する要素ごとに分類する作業（レベル分割）を開始する（$k=1$ とする）。

（4）要素 s_i についてつぎの二つの集合

$R_k(s_i)=\{s_j\in S\,|\,t_{ij}=1\}$；要素 s_i から**到達可能**（reachable）な要素の集合

$A_k(s_i)=\{s_j\in S\,|\,t_{ji}=1\}$；要素 s_i に**先行する**（antecedent）要素の集合

を定義し，要素ごとに $R_k(s_i)$ と $A_k(s_i)$ を求める。

（5）$R_k(s_i)\cap A_k(s_i)=R_k(s_i)$ を満足する集合 L_k を求める。この関係は，到達可能な要素はそれ自体しかないことを表しており，この集合内の要素は，（まだレベル分割されていないものの中で）有向グラフの最上レベルに位置することになる。

式（2.1）で与えられる可到達行列を基にこの計算を行うと，**表 2.1** のようになり，s_5 が最上位となることがわかる。

表 2.1　第 1 レベル要素の検出過程

要素 s_i	R_1	A_1	$R_1\cap A_1$	L_1？
1	1,5	1,2,6	1	
2	1,2,3,4,5	2,6	2	
3	3,4,5	2,3,4,6	3,4	
4	3,4,5	2,3,4,6	3,4	
5	5	1,2,3,4,5,6	5	Yes
6	1,2,3,4,5,6	6	6	

（6）L_k の各要素に対応する行，列を行列 $\boldsymbol{T}$ から除き，空でなければ $k=k+1$ とし，ステップ（4）に戻る。空のときには，レベル分割が終了したことになるのでつぎへ進む。

いまの場合には，第 2 レベルの要素は，$L_2=\{s_1,s_3,s_4\}$，第 3 レベルの要素は，$L_3=\{s_2\}$，第 4 レベルの要素は，$L_4=\{\varepsilon_6\}$ と順次決められる。

（7）同一レベル内での位置関係を調べるため，L_k ごとにレベル内分割を行う。もし $R_{L_k}(s_i)=s_i$ であれば，s_i はレベル内の他の要素とは離散しており，$R_{L_k}(s_i)\neq s_i$ のときは強連結の関係にあることがわかる。

いまの場合には，$R_{L_2}(1)=\{1\}$，$R_{L_2}(3)=\{3,4\}$，$R_{L_2}(4)=\{3,4\}$ であるから，s_1 は離散し，s_3 と s_4 が強連結である。

（8）強連結集合に分類された要素中で，同一ブロックに属するものどうしに分割する。このために，「同一ブロックに属する要素は，すべての要素に到達可能であ

り，かつ先行しなければならない」という性質を利用する。ここでは，第2レベルで s_3 と s_4 は同一ブロックに属する強連結要素であることは，$R_{L_2}(3)\cap R_{L_2}(4)=\{3,4\}$，$A_{L_2}(3)\cap A_{L_2}(4)=\{3,4\}$ から確かめられる。

（9）以上の結果を図示し，要素間の相対的な位置関係を視覚的に表す。本例での結果を**図 2.2** に示す。

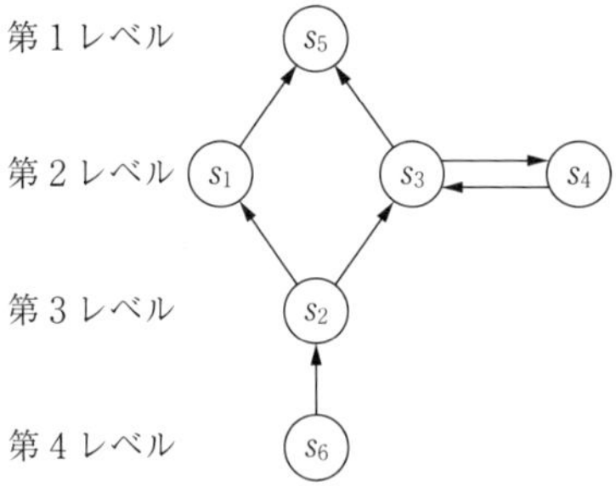

図 2.2　ISM 構造グラフ

以上は，ISM セッションと呼ばれる一連のプロセス中でのもっぱらコンピュータ処理が可能な1段階を示しただけにすぎない。実際には，要素の選択や結果に対する分析や議論等が繰り返し行われる必要があり，セッションが成功するためには熟練したコーディネータによる進行が不可欠であるといわれている。また，複雑な問題においては，視覚情報としての有効性を向上させるため，重複した煩雑な表現はできるだけ省き，最小必要限の表現（スケルトン表現）が採用されることが多い。

2.2.2　機能構造モデル化手法——IDEF0[7)]

最初に，本手法が求められる背景についてソフトウェア開発を例として述べる。コンピュータやネットワークを中心とする情報科学の進歩に伴い，アプリケーションソフトウェアの開発は大規模化，複雑化の一途をたどっている。そしてこうした技術開発に必要なアプリケーションを身近で大量に生産する必要があるにもかかわらず，現実には利用者の要請がどんなものであるかが十分に把握できないため，真に有効なシステム化につながらないという現象が現れてきている。このため，何をどのソフトウェアで処理するかというユーザの要請を明確化するための技術が求められている。

このとき，単一で相互依存性の少ない場合は，処理内容のテーマさえ知っていれば十分である。しかし，いくつかの機能が組み合わさった場合には，それぞれの機能を果たすシステムを単純に合わせたシステムではまったく不十分で，ビジネス活動の機能全体を把握し，システムとして組み合わせていく技術が必要となる。すなわち境界の明瞭(りょう)な定義と標準化に基づく，システム分析者とソフトウェア開発者の分業と効果的な連携が必要となってくる。このため，まったく技術的に基盤の異なる作業を分業化し，円滑に引き継いで作業を進めることが特に重要となる。

ここで境界の定義とは，システム分析者の最終的なアウトプットであり，ソフトウェア作成者へのインプットとなる**要請**（requirement）を明らかにすることといえる。一方，標準化は，意思決定における手順とその作業中に使われる様式やモデル，ならびに最終的な出力の表現を一貫して行うことに関係している。このためには，まず問題を理解し，つぎにそれを形式的に表現し，最終的に問題の特性に対して合意を得ることを目的とする枠組みを与えることが求められる。換言すれば，従来は不完全でかつ非形式的に表現されていたものから，できるだけ形式的かつシステマティックな表記法によって，正確でかつ一貫した仕様に変換することが必須となってきているといえる。

こうした技術の確立に向けた手法の一つとしてIDEF0がある。IDEF0は，もともと米国の空軍が1機種の航空機を複数のメーカに分割して発注する際，発注仕様を標準化するために開発されたもので，図により見やすく，処理やデータの関連と流れを表現するのに適した機能構造モデル化手法である。IDEFはICAM DEFinitionの略語（現在は，簡単にIntegrated DEFinition Methodsと呼ばれている）で，ICAM（Integrated Computer-Aided Manufacturing）とは，空軍が1977年よりスタートさせた研究開発プロジェクトのことである。IDEF0はその研究期間の前半に，SofTec社のSADTをもとに開発され，今日，IDEFファミリー[8]として知られるソフトウェア群の基本となるものである。このほか，IDEF1は情報モデリング手法で，CIM構築における情報の利用と管理のために利用される。またデータモデリング手法であるIDEF1Xは，IDEF1をリレーショナルデータベースと連携させるためのものである。さらに，IDEF2，IDEF3，IDEF4，IDEF5は，それぞれ，シミュレーションモデリング手法，プロセス記述獲得手法，オブジェクト指向設計手法およびオントロジー記述獲得手法となっている。

欧米ではCIM（Computer Integrated Manufacturing），米国防総省の物流支援構想CALS，TQM（Total Quality Management），コンカレントエンジニアリングといった分野で，IDEFを利用することを義務づけたり，推奨されたりしてきたため，CIM化や経営戦略を実践しようとする企業やコンサルタント会社で広く使われている。また大学などの研究機関などでは，IDEFをより発展させた形で動的な評価まで行えるような手法の開発も行われている。さらにIDEFを国際標準化機構（ISO）規格にする動きもあり，ISOの技術委員会では，標準化作業に使う共通言語としてIDEF0やIDEF1Xがよく利用されている。

〔1〕 IDEF0の基本概念と構造

どんなに複雑な活動でも，それを構成する要素に分解していくと，最後は**図2.3**に示すような「ボックス」と「矢印」の2種類のシンボルだけの基本単位で表現できる。この単位を組み合わせたダイアグラムを階層的に展開することによって，複雑な活動を記述しようというのがIDEF0の基本思想である。このうちボックスは，モデル化の対象となるアクティビティを表す。それはモデル化の目的によってさまざまなものであってよく，活動であったり，情報の処理であったり，ものの変化であったりと，特に制約はない。なお，アクティビティは一般に動詞の形をとって表記される。例えば，「…を工場で生産する」といったアクティビティや「温度を監視する」，「…を設計する」，「…の見積もりをする」などが考えられる。

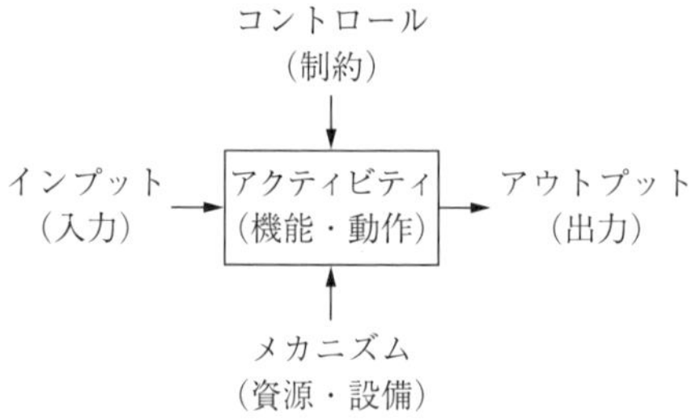

図2.3　IDEF0の基本単位

一方，矢印はダイアグラム上の複数のアクティビティどうしを接続し，相互の関係を規定する。これらの矢印はボックスのどこに入るかでそれぞれ特別の意味を持つ。

左から入ってくる矢印を**インプット**と呼び，その活動が処理する情報，作業内容，投入資源を表す。右へ出ていく矢印は，**アウトプット**で，この活動の結果，得られる成果や結果を書く。上から入ってくる矢印は**コントロール**と呼ばれ，活動を進める上での制約条件を記入する。例えば，法的，技術的な制約条件，競争力のある環境かどうかといった，経営戦略などの生産システムにおける生産指示などがこれに該当する。最後に，下から入ってくる矢印である**メカニズム**によって，コントロールの下でインプットから適切なアウトプットを得る活動を行うために必要となる資源・手段を表すことができる。例えば，活動組織，人，設備，情報システム，ツールなどがこれに該当する。

フローダイアグラムを用いた他の多くのモデル化手法は，種々の活動のプロセスをインプットとアウトプットによって「何が」変化するのかのみを表現している。これに対して，IDEF0 では表現したい活動を中心とする情報の流れを記述するだけでなく，活動の制約やメカニズムまで同時に表現できることが一つの強みである。一般に，どんな活動でも必ずメカニズムを内包しており，利用できるメカニズムの種類や能力によって，活動の能力や処理内容は変化する。また同様に，課せられたコントロールの条件の種類や程度によって活動は直接的な影響を受ける。したがって，コントロールやメカニズムの内容を検討しなければ，それは現実的とはいえない。このように，コントロールによって「なぜ」を，メカニズムによって「だれがどのように」を明確に表現できることが IDEF0 の大きな特徴であり，また優れた表現手法といえる理由である。

IDEF0 での矢印の接続形態は，入出力される位置とアクティビティの位置関係によって**図 2.4** に示すような 7 種類となる。外部とかかわる接続は，シス

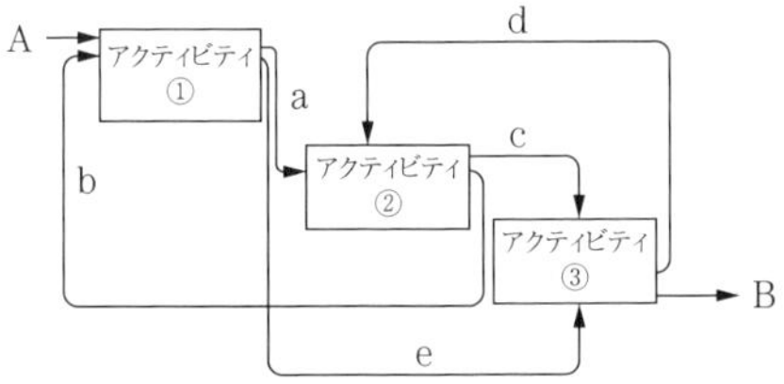

図 2.4 矢印の分類

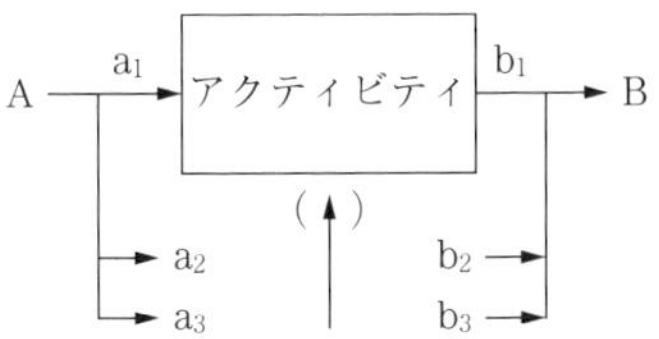

図 2.5 矢印の分岐，合流および
トンネル化

テム入力（図中 A）とシステム出力（同 B）のいずれかとなる。ボックスどうしの接続としては，アウトプットからインプット（同 a），アウトプットからインプットへのフィードバック（同 b），アウトプットからコントロール（同 c），アウトプットからコントロールへのフィードバック（同 d），アウトプットからメカニズム（同 e）の 5 種類が考えられる。

また矢印は，必要に応じて分岐（**図 2.5** の a_1〜a_3）と合流（同 b_1〜b_3）が可能で，矢印で表される情報やものを分岐したり集約したりできる。さらに各矢印にラベルをつけて，情報の流れの内容を具体的に示すことができる。

〔2〕　ダイアグラムの階層化

基本単位で用いられた 4 種類の矢印は，それぞれ複数であってもよいし，つねにすべてが必要とは限らず，コントロールとアウトプット以外は場合によって省略してよい。また，ダイアグラムを見やすくするため，1 枚のダイアグラム内のアクティビティの数を 6 程度（1 チャンク量）にする必要がある。図を見てすぐに理解できることがモデル化の重要な留意点であり，これらはこのための措置といえる。

しかし，大規模なシステムを詳細に記述するためには多くのアクティビティが必要になる。そのため，IDEF0 ではダイアグラムを階層化したツリー構造表現によってダイアグラムごとの簡潔性を保ちながら各アクティビティの詳細化を実現している（**図 2.6** 参照）。そして最下層では，各アクティビティを，何のルールに従って，どの設備により，だれが行うのかを具体的に示すことができるようになる。

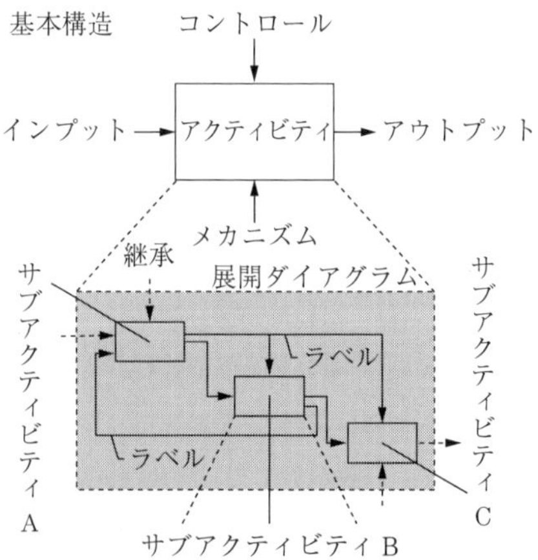

図 2.6　IDEF0 の基本単位とダイアグラムの階層化

階層化において矢印は，上位のダイアグラムから詳細化した下位のダイアグラムに継承される。例えば，図2.6の上位ダイアグラムのアクティビティに接続している矢印は，下位ダイアグラムでは外部と接続する矢印となる。また，先に述べた表現の簡素化の意図から，こうした継承を制限（トンネル化）できる（例えば図2.5で矢頭に（ ）が付いている情報は下位では省略される）。

〔3〕 **全般的な留意点**

IDEF0の記述方法は恣意的なため，モデル化に当たっては，**目的**（purpose），**視点**（view point），**範囲**（scope）を明確にすることが求められる。すなわち，モデル化の目的だけでなく，どの観点からものを見ているか，だれの立場で見ているかを明確にすることが特に必要とされる。また，モデル化の範囲を明確にし，記述内容が範囲内のものであるかを絶えず確認する必要がある。こうした観点からIDEF0ではダイアグラム以外にも，コンセプト，背景，モデルの説明文，説明図，使用された用語の定義を行う用語集（glossary），これらの作成者とレビューを行う手順などを記載したドキュメント（文書）が作成される。モデル化作業では，ダイアグラムとこれらを合わせてセットで扱うようにしており，**キット**と呼ばれる。一般にIDEF0での取組みはダイアグラム表現に集中しがちであるが，多人数の基盤の違った人々の間でコミュニケーションするためには，システム分析や設計の過程で，共通の理解を得るベースとなるこれらのキットの整備が重要となる。

このようにIDEF0では，モデル化の概念，モデルを記述する文法と用語，レビューの方法，システムの分析と設計に及ぶ広い範囲にわたって考察されている。したがって，IDEF0を使用するためにはその内容を熟知し，かつ応用できる能力が必要となる。ただし，モデル化作業は決して複雑・難解ではなく，むしろ非常に簡単なため，モデル作成もそれほど難しくない。さらに他人が記述したIDEF0のモデルを理解・解読するのも比較的容易ですぐに対応できる。しかし，単純であるということはその半面，恣意的で，使い方を誤ると混乱を招く。使用にあたっては，基本的知識とある程度の習熟が必要になる。

また現実的なIDEF0モデルを作成しようとすると，ダイアグラムはかなりの層の数となる。さらに，これらの階層間で情報は継承されており，ある部分の変更は他のモデルにまで及ぶ。複雑なモデルの修正を手作業で行うことは多大な労力が必要になり，モデル化や分析作業を省力化，合理化しようといった目的に反しかねない。このため，こうした手法を効率的に使用するには，ツールとしての使用可能なソフトウェアが必要不可欠となる[9]。

〔4〕 生産システムにおける構築例

ここでは**図 2.7** に示すような各工程における生産管理などの生産活動を対象とした例[10] を示す。

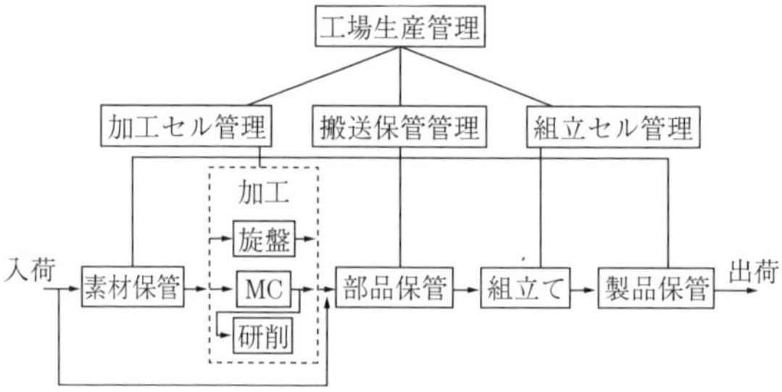

図 2.7　生産活動を構成する工程例

【例 2.2】 図 2.7 の工場での生産管理の分析と改善のためのモデルをものの流れと情報の流れを関連させることにより，情報がものの流れにどのように影響を与えているかを明確にしようとする視点から作成せよ。

解 「＊＊を工場で生産する」という基本アクティビティとこれに関連する要因を記述する。この工場では，素材と部品を原材料として入力して，加工，組立工程を経て製品を出力する。また，この工場の生産活動のサブ機能として，加工，搬送保管，組立てのための管理が存在する。さらに，ものの流れは，受注情報により生産管理で制御されている。このとき最上位ダイアグラムは**図 2.8** のように描かれ，それを 1 段階詳細化したのが**図 2.9** となる。そこでは各アクティビティに影響を与える情報が上部からコントロールとして入力され，搬送保管アクティビティの出力として制御情報が生産管理アクティビティにフィードバックされている。

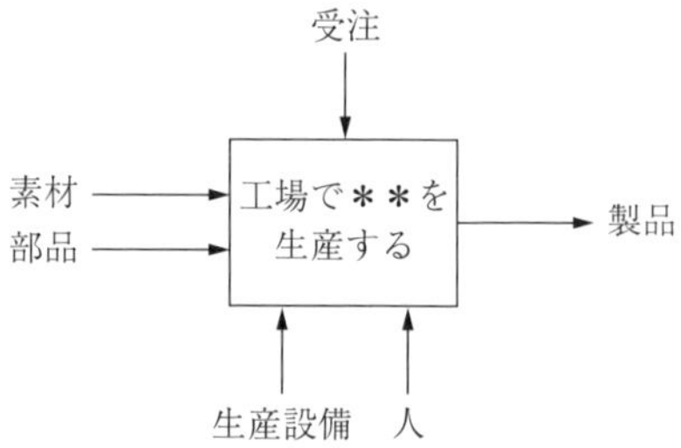

図 2.8　最上位ダイアグラム

つぎには，この中で各工程を取り出し，モデル化の目的により，さらに詳細化を進めていくことになる。

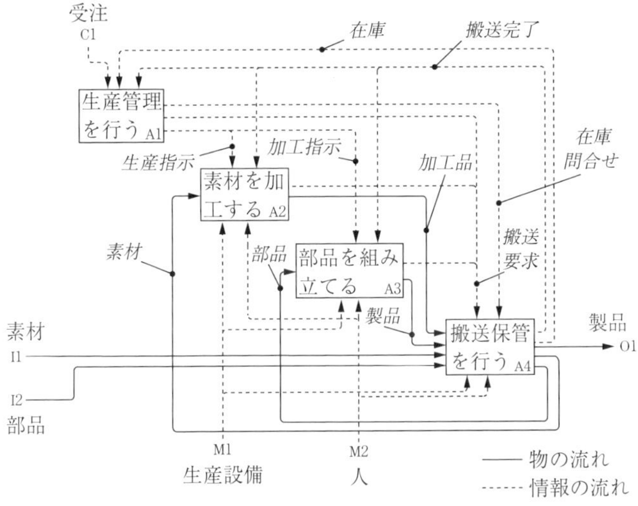

図 2.9　1段階詳細化したダイアグラム

このようにIDEF0モデルを用いて，ものと情報の流れの現状（as-is）を必要に応じて広く分析することが可能で，今後の改善（to-be）を検討する上で有用であることが確認されるものと思う。

〔5〕 今 後 の 展 望

近年，製造業においても生産活動の急速な広域化とともに製品開発の高速化が求められてきている。こうした状況においては，単に生産プロセスのハード面を考察の中心とする従来型の問題解決法では不十分である。大量の情報の中から利用可能なものを上手に選び，製品の企画から販売，さらにはそのリサイクル，再利用をも含むライフサイクル全体を視野に入れたビジネスプロセスとしての取組みが必要となる[11)]。そこでは，資源の調達，製品の設計開発，生産，品質管理と保証，営業など，まったく異なる分野の専門家が関与する。このため複雑な業務の流れ全体を誤解せずに皆で共有するためには，複雑な業務の流れや組織間の情報のやり取りを，だれの目にもわかりやすい形で表現することがますます必要になる。

IDEF0の主旨には，視覚的に**見やすく，理解しやすく，見通しを立てやす**

くといったことが謳(うた)われており，プロセスを正確に視覚的にわかりやすく記述することの意義は大きい。わが国でも一時ブームとなったリエンジニアリングを実施するとき問題となったのは，対象とするビジネスプロセスが，「現在どうなっており（as-is）」，「どこに問題があり，どう直すべきか（to-be）」を表現する手段が整備されていなかったことである。IDEF0 はこうした状況で効果的に用いることができる。すなわち，現在のシステムの状態やあるべき姿を明解にでき，複数の人の間で共通の理解が可能になる。また，モデルを比較することにより改善すべき点を明解にできる。こうした効用により，視覚的なモデル化の手段として，今後多くの分野での IDEF0 の利用が期待されている。ただし IDEF0 は，業務や生産活動の進め方や工程を理解しやすいように記述する手法にすぎないため，それ自体には分析やリエンジニアリングする機能はない点には注意しておく必要がある。

2.2.3 その他の方法

本項では，その他の問題発見と問題定義のために利用可能な手法について簡単に紹介する。

〔1〕 古典的手法

ブレインストーミング（brain storming）は，古くから今日に至るまで問題解決に必要な要因や手段の列挙や優先順位を見い出そうとするためさまざまな場合で用いられてきている。一般には 7〜8 人のグループで行うのが適当とされており，おおまかな手順や注意点は以下のとおりである。

（1）テーマを掲げ，発言が一巡しやすいよう環状に着席してもらう。
（2）テーマについて参加メンバに順次，短い語句，簡単な言葉で自由に述べてもらう。
（3）意見や批評，質問はお互いに避ける。また，意見を思い付かなければつぎに回すことを許す。
（4）司会者は発言内容を書き並べる。
（5）発言が一巡したら，始めに戻って意見がなくなるまでこれを繰り返し行う。
（6）司会者は発言内容をカード等に書き写し，グループ化する。
（7）司会者は必要があれば発言者に追加説明を求め，内容を確認し全体を取りまとめる。

ブレインストーミングは，自由な発言が許された雰囲気の中で共通の問題を取り上げることによって他の人の意見に触発され，新たな発想が生まれることを期待するものである。

一方，デルファイ法は**アンケート収れん法**とも呼ばれ，同じ内容のアンケートを回答付きで繰り返し行うものである。アンケート結果を見直すことで，自分の意見や観点の自己組織化を通じて，主観的に陥りやすい独断的な判断が修正されやすくなる。結果として客観性を取り戻した集計に基づく分析を可能とし合理的な解決につながりやすくなる。

〔2〕 マインドマップ

マインドマップ（mind map）[12]は，英国の T. Buzan によって開発された思考の記録方法といえる。思考の深化に従って，紙の中心に描いたテーマから放射状（階層的）に情報を追加していくことで（図 6.7 参照），情報の「関連付け」，「強調付け」を同時に行うことを狙っている。発想を広げるためにも，逆に自分の考えをまとめるためにも使える。使用に際しては，詳しい書込みは避けて，必ずイメージもしくはキーワードを使うことが肝要となる。これは，人間の脳はキーワードのような不完全な情報であっても，その並び方（シーケンスパターン）と自己連想によって記憶をたどることができるため，簡潔性のほうがより重視されるためである。マインドマップを描く際には，この脳の働きを活用することがポイントとされている。

〔3〕 TRIZ

TRIZ[10]は，英語で theory of inventive problem solving を意味するロシア語の頭文字をとったもので，1946 年にアルトシューラー（G. Altshuller）によって開発された。40 万件近い特許の整理・分析を通して導かれた「創造的な成果を導くための一般的手法や定石は存在する」という知見に基づく，発明や創造的問題解決手段を発想するための手法である。TRIZ の重要な原理や方法のうち，（1）40 の発明の原理，（2）76 の発明の標準解，（3）技術システムの進化のトレンド，（4）アルトシューラーの矛盾マトリックス，（5）

ARIZ（発明問題解決のアルゴリズム），などが代表的なものといえる。

矛盾マトリックスは，横 39 項目×縦 39 項目の表で行と列の交差する部分が矛盾を取り除くための「40 の発明原則」の参照項目となっている。また，物理的な対立点となる物理的矛盾に対しては，矛盾する二つの要件を，（1）空間による分離，（2）時間による分離，（3）部分と全体の分離，（4）状況による分離，の四つの分離法則を活用して分離させることで，取り除くことができるとしている。

TRIZ は，技術やシステムの進化は「矛盾の克服によってもたらされる」との前提に基づいて，技術的問題における矛盾を解決するための具体的なガイドラインを（特に ARIZ の形で）導き出すことを狙いとしている。その中心となるプロセスは，解決すべき問題の根本的原因の物理的矛盾（システムの一つの側面に対して正方向と逆方向の要求が同時に存在する状況）を見い出し，それを分離原理によって解決するものといえる（図 6.5 参照）。

〔4〕 KANO 法

KANO（狩野）法[14]は，製品の品質を構成する属性の物理的な充足状況で決まる客観的側面と，個々の品質要素についての満足感という主観的側面との対応関係の考察に基づく価値分析法の一つである。そこでは，品質を，「当たり前品質」，「魅力的品質」，「一次元的品質」の三つに分類している（**図 2.10** 参照）。カメラを例にすると，露出やピントを自動で調節してくれることは，現在においては，もはや当たり前のことであって，それを実現したからといって商品の評価を特に上げるものではない。このような品質を**当たり前品質**と呼んでいる。一方，特定の人の笑顔を自動で検出してくれるとなると，その機能に魅力を感じて購買を決める人が出てくる。このような品質を**魅力的品質**と呼んでいる。また，価格は**一次元的品質**と解釈でき，価格が安くなるほ

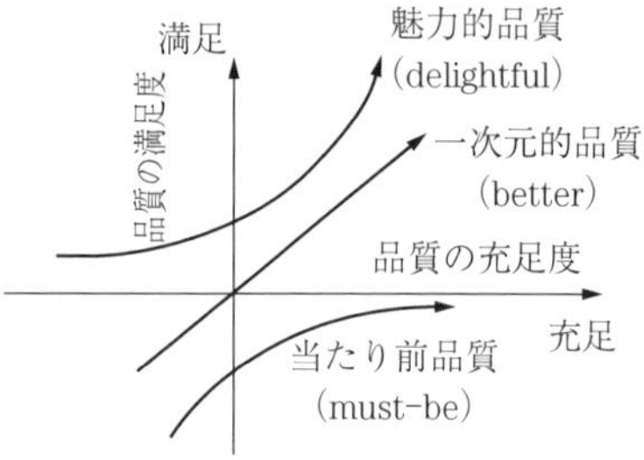

図 2.10　狩野法における品質属性の分類

ど一般的には購買意欲は高くなるという比例性がある。こうした品質の性格の違いを見分けて，開発コンセプトを決めることが新製品開発にとって重要であるとしている。

〔5〕 品質機能展開

品質機能展開（quality function deployment，略してQFD）[15]は，品質機能を抽象的なものから具体的なものへと展開することを通じた問題解決支援手法で，1960年代に，赤尾洋二，水野滋の両氏によって開発された。特にあいまい性の高い設計の初期段階や製品企画において有効に用いられる。表の行に，目的とする品質（市場の要求品質；what）を，列に，直接管理可能な要素（技術が提供できる品質特性；how）を配置した二元表（品質要求展開表；図6.6参照）を用い，互いの関係付けから重要性の高い品質要素は何か（設計段階で何をコントロールすべきか）を明らかにするものである。その一般的な手順は以下のようになる。

ステップ1：市場の要求を把握し，要求品質展開表を作成する。
ステップ2：技術特性としての品質特性を抽出して品質特性展開表を作成する。
ステップ3：市場要求に対する重要度と既存製品の充足度から企画品質を設定する。
ステップ4：重要な品質特性に対して設計品質を設定する。

また表のますの中には，要求品質と品質特性間の対応関係を，◎（強い：5），○（対応する：3），△（対応がありそう：1）のようにまず記号で記入し，つぎにかっこ内の数値（r_{ij}）を使ってウェイトの計算を行う。要求品質のウェイトは，重要度にレベルアップ率やセールスポイントの評価を加えて，これらの積の形で計算する。これよりまず絶対ウェイトを計算し，これを基準化したものを要求品質ウェイト v_i とする。一方，品質特性ウェイトは，要求品質の数を k とするとき，その重要度 w_i と上述の対応関係 r_{ij} から $\sum_i^k r_{ij}w_i$ の値を，品質特性重要度は，$\sum_i^k r_{ij}v_i$ の値を計算したものとなる。これらの値から重点的に検討すべき項目を数量的に明らかにできる。

2.3 ま と め

意思決定において合理性の概念は，ごく自然に求められる観点であるにもかかわらず，従来工学システムにおいてはあまり意識されていなかった。本章では，まず合理的であることの意味について考察した。ついで，問題発見と問題定義のためのシステムズアプローチについて触れた。一般に，このような初期の段階の意思決定は，問題自身の把握に大きな関心が寄せられることを指摘し，数学モデルによる取扱いが困難な場合を考察できるような接近法が有効となることを述べた。そして，そのような視点から役立つと思われる手法の一つとして，ISM 法と機能構造モデル化手法 IDEF0 をおもに紹介した。また，その他の方法についても簡単に触れた。これらは 6 章での例中で再登場する。そこでの適用例を具体的イメージとして参照して，ここでの簡単な説明の理解の補いとしていただきたい。

コーヒーブレイク

「ブレインストーミング」

われわれのようなアラカン世代には，近頃の若い人たちの日本語の乱れを嘆くものも少なくない。何でもかんでも省略するのも流行っているらしい。この頃（ごろ）では，「ブレインストーミング」も若い人の間では「ブレスト」という方が通りがよいらしい。ブレストもネット上の babooo（http://babooo.kayac.com）（2009 年 10 月現在）というフリーのアプリケーションを使えば，1 人でもネット上のいろいろな資源を使ってできることをごく最近，知った。新しいものが何でもよいとは限らないが，ネット上から文字情報だけでなく，静止画はもちろん，YouTube などの動画も使うことで，伝統的な方法とは一味違った多面的な発想が期待できる。1 人で思い悩んでも発想不足な向きは，一度お試しあれ。

演　習　問　題

2.1　普段日常で見かける 2.1 節で示した各ルールの具体的な例を挙げよ。

2.2　**図 2.11** に示す有向グラフの隣接行列 $\boldsymbol{A}$，可到達行列 $\boldsymbol{T}$ を求めたのち，ISM 構造グラフとして表せ。

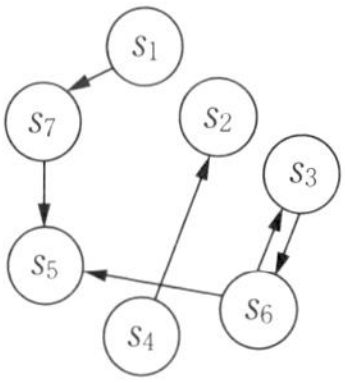

図 2.11

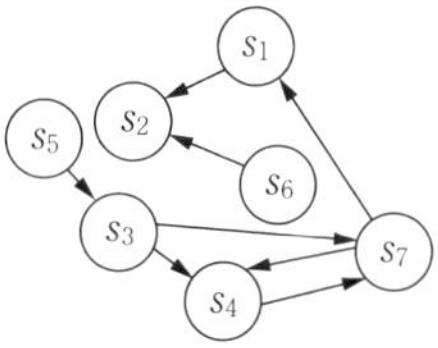

図 2.12

2.3　あるプロセス開発上の戦略が**図 2.12** の二部グラフに示すように与えられているとする。ここでの二項関係 iRj は，「プロセスの開発にあたっては，j は i より優先的に配慮する」を表し，各ノードは，{1：企業イメージ，2：国際競争力，3：製品供給の安定性，4：国内市場，5：経済性，6：技術力の養成，7：地域社会性} を表すとする。このとき，採用されると思われる開発戦略を A～D の中から選び，その根拠とともに示せ。

{A：利潤はとりあえず後回しにして技術の蓄積を図り，企業イメージを高めながら国際競争力のあるプロセス，B：国内市場の拡大に限定し，経済性の高いプロセス，C：地域社会との融合を重点として，経済性より企業イメージの向上につながるプロセス，D：経済性は度外視して国内市場に対する製品供給の安定性を重視して，健全な企業イメージが定着できるプロセス}

2.4　IDEF0 のモデル化手順や留意点をマインドマップによって整理してみよ。

3 モデル化とシステム解析法

3.1 動的システムのモデル化と解析

工学的問題を解決しようとするとき，まず取り組まなければならないのは，その工学問題に関する物理現象の実体をよく認識することである。このためには，その物理現象の状態を表す諸量，例えば温度，流量，圧力，濃度や位置，角度，速度などのさまざまな変化を時間的・空間的かつ定量的に把握しなければならない。この定量的把握の具体的な表現が数学モデルとなる。すでにこれまで自然現象の振舞いの特性が，科学的法則として発見され法則化されており，これらに基づく解析がなされてきた。代表的な物理法則は，種々の収支式すなわち物質収支，エネルギー収支，運動量収支などを基に作られている。こうした対象に普遍な基礎方程式から構成される数式モデルは，**構造**（パラメトリック）**モデル**と呼ばれる。一方，ある対象に対する実験や統計的情報などから得られる入出力データだけを利用してモデルを作る方法もある。このようにしてできるモデルは**非構造**（ノンパラメトリック）**モデル**と呼ばれる。

構造モデルにおいては，対象の物理的構造が明確であり，同じ種類の装置であれば，方程式の形は同じであり，係数パラメータの値のみが異なるという普遍性を有していることが利点である。一方，非構造モデルは，特定の対象にのみ限定されており，対象ごとに新たに構築する必要がある。しかし反面，比較的簡単なモデル化によってもマクロな関係をとらえた便宜的なモデルを作ることができるという利点がある。以下ではそれぞれに基づくモデル化とシステム解析の基礎について述べる。より詳しくは他の成書[1)~3)]を参照されたい。

3.1.1 構造モデルによる解析

〔1〕 連続時間系

構造モデルを作る基本原理の一つは，対象とする系内の微小部分における物質，エネルギー，または運動量の収支式を作ることである。これらの量は不滅の量であり，一つの微小部分について，入った量と出た量の収支は合うという考えに基づいている。

物質/エネルギー収支としては，以下の収支式が成り立つ。

(系内の物質/エネルギーの蓄積)＝(系内への物質/エネルギーの流入)
　－(系外への物質/エネルギーの流出)＋(系内での物質/エネルギーの生成)
　－(系内での物質/エネルギーの消滅)

運動量の収支においては，系への力の収支がその系の運動量の蓄積と等しくなることを意味し，これがいわゆる運動方程式となる。

このような収支式の計算においては，現象ごとに特有の物理法則や実験的事実が必要になる場合がある。例えば輻射(ふく)伝熱量は温度の 4 乗に比例する（ステファン・ボルツマンの法則）とか，化学反応において発生する反応熱の量は温度の逆数の指数関数（アレニウス型）になるということなどが例となる。以下に収支式によって基礎方程式を作る方法を具体的な制御対象について述べる。

【例 3.1】 流入と流出のあるタンク液位の無次元モデル

図 3.1 のような断面積 C〔m^2〕，直径 d_0〔m〕の流出孔からの液位 H〔m〕のタンクにおいて，流出速度 V〔m/s〕，大気圧 p_0〔Pa〕，液の密度 ρ〔kg/m^3〕とする。いま液面が変動しないとき，エネルギー収支式はベルヌーイの定理により

$$p_0+\rho gH=p_0+\frac{1}{2}\rho V^2 \tag{3.1}$$

で与えられる。ここで g は重力による加速度 9.806 65〔m/s^2〕である。

この式よりトリチェリの公式

$$V=\sqrt{2gH} \quad \text{〔m/s〕} \tag{3.2}$$

が得られる。流出孔の断面積を S〔m^2〕，絞り係数を σ〔－〕とすると，流出液の流量は σSV

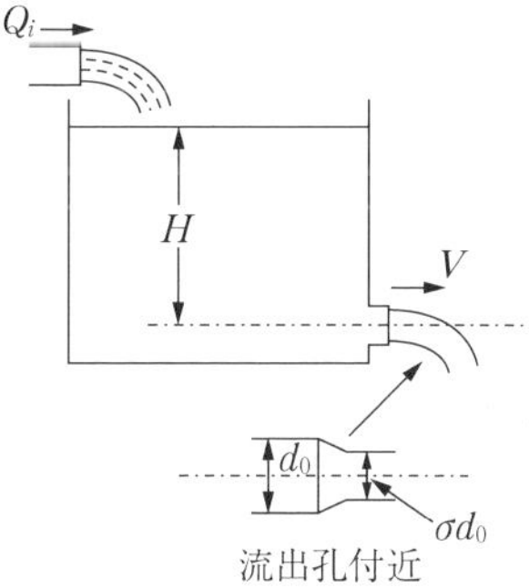

図 3.1 タンクの液位モデル

となる。このタンクに Q_i〔m³/s〕の流入があれば，流入と流出の差 $Q_i-\sigma SV$ の流量分だけ液はタンク内に蓄積し，液位の上昇をもたらす。いま，Δt〔s〕に ΔH〔m〕だけ液位が上昇したとすれば，つぎの物質収支式が成り立つ。

$$C\Delta H=(Q_i-\sigma SV)\Delta t \tag{3.3}$$

ここで，V に式（3.2）を代入した上で，両辺を Δt で割り，$\Delta t\to 0$ とすることによって，つぎの一次の常微分方程式が得られる。

$$\frac{CdH(t)}{dt}=Q_i(t)-\sigma S\sqrt{2gH(t)}\quad〔\mathrm{m^3/s}〕 \tag{3.4}$$

このようにして得られた方程式は，種々の次元を持つ係数を含んでいるので，この方程式を無次元化する。ある定常な液位を H_s〔m〕とすると，そのときの流出量 $Q_s=\sigma S\sqrt{2gH_s}$〔m³/s〕が決まるので，この量で式（3.4）を割る。

$$\frac{CH_s}{\sigma S\sqrt{2gH_s}}\frac{d(H(t))/H_s)}{dt}=\frac{Q_i(t)}{Q_s}-\sqrt{\frac{H(t)}{H_s}} \tag{3.5}$$

ここで，左辺の係数は時間の単位を持っているので

$$T=\frac{CH_s}{\sigma S\sqrt{2gH_s}}\quad〔\mathrm{s}〕 \tag{3.6}$$

と置く。この T はタンクの液容積 CH_s を流出量の $\sigma S\sqrt{2gH_s}$ で割ったものであり，流入した液が流出するまで平均して T〔s〕だけタンクに滞在することを示す量であり，**滞留時間**または**時定数**と呼ばれる量である。ここで

$$\tau=\frac{t}{T},\quad h(t)=\frac{H(t)}{H_s},\quad q_i(t)=\frac{Q_i(t)}{Q_s} \tag{3.7}$$

と置くと，式（3.5）は

$$\frac{dh(\tau)}{d\tau}=-\sqrt{h(\tau)}+q_i(\tau) \tag{3.8}$$

となって，すべてが無次元量となり，タンクの大きさなどと無関係な式となる。すなわち，この式であらゆる大きさのタンクや性状の異なる液体に対する挙動が表現されるので，この式が液面系の本質的な部分を表しているといえる。

上述の例のように，式を無次元化することはモデル化のうえで非常に重要なことであり

- 考慮すべきパラメータ数が少なくてすむ
- 装置の大小にかかわらず現象の相違による影響が見やすい
- 装置のスケールアップなどを考える際の相似条件がわかる

などの利点を生む。

また［例3.1］では，あるシステムのモデル化の結果として微分方程式を得

た。この扱いを統一的に考えるためには，すべての方程式が同一の形をしていることが望ましい。実際，ほとんどの常微分方程式系は一般に**正規形**といわれる次式の形に帰着できる。

$$\frac{dx_i}{dt}=f_i(t,x_1,x_2,\cdots,x_n,u_1,u_2,\cdots,u_m) \qquad (i=1,2,\cdots,n) \tag{3.9}$$

ここで t は時間を，x_i は状態変数を，u_i は入力（操作，制御）変数を表す。先の式（3.8）もこの形になっている。しかし例えば，次式はこの形をしていない。

$$\frac{d^2z}{dt^2}=f(t,z,dz/dt,u) \tag{3.10}$$

しかし変数の置換えによって，正規形に帰着できる。まず新しい変数 x_1 を用いて，$x_1=z$ とし，さらに $x_2=dz/dt$ とすると，次式の関係が成り立つ。

$$\frac{dx_1}{dt}=x_2 \tag{3.11}$$

また，$dx_2/dt-d^2x_1/dt^2-d^2z/dt^2$ であるから，x_1，x_2 を用いて式（3.10）は

$$\frac{dx_2}{dt}=f(t,x_1,x_2,u) \tag{3.12}$$

と書ける。けっきょく，式（3.11），（3.12）は，式（3.9）の正規形に帰着される。ところで

$$\boldsymbol{x}=[x_1\ x_2\ \cdots\ x_n]^T, \quad \boldsymbol{f}=[f_1\ f_2\ \cdots\ f_n]^T, \quad \boldsymbol{u}=[u_1\ u_2\ \cdots\ u_m]^T$$

とすると（記号 T は転置を表す），式（3.9）のベクトル形はつぎのように表すことができる。

$$\frac{d\boldsymbol{x}}{dt}=\boldsymbol{f}(\boldsymbol{x},\boldsymbol{u},t) \tag{3.13}$$

［例 3.1］の式（3.8）の右辺には時間が入っていなかったが，式（3.13）の右辺には時間 t が陽に入っている。時間が陽に右辺に入る場合を**時変系**と呼ぶ。時間が陽に右辺にない場合，すなわち

$$\frac{d\boldsymbol{x}}{dt}=\boldsymbol{f}(\boldsymbol{x},\boldsymbol{u}) \tag{3.14}$$

の場合を**時不変系**と呼ぶ。また式（3.13）において，入力 $\boldsymbol{u}$ が右辺に入って

こないとき，すなわち

$$\frac{d\boldsymbol{x}}{dt}=\boldsymbol{f}(\boldsymbol{x},t) \tag{3.15}$$

の場合を**自由系**という。時不変でかつ自由な系は，$d\boldsymbol{x}/dt=\boldsymbol{f}(\boldsymbol{x})$ と表され，これを**自律系**（オートノマス）という。自由系において，$\boldsymbol{f}(\boldsymbol{x}_s,t)=\boldsymbol{0}$ for $\forall t$ となる $\boldsymbol{x}_s$ が存在するとき，状態 $\boldsymbol{x}_s$ は**平衡状態**にあるという。平衡状態は存在しない場合もあり，複数（場合によれば無数）存在することもある。

さらに，式（3.15）の右辺が $\boldsymbol{x}$，$\boldsymbol{u}$ について線形である場合，すなわち

$$\frac{d\boldsymbol{x}}{dt}=\boldsymbol{A}(t)\boldsymbol{x}+\boldsymbol{B}(t)\boldsymbol{u} \tag{3.16}$$

と書けるとき，系は線形であるという。時不変線形系では $\boldsymbol{A}$ と $\boldsymbol{B}$ が定数行列となる。

対象が物理現象を表す場合，式（3.13）～(3.16）を**状態方程式**といい，$\boldsymbol{x}$ を**状態ベクトル**と呼ぶ。$\boldsymbol{u}$ を入力ベクトルとする系の出力は，測定可能な状態量の一部の量であって，ベクトル $\boldsymbol{y}$ で表し，**出力ベクトル**と呼ぶ。これは一般には

$$\boldsymbol{y}=\boldsymbol{C}\boldsymbol{x}+\boldsymbol{D}\boldsymbol{u} \tag{3.17}$$

の形に書くことができる。ここで $\boldsymbol{C}$，$\boldsymbol{D}$ は定数行列である。

自由系の状態方程式，式（3.15）は，一般的には非線形方程式であり，その解を解析的な手段で求めることはほとんど不可能であるが，$\boldsymbol{f}$ が適当な条件を満たせば，$t=t_0$ において $\boldsymbol{x}(t_0)=\boldsymbol{x}_0$ となるような解がただ一つ存在することが知られている。その解を $\boldsymbol{\phi}(t;\boldsymbol{x}_0,t_0)$ と書き，**遷移関数**と呼ぶ。本来これは t のみの関数であり，引数のうち $\boldsymbol{x}_0$ と t_0 は，$\boldsymbol{x}(t_0)=\boldsymbol{x}_0$ であることを示すために付け加えたものである。もちろん，この解は式（3.15）を満足するので

$$\frac{d\boldsymbol{\phi}(t;\boldsymbol{x}_0,t_0)}{dt}=f(\boldsymbol{\phi}(t;\boldsymbol{x}_0,t_0),t) \tag{3.18}$$

であり，すべての $\boldsymbol{x}_0$，t_0 に対して

$$\boldsymbol{\phi}(t_0;\boldsymbol{x}_0,t_0)=\boldsymbol{x}_0 \tag{3.19}$$

でなくてはならない。特に，線形系すなわち

$$\frac{d\boldsymbol{x}}{dt}=\boldsymbol{A}(t)\boldsymbol{x}, \quad \boldsymbol{x}(t_0)=\boldsymbol{x}_0 \tag{3.20}$$

に対しては，遷移関数は

$$\boldsymbol{\phi}(t;\boldsymbol{x}_0,t_0)=\boldsymbol{\Phi}(t,t_0)\boldsymbol{x}_0 \tag{3.21}$$

のように書ける。ここで $\boldsymbol{\Phi}(t,t_0)$ は**遷移行列**と呼ばれ，次式の方程式の解である。

$$\frac{d\boldsymbol{\Phi}(t,t_0)}{dt}=\boldsymbol{A}(t)\boldsymbol{\Phi}(t,t_0), \quad \boldsymbol{\Phi}(t_0,t_0)=\boldsymbol{I} \tag{3.22}$$

この遷移行列 $\boldsymbol{\Phi}(t,t_0)$ により強制入力のある線形系，式（3.16）の解はつぎのように求められる。

$$\boldsymbol{x}(t)=\boldsymbol{\Phi}(t,t_0)\boldsymbol{x}_0+\int_{t_0}^{t}\boldsymbol{\Phi}(t,\tau)\boldsymbol{B}(\tau)\boldsymbol{u}(\tau)d\tau \tag{3.23}$$

さらに $\boldsymbol{A}$ と $\boldsymbol{B}$ が定数行列となる時不変系では，$\boldsymbol{\Phi}(t,t_0)$ は $t-t_0$ の関数となって

$$\boldsymbol{\Phi}(t,t_0)=\sum_{k=0}^{\infty}\frac{((t-t_0)\boldsymbol{A})^k}{k!} \tag{3.24}$$

と書くことができる。この式の右辺は指数関数のテイラー展開と同一の形式を持っているので，式（3.24）の関係を形式的につぎのように表す。

$$\boldsymbol{\Phi}(t,t_0)=e^{\boldsymbol{A}(t-t_0)} \tag{3.25}$$

ここで $t_0=0$ とし，式（3.25）の関係を式（3.22）に代入すると，$d[e^{\boldsymbol{A}t}]/dt=\boldsymbol{A}e^{\boldsymbol{A}t}$ と表現でき，式（3.23）は次式のように与えられる。

$$\boldsymbol{x}(t)=e^{\boldsymbol{A}t}\boldsymbol{x}_0+\int_0^t e^{\boldsymbol{A}(t-\tau)}\boldsymbol{B}\boldsymbol{u}(\tau)d\tau \tag{3.26}$$

また，ラプラス変換† を利用しても解くことができる。すなわち，式（3.16）の時不変系のラプラス変換より次式が得られる。

$$s\boldsymbol{x}(s)-\boldsymbol{x}_0=\boldsymbol{A}\boldsymbol{x}(s)+\boldsymbol{B}\boldsymbol{u}(s) \tag{3.27}$$

これより式（3.28）が得られる。

$$\boldsymbol{x}(s)=(s\boldsymbol{I}-\boldsymbol{A})^{-1}\boldsymbol{x}_0+(s\boldsymbol{I}-\boldsymbol{A})^{-1}\boldsymbol{B}\boldsymbol{u}(s) \tag{3.28}$$

---

† $L\{f(t)\}=\int_0^{\infty}f(t)e^{-st}dt$

さらに，$\boldsymbol{u}(s)\equiv\boldsymbol{0}$ の場合は，つぎのように求解される。

$$\boldsymbol{x}(t)=L^{-1}\{s\boldsymbol{I}-\boldsymbol{A}\}^{-1}\boldsymbol{x}_0 \tag{3.29}$$

また，式 (3.26) で $\boldsymbol{u}(\tau)\equiv\boldsymbol{0}$ としたものとの比較から $L\{e^{At}\}=(s\boldsymbol{I}-\boldsymbol{A})^{-1}$ であることもわかる。

さらに，式 (3.17) をラプラス変換した式に初期値 $\boldsymbol{x}_0$ を $\boldsymbol{0}$ とした式 (3.28) を代入すると，入力 $\boldsymbol{u}(s)$ に対する出力 $\boldsymbol{y}(s)$ を求めることができる。すなわち

$$\boldsymbol{y}(s)=\boldsymbol{C}\boldsymbol{x}(s)+\boldsymbol{D}\boldsymbol{u}(s)=\{\boldsymbol{C}(s\boldsymbol{I}-\boldsymbol{A})^{-1}\boldsymbol{B}+\boldsymbol{D}\}\boldsymbol{u}(s)=\boldsymbol{G}(s)\boldsymbol{u}(s) \tag{3.30}$$

となる。ここで $\boldsymbol{G}(s)$ は**伝達関数行列**と呼ばれ，次式で与えられる。

$$\boldsymbol{G}(s)=\boldsymbol{C}(s\boldsymbol{I}-\boldsymbol{A})^{-1}\boldsymbol{B}+\boldsymbol{D} \tag{3.31}$$

【例 3.2】 $\boldsymbol{A}=\begin{bmatrix}-3 & 1\\ 2 & -4\end{bmatrix}$ のとき，式 (3.29) を参照して遷移行列を計算せよ。

解 $s\boldsymbol{I}-\boldsymbol{A}=\begin{bmatrix}s+3 & -1\\ -2 & s+4\end{bmatrix}$ であり，この逆行列は $\begin{bmatrix}\dfrac{s+4}{(s+2)(s+5)} & \dfrac{1}{(s+2)(s+5)}\\ \dfrac{2}{(s+2)(s+5)} & \dfrac{s+3}{(s+2)(s+5)}\end{bmatrix}$ となる。このラプラス逆変換によって遷移行列は以下のように計算される。

$$e^{At}=\boldsymbol{\Phi}(t,0)=\frac{1}{3}\begin{bmatrix}2e^{-2t}+e^{-5t} & e^{-2t}-e^{-5t}\\ 2e^{-2t}-2e^{-5t} & e^{-2t}+2e^{-5t}\end{bmatrix}$$

〔2〕 離散時間系

前項では，系の動きは時間的に連続であった。しかし，コンピュータなどでの情報処理においては，一定時刻ごとにサンプルされた数値の列を扱う。これを**離散時間信号**といい，サンプル時刻ごとに着目する制御対象を**離散時間系**と呼ぶ。離散時間系のモデルは差分方程式が用いられる。特に系が線形時不変の場合，式 (3.16)，(3.17) に対応して

$$\boldsymbol{x}(k+1)=\boldsymbol{A}\boldsymbol{x}(k)+\boldsymbol{B}\boldsymbol{u}(k) \qquad (k=0,1,2,\cdots) \tag{3.32}$$

$$\boldsymbol{y}(k)=\boldsymbol{C}\boldsymbol{x}(k)+\boldsymbol{D}\boldsymbol{u}(k) \tag{3.33}$$

と書ける。上式において，$k=1$ より始めて，k での結果を $(k+1)$ に順次代入し

ていくと，次式となる。

$$\boldsymbol{x}(k)=\boldsymbol{A}^k\boldsymbol{x}(0)+\sum_{i=1}^{k}\boldsymbol{A}^{i-1}\boldsymbol{B}\boldsymbol{u}(k-i) \qquad (k=1,2,\cdots) \tag{3.34}$$

これが式（3.26）に対応する式になる。先の連続系ではさらにラプラス変換して伝達関数を求めたが，離散時間系では z 変換† が用いられる。

〔3〕 **構造モデルの近似手法**

動的なシステム解析においてモデルを用いるのは，解析目的に応じた固有の精度で時々刻々の対象の動きを推定するためである。しかし，あるモデルが実際の対象の動きを正確に表しているという事実だけからでは，それが所定の解析目的の下でのモデルとしてふさわしいとは限らない。例えば，入出流を伴う攪拌（かくはん）槽の制御系を設計する場合の精密なモデルは非線形の連立偏微分方程式となり，この境界値問題を解くための計算労力は莫大なものになる。しかしオンライン制御でほしい情報は，ごく近い将来の温度や濃度変化であり，これらを短時間の計算で推定したいときには，このようなモデルをそのままオンライン制御用のモデルとすることは不適当である。この段階で必要なのは精密なモデルよりも，より簡単化されたモデルである。こうした簡単化のための方法として，以下のようなものがある。

- 偏微分方程式で表される分布定数系を常微分方程式で表される集中定数系で近似する集中化近似
- 非線形の系を線形系で近似する線形化近似
- 集中定数系であっても，高次元の系を低次元の系で近似する低次元化近似

従来，制御理論が十分検討されているのは，線形時不変の常微分方程式系だけである。したがって，非線形系や分布定数系の制御を考えるために，これらの系をいったん線形定数系に近似して制御系を設計することがよく行われてきた。しかしたとえ線形定数系であっても，非常に次元の大きいものは，制御系の設計が困難でかつ見通しも悪く，またオンライン計算用のモデルとしても適当でない。このために低次元化モデルが用いられることも多い。

---

† $f^*(t)=f(t)\cdot g(t)=\sum_{n=0}^{\infty}f(n\tau)\delta(t-n\tau)$ の z 変換は $F^*(z)=\sum_{n=0}^{\infty}f(n\tau)z^{-n}$

このように工学においては，所与の解析目的に適するよう，モデルを簡略化する近似手法はつねに用いられてきている。したがって，構造モデルであっても対象とする系は，つねに近似系であることを忘れてはならない。つまり，ある数式モデルが与えられたとき唯一に定まる理論上の解があったとしても，それが本来の問題の唯一の解とは必ずしもいえない。近似モデルに基づいて得られる結果は，それがどのように厳密な理論によって作られたものにせよ，もともとの物理現象に対しては近似的なものになるからである。工学の問題解決に携わるものは，対象とする数式モデルが，どのような経緯で決められたものであるか，どの程度の近似により作られたものであるかをつねに見極めなければならない。以下では一般的な系である式（3.14）に対して，最も頻繁に用いられる線形近似法について概説する。

まず，入力が一定 $\boldsymbol{u}(t)\equiv\boldsymbol{u}_s$ であるとして平衡状態 $\boldsymbol{x}_s$ を求める。平衡状態においては時間的変動はないので

$$\boldsymbol{f}(\boldsymbol{x}_s,\boldsymbol{u}_s)=\boldsymbol{0} \tag{3.35}$$

が成り立ち，この式から $\boldsymbol{x}_s$ が求められる。つぎに平衡状態（$\boldsymbol{x}_s,\boldsymbol{u}_s$）の近くでの変動のみを考えることにして，$\boldsymbol{y}(t)$ と $\boldsymbol{v}(t)$ をそれぞれ状態量と入力の平衡状態からのずれとすれば

$$\boldsymbol{x}(t)=\boldsymbol{x}_s+\boldsymbol{y}(t),\quad \boldsymbol{u}(t)=\boldsymbol{u}_s+\boldsymbol{v}(t)$$

と表されるので，これらを式（3.14）に代入すると

$$\frac{d\boldsymbol{y}(t)}{dt}=\boldsymbol{f}(\boldsymbol{x}_s+\boldsymbol{y}(t),\boldsymbol{u}_s+\boldsymbol{v}(t)) \tag{3.36}$$

となる。ここで右辺を（$\boldsymbol{x}_s,\boldsymbol{u}_s$）のまわりにテイラー展開すれば

$$\boldsymbol{f}(\boldsymbol{x}_s+\boldsymbol{y}(t),\boldsymbol{u}_s+\boldsymbol{v}(t))=\boldsymbol{f}(\boldsymbol{x}_s,\boldsymbol{u}_s)+\left[\frac{\partial\boldsymbol{f}(\boldsymbol{x}_s,\boldsymbol{u}_s)}{\partial\boldsymbol{x}}\right]\boldsymbol{y}(t)$$
$$+\left[\frac{\partial\boldsymbol{f}(\boldsymbol{x}_x,\boldsymbol{u}_s)}{\partial\boldsymbol{u}}\right]\boldsymbol{v}(t)+(\text{高次項}) \tag{3.37}$$

となる。また，式（3.35）から上式の右辺第1項は零であり，高次項を無視すると，式（3.36）は

$$\frac{d\boldsymbol{y}(t)}{dt}=\left[\frac{\partial \boldsymbol{f}(\boldsymbol{x}_s,\boldsymbol{u}_s)}{\partial \boldsymbol{x}}\right]\boldsymbol{y}(t)+\left[\frac{\partial \boldsymbol{f}(\boldsymbol{x}_s,\boldsymbol{u}_s)}{\partial \boldsymbol{u}}\right]\boldsymbol{v}(t) \tag{3.38}$$

となる。ここで $[\partial \boldsymbol{f}(\boldsymbol{x}_s,\boldsymbol{u}_s)/\partial \boldsymbol{x}]$ と $[\partial \boldsymbol{f}(\boldsymbol{x}_s,\boldsymbol{u}_s)/\partial \boldsymbol{u}]$ は，ともに定数の行列となるので，それぞれ $\boldsymbol{A}$，$\boldsymbol{B}$ と表せば，上式はけっきょく

$$\frac{d\boldsymbol{y}(t)}{dt}=\boldsymbol{A}\boldsymbol{y}(t)+\boldsymbol{B}\boldsymbol{v}(t) \tag{3.39}$$

となって，線形時不変系になる。これを平衡状態 $(\boldsymbol{x}_s,\boldsymbol{u}_s)$ の近傍での**線形化近似系**という。平衡状態の方程式，式 (3.35) は必ずしも唯一の解を持つとは限らないので，平衡状態が複数あるときは，個々の平衡状態について線形化近似系が別々に存在することになる。

【例 3.3】 タンクの液位モデルの線形化近似

3.1.1 項のタンクの液位モデルを再び取り上げ，定常値 h_s の近傍で，元の非線形方程式，式 (3.8) を線形方程式で近似することを考える。まず，入力 $q_i(t)$ が一定値 q_{is} であるときの定常状態にある水位 h_s は一定であるから，式 (3.8) で時間微分は零であり，$-\sqrt{h_s}+q_{is}=0$ より $q_{is}=\sqrt{h_s}$ となる。さらに液位の定常値からの変動，流入量の定常値からの変動をそれぞれ $y(t)$，$v(t)$ で表すとして，$h(t)=h_s+y(t)$，$q_i(t)=q_{is}+v(t)$ と置くと，式 (3.8) は次式となる。

$$\frac{dy(t)}{dt}=q_{is}-\sqrt{(h_s+y(t))}+v(t)$$

ここで，$y(t)$ は h_s に比べて非常に小さいとすると

$$\sqrt{(h_s+y(t))}=\sqrt{h_s}+\frac{1}{2\sqrt{h_s}}\,y(t)$$

が成り立つから，けっきょく，式 (3.8) は次式のように線形化される。

$$\frac{dy(t)}{dt}=-\frac{1}{2\sqrt{h_s}}\,y(t)+v(t)$$

上述の例での近似の意図は，**図 3.2** に示すように，式 (3.8) 中の非線形項 $\sqrt{h}$ の曲線は，$h=h_s$ の近傍では $h=h_s$ での接線 l-l' とあまり違いがないので，$\sqrt{h}$ の代わりに直線 l-l' で代用しようとするものといえる。

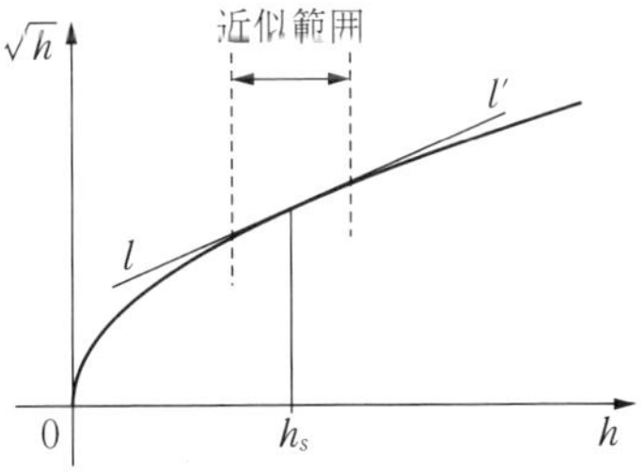

図 3.2　線形化近似の例

3.1.2 非構造モデルによるシステム解析

先に，主として自然科学の法則から演繹的に対象の数式モデルを求める方法と，それを具体的に適用する際に必要となる代表的な近似法である線形近似について述べた。しかし，非常に複雑な系や自然科学の法則のよくわからない現象を持つ系に対しては，実験を行い得られた入力データと出力データから，系のモデル化を行うことも必要となる。この場合，対象のモデル構造は前もって決まっていないので，ある構造を仮定して，その中から入出力データとよりよく一致するものを求めることになる。このように自然科学現象からあらかじめ構造が決まるものではなく，単に入出力関係がうまく説明されるようにモデル化したものを**非構造モデル**，または**ノンパラメトリックモデル**と呼び，先の構造モデルと区別する。

〔1〕 動特性測定によるモデル化

動特性測定法では，一般にまず入出力関係を過渡応答，あるいは定常応答から周波数特性を示すボード線図† として求めるか，伝達関数として決定する。ボード線図では，線図に基づいて図式的に制御系を設計することができるので，これも広く一つの非構造モデルであると考えてよい。

動特性測定によるモデル化では，入力と出力の測定から制御対象の動特性を決定するために，どのような入力を加えたらよいかということが問題になる。よく用いられる入力の種類は**図 3.3** のように分類される。以下では確定入力を用いる場合の方法を示す。なお，不規則信号入力のモデル化の一例は，3.3 節でニューラルネットワークの適用例として述べる。

- 確定入力
  - 非周期入力（過渡応答法）
    - ステップ入力
    - パルス入力
  - 周期入力（定常応答法）
    - 正弦波入力
    - 非正弦波入力
- 不規則信号入力

図 3.3　動特性測定によるモデル化手法の分類

（a） 過渡応答法

1） ステップ入力による方法　大規模なプラントでは，多様な入力に対して動特性を測定することはたいへんな仕事になり，また費用がかかることも

† 周波数伝達関数のゲイン $|G(j\omega)|$ と位相進み $\angle G(j\omega)$ を図示したもの。

多いので，最も簡単であるステップ入力に対する系の応答だけが測定されることが多い。**図 3.4** は高さ a のステップ入力に対する応答例であり，実際の系の多くは，このように一定時間後に反応し始め，ほぼ直線的な応答を経て定常状態となるような挙動を示す。こうした挙動は，古くから**一次遅れ＋むだ時間系**と呼ばれるモデルで近似表現される。この場合，よく用いられる伝達関数の決定法は，まず応答の定常状態の高さ b を求め，つぎに変曲点 A で接線を求めて，むだ時間 L と立上り時間 T を求めるといった手順で行われる。これより伝達関数は

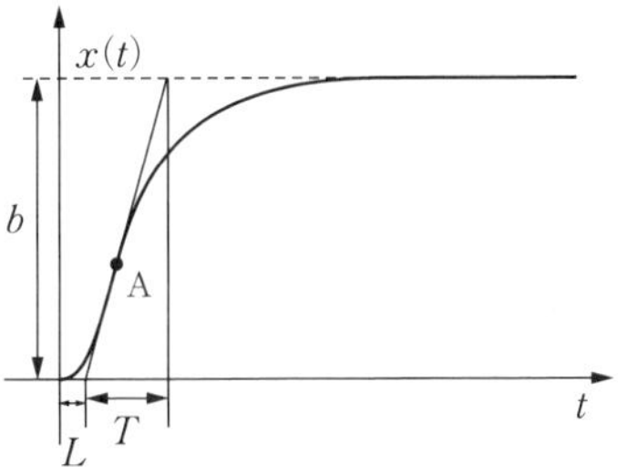

図 3.4 ステップ入力応答によるモデル

$$G(s)=\frac{e^{-Ls}}{1+(T/b)s}\left(\frac{b}{a}\right) \tag{3.40}$$

と決められる。この式は制御対象の基本的な三つの特性である，静特性 b/a，むだ時間 L，立上り速度 b/T から構成されていて，簡単な上に有力なモデル化であるので古くからよく使われている。

【例 3.4】 式 (3.40) の高さ a のステップ応答における定常値を求めよ。

解 $sY(s)=sG(s)U(s)=sG(s)(a/s)=aG(s)=e^{-Ls}b/(1+(T/b)s)$ より $\lim_{t\to\infty} y(t)=\lim_{s\to 0} sY(s)=b$ となり，図 3.4 の挙動と一致する。

2） パルス入力による方法 ステップ入力ではかなり長時間，入力を基準値からずれたところに固定しておく必要があるが，これが制御対象によっては都合が悪いことがある。そこで短時間だけ入力を変更して，すぐに基準値に戻すような入力 $x(t)$ を用いたい場合がある。このような入力によって測定された出力 $y(t)$ から，高速フーリエ変換（FFT）などを利用して，$G(j\omega)=Y(j\omega)/X(j\omega)$ より周波数特性を求める方法は**パルステスト法**と呼ばれる。入力波形としては，時間幅の短い方が高い周波数まで測定できるが，出力が小さくなるので広範囲をカバーするには，できるだけ高いパルスにする必要がある。しかし現実には物理的限界があるので，測定できる周波数範囲はおのずか

ら限定される。このため，できれば数種のパルステストを行った方がよいとされている。

（b） **定常応答法**　この方法では制御対象が安定であるときに周期的に変化する入力を与える。十分時間が経つと，出力も周期的変動を繰り返す定常的な状態となる。入力の振幅があまり大きくなければ対象は線形とみなせ，入力の周期と出力の周期は等しくなる。入力が正弦波であれば，各周波数に対して入力と出力の振幅比と位相差を求めてボード線図を得ることができる。この場合，入力が単一の周波数成分しか持たないので，同一の周波数成分の出力だけに着目すればよいことから，雑音に強く高い周波数まで正確に求めることが期待される。問題は入力に正確な正弦変化を与え，各周波数について測定を繰り返す必要があることである。

正確な正弦波変化を入力として与えることは電気系では容易な場合も多い。しかし，一般には簡単ではないので，これに代わる方法が工夫されている。例えば，周期的変化をするもので，比較的簡単に作ることのできる矩（く）形波などを用いることができる。いま矩形波 $u(t)$ を対象に入力して，出力 $y(t)$ を得たとする。この $y(t)$，$u(t)$ をフーリエ級数に展開すると，それぞれ

$$u(t)=\frac{4}{\pi}\sum_{n=1}^{\infty}\frac{1}{2n-1}\sin\{(2n-1)\omega t\} \tag{3.41}$$

$$y(t)=a_0+\sum_{n=1}^{\infty}\{a_n\cos(n\omega t)+b_n\sin(n\omega t)\} \tag{3.42}$$

となる。ここで，$\omega=2\pi/T$ で，a_n，b_n は測定値 $y(t)$ を用いてそれぞれつぎのように計算される。

$$a_n=\frac{2}{T}\int_0^T y(t)\cos(n\omega t)\,dt,\quad b_n=\frac{2}{T}\int_0^T y(t)\sin(n\omega t)\,dt$$

式(3.41)において，矩形波の基本調波は $n=1$ に対応する項で，$(4/\pi)\sin\omega t$ という正弦波になる。一方，出力でこの項に対応するものは，同じ周波数 ω を持つ $a_1\cos(\omega t)+b_1\sin(\omega t)$ となる。このことは矩形波からでも正確な正弦波入力と同じような周波数応答を求めることが可能であることを示している。さらに，高い周波数域では，出力の高次項が減衰してしまうことが多く，

係数部の計算は，低周波に対してのみ行えばよく，便利な方法といえる。

〔2〕　**最小二乗法による式誤差モデル**

離散時間系の現実的な方法として，与えた入力と出力の時系列の観測値だけに着目したモデル化がよく行われる。いま，以下のような差分方程式を考える。

$$y(k)+a_1y(k-1)+\cdots+a_{n_a}y(k-n_a)$$
$$=b_1u(k-1)+\cdots\cdots+b_{n_b}u(k-n_b)+e(k) \qquad (3.43)$$

ここで，$y(k)$ と $u(k-1)$ は，それぞれ k 時点での出力，$k-1$ 時点での入力を表す。ここで，$k>\max(n_a,n_b)$ とする。また，$e(k)$ は k 時点での誤差（外乱）である。そして，過去の観測データを最もよく説明できるようなパラメータ（$a_1,a_2,\cdots,a_{n_a}$）と（$b_1,b_2,\cdots,b_{n_b}$）を求めることにする。具体的には，（n_a+n_b）以上の入出力データを用いて，モデルと実際の値の誤差の二乗和を最小とするようにこれらのパラメータを決めればよい。

最小二乗法によるパラメータ推定は，データを取得するまでの種々の段階で含まれる誤差によるデータのばらつきをならし，ある程度まで誤差を打ち消した結果を与える。これは補間法にはない最小二乗法の最も重要な特徴である。こうして求めたモデルの妥当性は対象システムの構造が変化しない限り認めてよい。

（a）　**線形パラメータの推定**　　未知の関数 $y=f(x)$ を，ある既知の関数 $f_0(x),f_1(x),\cdots,f_m(x)$ の線形結合から成る $h(x)$ で近似することを考える（表記の簡単のため，x，y はスカラとする）。

$$h(x)=a_0f_0(x)+a_1f_1(x)+\cdots a_mf_m(x) \qquad (3.44)$$

このとき，$n>m$ であるような測定値，(x_i,y_i)（$i=0,\cdots,n$）を用いて，$h(x)$ が $f(x)$ にできるだけ合うように，未知の係数 $a_0,a_1,\cdots,a_m$ を決めることがここでの問題となる。この一つの解決策は，x_i に対応する近似関数の値 $h(x_i)$ とデータ値 y_i との差 r_i のユークリッド距離 Q をパラメータに関して最小化することによって与えられる。

$$Q=\sum_{i=0}^{n}r_i^2=\sum_{i=0}^{n}(h(x_i)-y_i)^2=\sum_{i=0}^{n}(\sum_{j=0}^{m}a_jf_j(x_i)-y_i)^2 \qquad (3.45)$$

この実際の解法手順を,以後ベクトル表現によって示す。$\boldsymbol{a}^T=(a_0, a_1, \cdots, a_n)$, $\boldsymbol{y}^T=(y_0, y_1, \cdots, y_n)$ と書くと，上式は

$$\min Q=\|\boldsymbol{r}\|^2=(\boldsymbol{Fa}-\boldsymbol{y})^T(\boldsymbol{Fa}-\boldsymbol{y}) \tag{3.46}$$

のように簡潔に表現できる。ここで $\boldsymbol{F}$ はつぎの行列を表す。

$$\boldsymbol{F}=\begin{bmatrix} f_0(x_0) & \cdots & f_m(x_0) \\ \vdots & \vdots & \vdots \\ f_0(x_n) & \cdots & f_m(x_n) \end{bmatrix} \tag{3.47}$$

ところで 4.3.1 項で示されるように，Q を $\boldsymbol{a}$ に関して最小化する必要条件は，Q の $\boldsymbol{a}$ に関する停留（極値）条件，$(\partial Q/\partial \boldsymbol{a})^T=\boldsymbol{0}$ として与えられる。いまの場合

$$\left(\frac{\partial Q}{\partial \boldsymbol{a}}\right)^T=2\boldsymbol{F}^T(\boldsymbol{Fa}-\boldsymbol{y})=\boldsymbol{0} \tag{3.48}$$

より，正規方程式と呼ばれる

$$\boldsymbol{F}^T\boldsymbol{Fa}=\boldsymbol{F}^T\boldsymbol{y} \tag{3.49}$$

が得られる。ここで $\boldsymbol{F}^T\boldsymbol{F}$ が正則なら，$\boldsymbol{a}$ は以下のように求められる。

$$\boldsymbol{a}=(\boldsymbol{F}^T\boldsymbol{F})^{-1}\boldsymbol{F}^T\boldsymbol{y} \tag{3.50}$$

ところで，近似関数 $h(x)$ を構成する既知の関数が，$f_k(x)=x^k$ のときには，式（3.44）は以下のように表現できる。

$$h(x)=a_0+a_1x+\cdots+a_mx^m \tag{3.51}$$

この場合は，統計解析でよく知られている回帰分析にほかならない。

（b） 非線形パラメータの推定　近似式がパラメータ $\boldsymbol{a}$ に関して非線形となる場合について考えてみる。これを $h(x;\boldsymbol{a})$ と書き，測定点に対する近似関数値を

$$\boldsymbol{H}(\boldsymbol{a})^T=(h(x_0;\boldsymbol{a}), h(x_1;\boldsymbol{a}), \cdots, h(x_n;\boldsymbol{a})) \tag{3.52}$$

のように表せば，$(x_i, y_i)(i=0,1,\cdots,n)$ 間の関係より，先の式（3.46）は

$$\min Q=(\boldsymbol{H}(\boldsymbol{a})-\boldsymbol{y})^T(\boldsymbol{H}(\boldsymbol{a})-\boldsymbol{y}) \tag{3.53}$$

となる。そして，このときの正規方程式は

$$\left(\frac{\partial \boldsymbol{H}(\boldsymbol{a})}{\partial \boldsymbol{a}}\right)^T(\boldsymbol{H}(\boldsymbol{a})-\boldsymbol{y})=\boldsymbol{0} \tag{3.54}$$

と導かれる。しかしここでは，線形の場合の式（3.50）のように，直接的な $\boldsymbol{a}$ の導出は不可能であることがわかる。このような場合の解法の一つにニュートン法が利用できる。

まず，$\boldsymbol{a}$ の初期値 $\boldsymbol{a}_0$ を推定し，その近傍で $\boldsymbol{H}(\boldsymbol{a})$ のテイラー展開を行い，二次以上の項を無視すれば

$$\boldsymbol{H}(\boldsymbol{a})=\boldsymbol{H}(\boldsymbol{a}_0)+\left(\frac{\partial \boldsymbol{H}(\boldsymbol{a}_0)}{\partial \boldsymbol{a}}\right)(\boldsymbol{a}-\boldsymbol{a}_0) \tag{3.55}$$

となる。これを，式（3.54）に代入すれば次式が近似的に成立する。

$$\left(\frac{\partial \boldsymbol{H}(\boldsymbol{a}_0)}{\partial \boldsymbol{a}}\right)^T\left\{\boldsymbol{H}(\boldsymbol{a}_0)+\left(\frac{\partial \boldsymbol{H}(\boldsymbol{a}_0)}{\partial \boldsymbol{a}}\right)(\boldsymbol{a}-\boldsymbol{a}_0)-\boldsymbol{y}\right\}=0 \tag{3.56}$$

いま，k 回目の探索における $\boldsymbol{a}$ の修正値を $\boldsymbol{a}_k$ と表せば

$$\boldsymbol{a}_k=\boldsymbol{a}_{k-1}-\left[\left(\frac{\partial \boldsymbol{H}(\boldsymbol{a}_{k-1})}{\partial \boldsymbol{a}}\right)^T\left(\frac{\partial \boldsymbol{H}(\boldsymbol{a}_{k-1})}{\partial \boldsymbol{a}}\right)\right]^{-1}\left(\frac{\partial \boldsymbol{H}(\boldsymbol{a}_{k-1})}{\partial \boldsymbol{a}}\right)^T(\boldsymbol{H}(\boldsymbol{a}_{k-1})-\boldsymbol{y}) \tag{3.57}$$

と，求められるので，$k:=k+1$ として，同様の手順を修正量 $\|\boldsymbol{a}_k-\boldsymbol{a}_{k-1}\|$ が十分小さくなるまで繰り返すことによって，$\boldsymbol{a}$ の推定値が求められる。

3.2 ペトリネットによる離散事象システムのモデル化

3.2.1 離散事象システムのモデル化の要件

工学システムの設計や解析においては，従来は，代数方程式や微分方程式などの数学モデルによって表現された対象を扱うことが多かった。しかし近年，物理的現象だけにとどまらず，人の振舞いなどに代表される手順や段取りなどのいわゆる時間的あるいは空間的に不連続な挙動をモデル化し，それに基づく考察の重要性が高まってきている。こうした離散事象システムのモデル化にあたっては，そうしたシステムを特徴づける以下に示すような四つの典型的な挙動を容易に表現でき，かつ効果的に利用できることが必要となる。

（1） 多数の相互作用を持ったサブシステム

一般に，システムは多数の独立したサブシステムから成り立っており，各サブシステムにおいても，その構成要素がいくつかの役割を持った人間や多数の分離した処理を行う機械から成っている。

（2） 並行的な行動

単一のサブシステムの活動は，一般に継続的で（しばしば循環的でもある），システム中で複数の活動が同時に並行して行われる。

（3） サブシステムの非同期性

並行的に行われるサブシステムの行動はそれぞれのペースにより進行する。しかし，ある時点でのサブシステムの行動が，他のサブシステムの行動がある段階に達するまで先に進めないこともある。

（4） サブシステムの選択的行動

並行的に進行するサブシステムの行動は，その途中で分岐点を持つことがある。その際の選択が，他のサブシステムの行動によって完全に決定されることもあれば，一部あるいはすべてが，それ自身の自由判断に任せられていることもある。自由判断に任せられた選択を行うのは，通常，機械ではなく人間であるため，さまざまな選択経路の中から選んだ結果が，システムの他の部分の選択的行動に対して，どのように影響を及ぼすかということを追跡できることが必要となる。

一方，モデル化手法が効果的に利用できるものであるためには，つぎの要件を満足しなくてはならない。

（1） 確定的でかつ明確な構成であること

システムのさまざまな状態と発生の詳細な過程を順次，演繹し，必要な諸量を計算できなければならない。

（2） 高度にモジュール化していること

現実のシステムは，相互作用を持った多数のサブシステムから成っているので任意のサブシステムに容易に分解できる必要がある。またこれと同時にサブシステム間のインタフェースも内部表現として完全に定義されて有意でなければならない。

（3） 包括的であること

論理的に完全なモデルを作るためには，機械処理，人間の行動，人間-機械間のインタフェースを含む全体に対して適用可能でなければならない。

ペトリネットは，上に述べた要件を備えた離散事象システムのモデル化手法の一つである。この手法は，1962 年にドイツのペトリ（C. A. Petri）によって導入され，動的論理システムの概念化のために用いられた。その後，主として米国のホルト（A. W. Holt）によってグラフ的な形式が与えられ，ペトリネットと名付けられた。そしてその後の多くの研究によって，これまで多くの分野での適用が試みられてきた。また，これと付随して種々の新しいクラスのネットの開発もなされてきている。詳しくは成書[4),5)]を参照されたい。

3.2.2 ペトリネットの基礎

ペトリネットは，状態と事象とそれらの間の継続関係の三つの要素から成っている。ここで事象とは，他と区別可能な変化する状態の一つである。ネットのグラフ表現は一般に，状態は白丸（プレース）で，事象は塗りつぶした四角（トランジション）で，さらに継続関係は矢印（アーク）で表される。例えば，**図 3.5**（a）では，状態 S 1 は事象 E 1 によって状態 S 2 になるという遷移過程を表す。事象の発生によって終了させられる状態を事象への**入力状態**と呼び，事象の発生によって開始させられる状態を事象からの**出力状態**と呼ぶ。この状態や事象は，コンピュータのメモリーにおける 0 や 1 のような微小なものでも，複雑な生産活動に関係した巨視的なものでもかまわない。

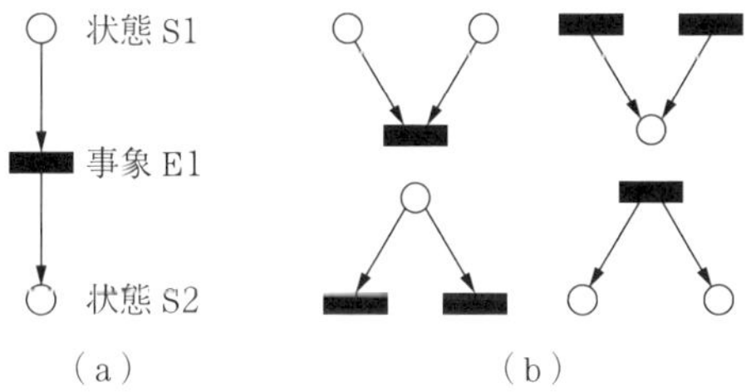

図 3.5　ペトリネットの基礎モデル

このようなペトリネットの表現形式は，典型的な状態遷移図と一見変わらない。しかしペトリネットでは，一つの事象がいくつでも入出力状態を持つことができ，また一つの状態がいくつもの事象の入出力状態となることもできるため高い表現能力を持っている（例えば，図 3.5（b）参照）。

さらにペトリネットにおいて，開始しているが終了していない状態を**ホールドしている**と呼び，同時にホールドできる状態の個数に制限はない。このとき，残りの状態は，まだ開始していないか，すでに終了した状態かのいずれかである。ある時点で，どの状態がホールドしているかを示すために，状態の丸の中に**トークン**と呼ばれる黒丸を置く（マーキング）。例えば，**図 3.6**（a）

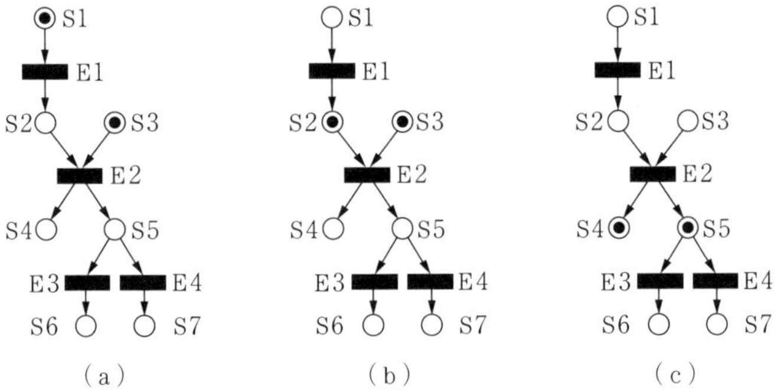

図 3.6　遷移状態の例

は，状態S1とS3だけが，ホールドしていることを表す。

事象の生起は，「ある事象のすべての入力状態がホールドしているとき，その事象は生起（発火）可能である」という発火規則に従って決められる。そして，ある事象が生起するとすぐに，そのすべての入力状態はホールドをやめ，そのすべての出力はホールド状態となる。入力状態の丸の中の黒丸を消して，出力状態の丸の中に黒丸を付けること（トークンの移動）で，事象の起こったことを示す。例えば，図3.6（a）では，E1の入力状態はS1だけで，これがホールドしているので，E1が起こることになる。しかし，E2はこの二つの入力状態の一つであるS2がホールドしていないので，E1が起こるまでは生起することができない。そして，図3.6（b）のようにE2はE1が起これば生起可能となり，その結果，図3.6（c）のようになる。この論理積的な発火規則によって，システム構成要素の非同期的で並行的な挙動を明確に表現できる。

しかし，ホールドしている状態が2個以上の事象の入力（または出力）状態となっているとき，これらの事象のうち，つぎに生起するのはどれか（またはいま生起したのはどれか）ということが問題となる。これに関しては，「同時に生起できる事象は唯一である」というルールだけを付け加える。例えば，図3.6（c）のネットでは，状態S5がホールドされると，事象E3か事象E4のどちらか一方だけが生起し，それに応じて，S6かS7の一方がホールドされる。S 5 はホールドが解かれるため，E 3 と E 4 のうち生起できなかった事象は，つぎに S 5 がホールドされるまで，生起の機会を待つことになる。なお，どちらの経路がとられるかはここでのルールからは決まらない。この論理和的なコンフリクト規則を用いることにより，システム構成要素の自由な意思決定をも含んだ選択的な行動を明確に表現することができる。

典型的な使い方に限れば，これまで述べた単純な要素と規則だけでペトリネットの定義は十分である。この簡便さが，人間活動を含んだシステムの一般的解析のためにペトリネットが多用されている理由の一つとなっている。しかし以下では，離散事象システムの工学的解析のために必要と思われるペトリネットの基礎知識と一つの応用例についてさらに解説を加える。

一般的にペトリネット PN は $PN=(P,T,F,W,\boldsymbol{\mu}_0)$ の 5 項目で定義される。ここで，$P=\{p_1,p_2,\cdots,p_n\}$ はプレースの有限集合，$T=\{t_1,t_2,\cdots,t_m\}$ は，トランジションの有限集合，$F\subseteq(P\times T)\cup(T\times P)$ は，アークの集合 $W:F\rightarrow\{1,2,3,\cdots\}$ は重み付け関数，$\boldsymbol{\mu}_0:P\rightarrow\{1,2,3,\cdots\}$ は，初期マーキングである。また，$P\cap T=\phi$ でかつ $P\cup T\neq\phi$ でなければならない。

一般にアークには重み（正整数）が付記され，重みが k であるアークは，k 重アーク（多重アーク）と呼ばれ，k 本の平行なアークの集合となる。k が 1 のときの重みは通常省いて表現される。

プレース p に，非負整数 k が割り当てられているとき，p は k 個のトークンでマーキングされているという。図示するときは，プレース p 内に k 個の黒い点（トークン）を描くか，プレース内に数字 k を記入する。n 個のプレースから成るペトリネット全体のマーキングは，k 次元ベクトル $\boldsymbol{\mu}$ で表される。$\boldsymbol{\mu}$ の i 番目の成分は μ_i で表され，プレース p_i 内のトークンの数を表す。

トランジションは，前提条件と後提条件を表す複数のプレースを持つ。あるプレースに置かれた k 個のトークンは，k 個のデータ項目あるいは資源が必要可能であることを示している。

n 個のプレースと m 個のトランジションを持つペトリネット N において，接続行列 $\boldsymbol{D}=[a_{ij}]$ は $n\times m$ の整数行列であり，各成分は次式で与えられる。

$$a_{ij}=a_{ij}^{+}-a_{ij}^{-} \tag{3.58}$$

ここで，$a_{ij}^{+}=w(j,i)$ は，トランジション j を始点，プレース i を終点とするアークの重みであり，$a_{ij}^{-}=w(j,i)$ は，プレース i を始点，トランジション j を終点とするアークの重みである。行列 $\boldsymbol{D}^{+}=\{a_{ij}^{+}\}$，$\boldsymbol{D}^{-}=\{a_{ij}^{-}\}$ とすると，式 (3.58) より，接続行列は $\boldsymbol{D}=\{a_{ij}\}=\boldsymbol{D}^{+}-\boldsymbol{D}^{-}$ となる。もしプレース i とトランジション j において，自己ループがあれば，$a_{ij}^{+}=a_{ij}^{-}$ となり $a_{ij}=0$ となる。これはプレース i とトランジション j との間にアークがない場合と同じとなる。自己ループを持たないペトリネットは，**純**と呼ばれる。

【例 3.5】 図 3.7 のペトリネットの接続行列を求めよ。

解

$$\boldsymbol{D}^{+}=\begin{bmatrix}0&0&0&3\\1&0&0&0\\0&2&0&0\\0&0&1&0\end{bmatrix},\ \boldsymbol{D}^{-}=\begin{bmatrix}2&0&0&0\\0&1&1&0\\0&0&0&1\\0&0&0&1\end{bmatrix} \text{ より } \boldsymbol{D}=\begin{bmatrix}-2&0&0&3\\1&-1&-1&0\\0&2&0&-1\\0&0&1&-1\end{bmatrix}$$

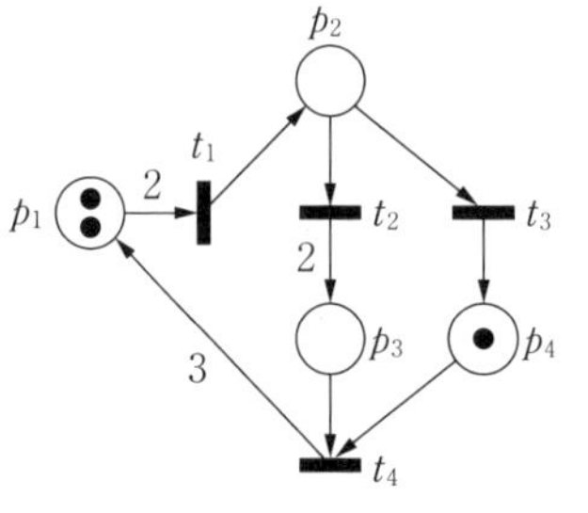

図 3.7　ペトリネットの例

すでに述べた発火規則は改めて以下のように表現される。

- マーキング $\boldsymbol{\mu}$ において，トランジション t のすべての入力プレース p に，少なくとも $w(p,t)$ 個のトークンがあれば，トランジション t は発火可能になる。ここで，$w(p,t)$ は，入力プレース p からトランジション t へのアークの重みである。
- 発火可能なトランジションは，発火しても発火しなくてもよい（事象は起こり得る状態にあっても，実際に起きるときと起きないときとがある）。また，発火そのものは瞬間的に起こる（所要時間は 0）。
- トランジション t が発火すると，t の各入力プレース p から $w(p,t)$ 個のトークンが取り去られ，t の各出力プレース p' へ $w(t,p')$ 個のトークンが加えられる。ここで $w(t,p')$ は，トランジション t から出力プレース p へのアークの重みである。

また，初期マーキングに依存する性質は**動的性質**と呼ばれ，可達性，活性，有界性，パーシステンスなどが知られている。一方，初期マーキングに依存しない性質は**構造的性質**と呼ばれ，反復性，反復一致性，構造的有界，保存性などがある。

3.2.3 S インバリアントと制御問題

〔1〕 S インバリアント

接続行列が $\boldsymbol{D}$ で表されるペトリネットに対して，n 次元整数ベクトル $\boldsymbol{x}$ が次式を満たすとき，$\boldsymbol{x}$ を **S インバリアント**という。

$$\boldsymbol{x}^T\boldsymbol{D}=\boldsymbol{D}^T\boldsymbol{x}=\boldsymbol{0} \tag{3.59}$$

ここで，初期マーキングを $\boldsymbol{\mu}_0$，$\boldsymbol{\mu}_0$ から可達なマーキングを $\boldsymbol{\mu}$ とすると，マーキングと接続行列の間には，つぎの関係が成り立つ。

$$\boldsymbol{\mu}=\boldsymbol{\mu}_0+\boldsymbol{D}\boldsymbol{y} \tag{3.60}$$

$\boldsymbol{y}$ は非負整数を要素とする m 次元ベクトルで，$\boldsymbol{\mu}_0$ から $\boldsymbol{\mu}$ に到達するときの各トランジションの発火回数を表すので，**発火回数ベクトル**と呼ばれる。式(3.60) の両辺に左から S インバリアント $\boldsymbol{x}$ をかけると，次式が得られる。

$$\boldsymbol{x}^T\boldsymbol{\mu}=\boldsymbol{x}^T\boldsymbol{\mu}_0=k \quad (\text{一定}) \tag{3.61}$$

このことから，初期マーキングから可達なすべてのマーキングにおいて，S インバリアントに従って，重み付けられたトークン数の総和は一定数 k であることがわかる。

【例 3.6】 図 3.7 のペトリネットの S インバリアントと，この重み付けトークン数の総和を求めよ。

解 このペトリネットの接続行列 $\boldsymbol{D}$ は

$$\boldsymbol{D}=\begin{bmatrix} -2 & 0 & 0 & 3 \\ 1 & -1 & -1 & 1 \\ 0 & 2 & 0 & -1 \\ 0 & 0 & 1 & -1 \end{bmatrix}$$ であった。ここで $\boldsymbol{x}^T=[1\ 2\ 1\ 2]$ とすれば

$$\boldsymbol{x}^T\boldsymbol{D}=[1\ 2\ 1\ 2]\begin{bmatrix} -2 & 0 & 0 & 3 \\ 1 & -1 & -1 & 0 \\ 0 & 2 & 0 & -1 \\ 0 & 0 & 1 & -1 \end{bmatrix}=\boldsymbol{0}^T$$

より，この $\boldsymbol{x}$ はここでの S インバリアントの一つであることがわかる。また，初期マーキング $\boldsymbol{\mu}_0^T=[2\ 0\ 0\ 1]$ から可達なすべてのマーキング $\boldsymbol{\mu}$ の重み付け総和は，

$\boldsymbol{x}^T\boldsymbol{\mu}=\boldsymbol{x}^T\boldsymbol{\mu}_0=4$ となる。そして，初期マーキングから t_1 が発火すると，マーキングは $\boldsymbol{\mu}_1^T=[0\ 1\ 0\ 1]$ に遷移する。さらに，t_2 が発火すると，マーキングは $\boldsymbol{\mu}_2^T=[0\ 0\ 2\ 1]$ に遷移する。これらのマーキングにＳインバリアント $\boldsymbol{x}^T=[1\ 2\ 1\ 2]$ を左からかけてみると，いずれも一定の値 4 になっていることがわかる。

Ｓインバリアントは，ペトリネットの種々の性質の解析に有用な概念の一つである。特に，次項で述べる制御問題の解法において効果的に利用できる。

〔2〕 離散事象システムの制御問題

現実には，システムの動作上や，資源の共有にかかわる制約を満たすために事象の発生を制限する必要が生じるような場合が起こる。このような制御問題は，Ｓインバリアントの概念を用いればうまく解決できる。

まず，例えばバッファの容量に制限がある場合や，複数のプロセスが限られた資源を共有する場合の制約は，次式で記述可能なことに着目する。

$$\boldsymbol{L}\boldsymbol{\mu}_p \leqq \boldsymbol{b} \tag{3.62}$$

するとこの制御問題の一つの解決は，上式を満たすようにトランジションの発火を許可または抑制するようなサブネットを付加することで与えられる。ただし，プロセスネットが偶発的に起こる事象（例えば，システムダウンや観測できないタスクの開始，終了など）にかかわる場合には，それらのトランジションの発火の許可や抑制を行うことはできない。したがって，制御のためのサブネット（コントローラネット）の設計においては，制御プレースから不可制御なトランジションへのアーク，不可観測なトランジションから制御プレースへのアークは存在しないようにしなければならない。ここで，制御プレースとそれらに隣接するトランジションから成るサブネットがコントローラネット N_c となり，プロセスネットにコントローラネットを加えたネット全体を**コントロールドネット** N と呼ぶ。

けっきょく，ここでの制御問題は，式（3.62）を満たすコントローラネットを求めることに帰着される。このような制御問題に対する Moody らの方法[6]を次ページに示す。ただし簡単のため，プロセスネットのすべてのトランジションはすべて可制御，可観測とする。

最初に，制約式（3.62）の左辺に，r 次元の非負整数のスラック変数ベクトル $\boldsymbol{\mu}_c$ を加えて，$\boldsymbol{L}\boldsymbol{\mu}_p+\boldsymbol{\mu}_c=\boldsymbol{b}$ のように等式化する。これを表現し直すと

$$[\boldsymbol{L}\ \boldsymbol{I}]\begin{bmatrix}\boldsymbol{\mu}_p\\ \boldsymbol{\mu}_c\end{bmatrix}=\boldsymbol{b}\ （一定）\tag{3.63}$$

となり，式（3.61）より $[\boldsymbol{L}\ \boldsymbol{I}]$ の各行は，S インバリアントであることがわかる。

ところでコントロールドネットの接続行列 $\boldsymbol{D}$ と初期マーキング $\boldsymbol{\mu}_0$ は，それぞれ以下のように表される。

$$\boldsymbol{D}=\begin{bmatrix}\boldsymbol{D}_p\\ \boldsymbol{D}_c\end{bmatrix},\quad \boldsymbol{\mu}_0=\begin{bmatrix}\boldsymbol{\mu}_{p_0}\\ \boldsymbol{\mu}_{c_0}\end{bmatrix}$$

ここで $\boldsymbol{D}_p$ はプロセスネットの接続行列を，$\boldsymbol{D}_c$ はコントローラネットの接続行列を表す。またそれぞれの初期マーキングを $\boldsymbol{\mu}_{p_0}$，$\boldsymbol{\mu}_{c_0}$ とした。$[\boldsymbol{L}\ \boldsymbol{I}]$ の各行は，コントロールドネットの S インバリアントであるので，式（3.59）と式（3.63）よりそれぞれつぎの関係が成立する。

$$[\boldsymbol{L}\ \boldsymbol{I}]\begin{bmatrix}\boldsymbol{D}_p\\ \boldsymbol{D}_c\end{bmatrix}=\boldsymbol{0},\quad [\boldsymbol{L}\ \boldsymbol{I}]\begin{bmatrix}\boldsymbol{\mu}_{p_0}\\ \boldsymbol{\mu}_{c_0}\end{bmatrix}=\boldsymbol{b}$$

これらより，コントローラの接続行列 $\boldsymbol{D}_c$ およびその初期マーキング $\boldsymbol{\mu}_{c_0}$ は，それぞれつぎのように求められる。

$$\boldsymbol{D}_c=-\boldsymbol{L}\boldsymbol{D}_p\tag{3.64}$$

$$\boldsymbol{\mu}_{c_0}=\boldsymbol{b}-\boldsymbol{L}\boldsymbol{\mu}_{p_0}\tag{3.65}$$

【例 3.7】 Moody らの解法の適用例　**図 3.8** のペトリネットは，ある二つの部品 X，Y をそれぞれ加工し，組み立てるというシステムをモデル化したものである。そしてトランジションとプレースは，それぞれつぎの事象 T と状態 P を表している。

$T=\{t_1$：部品搬送，t_2：搬送，t_3：組立開始，t_4：組立終了$\}$

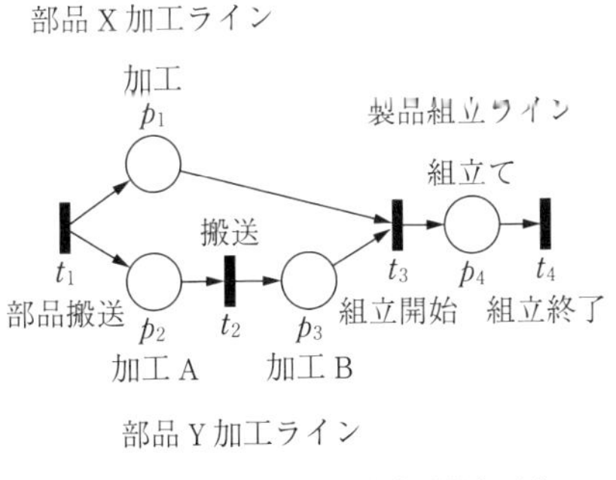

図 3.8　生産ラインの制御問題の例

$P=\{p_1$：部品 X の加工，p_2：部品 Y の加工 A，p_3：部品 Y の加工 B，p_4：組立て$\}$

このようなシステムにおいて，「部品 X，Y の組立ては一つの機械で行うため，組立ては同時に一つしか行えない」ものとする。するとこの条件は，$\mu_4 \leqq 1$ のようなトークン数に関する制約となり，式 (3.62) と同等の表現においては，$\boldsymbol{L}=(0\ 0\ 0\ 1)^T$ となる。

一方，プロセスネットの接続行列は

$$\boldsymbol{D}_p=\begin{bmatrix} 1 & 0 & -1 & 0 \\ 1 & -1 & 0 & 0 \\ 0 & 1 & -1 & 0 \\ 0 & 0 & 1 & -1 \end{bmatrix}$$

で表される。また，プロセスネットの初期マーキングを $\boldsymbol{\mu}_{p_0}^T=[0\ 0\ 0\ 0]$ として，式 (3.64)，(3.65) を用いると，コントローラの接続行列と初期マーキングは，それぞれ

$$\boldsymbol{D}_c=-[0\ 0\ 0\ 1]\begin{bmatrix} 1 & 0 & -1 & 0 \\ 1 & -1 & 0 & 0 \\ 0 & 1 & -1 & 0 \\ 0 & 0 & 1 & -1 \end{bmatrix}=[0\ 0\ -1\ 1], \quad \mu_{c_0}=1-[0\ 0\ 0\ 1]\begin{bmatrix} 0 \\ 0 \\ 0 \\ 0 \end{bmatrix}=1$$

となる。以上よりコントロールドネットは**図 3.9** のようになる。ここで破線部分がコントローラネットである。

さらに，プロセスネットが不可制御，不可観測な事象を含む場合に，式 (3.62) の変更によって制御プレースから不可制御なトランジションへのアーク，不可観測なトランジションから制御プレースへのアークは存在しないようにするため，許容領域を適切に狭める手順を加えた方法が Moody らにより提案されている[7]。また，同様の考え方を拡張して整数計画法を援用した大規模システムへの適用[8]，ペトリネット自体の工学応用上のための概念の拡張[9] やその応用[10] など多彩な研究がなされている。

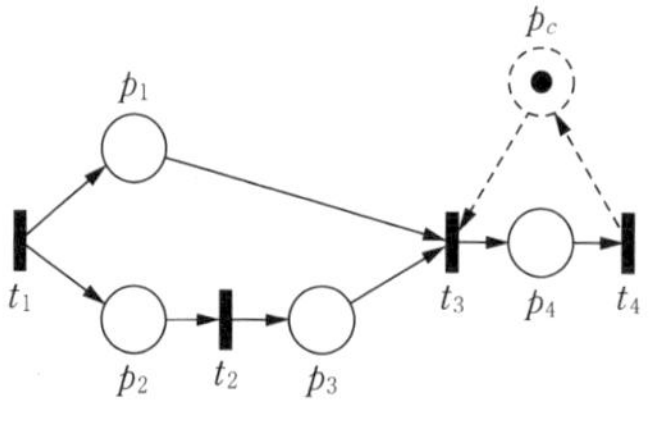

図 3.9　［例 3.7］のコントロールドネット

3.3　ニューラルネットワークによるモデル化

コンピュータは，数値計算においては優秀な情報処理装置であるが，パターン認識に代表されるような定性的であいまいな判断を苦手としている。一方，人間の脳は定形的で大量の数値計算においてはコンピュータに劣るが，パターン認識のような不定形で総合的判断においては優秀な情報処理装置といえる。**人工ニューラルネットワーク**（artificial neural network，略して（A）NN）は，このような脳における神経回路の働きを模した情報処理システムの総称であり，近年種々の分野におけるモデル化，パターン認識・分類，制御，最適化などに応用されてきている。

NN は，**図 3.10** に示すような人工ニューロンから構成される。図中央の円形がニューロンの 1 単位で，これに左側から入力信号（他のニューロンからの出力信号）が（刺激として）入り，各ニューロンの特性に応じた出力信号に変換される。そして，これが新たに別のニューロンへの入力信号となるといった連鎖によって最終的な出力が得られる。入力ユニットから出力ユニットまで，ニューロンがすべて順方向のみに結合され，フィードバック結合を持たないようなモデルを**階層型 NN** という（**図 3.11** 参照)。一方，ユニット間の結合が必ずしも順方向のみとは限らない**相互結合型**

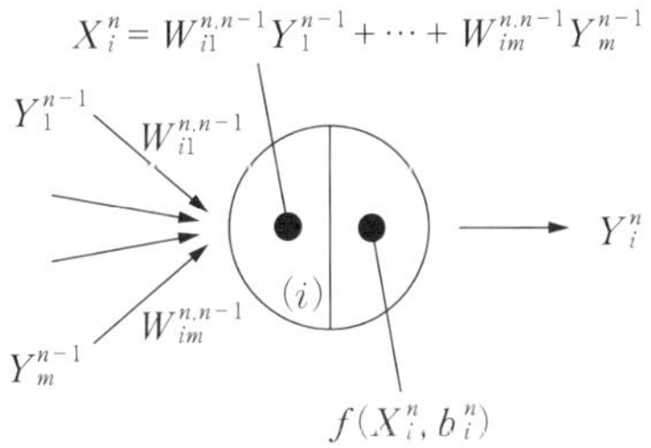

図 3.10　人工ニューロンの構造

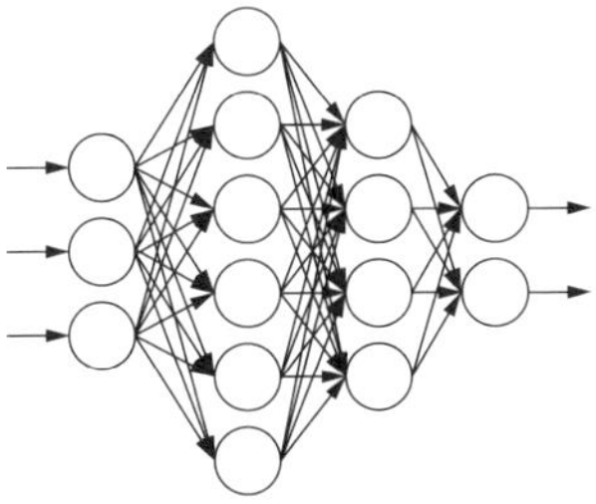

図 3.11　階層型 NN

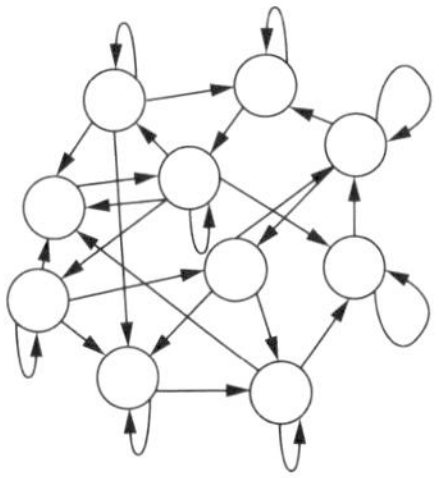

図 3.12　相互結合型 NN

NN もある（**図 3.12** 参照）。

以下では，階層型の代表的な NN である**誤差伝播**（back propagation，略して BP）**ネットワーク**[11] に着目し，モデル化の基本的な概念について述べる。さらに近年，より効果的な応用が期待されている**放射基底関数**（radial basis function，略して RBF）**ネットワーク**[12] にも触れる。これらを用いたモデル化は，3.1.2 項で述べた分類の不規則入力を用いる非構造モデル化の例となる。本書でも 5 章で，これらを価値関数のモデル化に応用している。ニューラルネットワークについてもこれまで数多くの成書がある。詳しくはそれらを参照されたい[13),14]。

3.3.1　BP ネットワーク

〔1〕　ニューロンの構造

BP ネットワークの第 n 層のニューロン i への入力 X_i^n は，第 $n-1$ 層のニューロン j の出力値 Y_j^{n-1} の重み付け総和として式（3.66）で与えられる。一方，第 n 層のニューロン i の出力 Y_i^n は，入力値を基に伝達関数 $f(x)$ としきい値 b_i によって，式（3.67）のように計算される。

$$X_i^n=\sum_j W_{ij}^{n,n-1}Y_j^{n-1}\qquad(n=2,\cdots,N)\tag{3.66}$$

$$Y_i^n=f(X_i^n-b_i^n)\qquad(n=1,\cdots,N)\tag{3.67}$$

ここで，$W_{ij}^{n,n-1}$ は，$n-1$ 層のニューロン j と n 層のニューロン i 間の結合における相対的な重要度を表す係数で，この値が大きいほど結合関係が強く，そのニューロンにとって支配的な入力（刺激）といえる。また N は全階層数である。

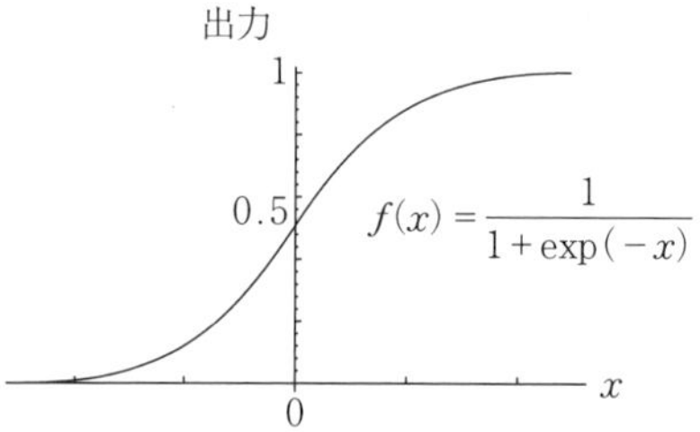

図 3.13　シグモイド関数（伝達関数）

ニューロンに蓄えられた刺激に応じて出力を決めるものが伝達関数である。その代表的なものが**図 3.13** に示すシグモイド関数で，生物の生長曲線としても知られている S 字カーブの曲線となる。実際の出力は式（3.67）で計算されるため，しきい値 b_i 分だけ右方向に平行移動したものとなる。このほか，**図 3.14** に示すような伝達関数が知られている。

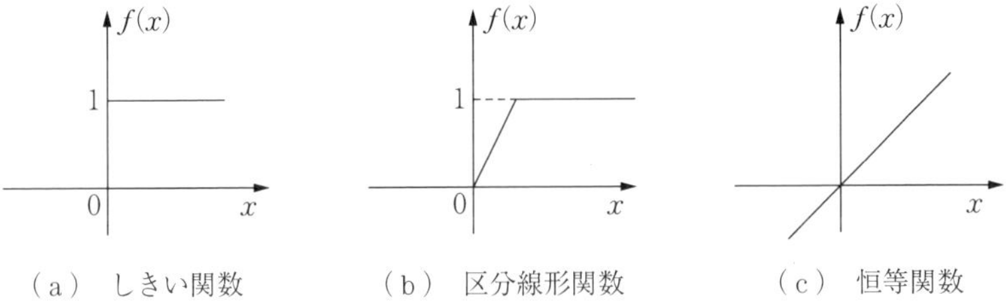

図 3.14 その他の典型的な伝達関数

〔2〕 **ニューロンの学習**

NN の構造（例えば，3 層の階層型で各層のニューロン数が決まっている）が与えられているとき，それが与えられた刺激に対して正しく反応するためには，人間の脳の場合と同様，何らかの学習が必要となる。これは，結合荷重 $\boldsymbol{W}$ やしきい値 $\boldsymbol{b}$ といったパラメータを調整することに相当する。このことを**学習**といい，学習によって NN を実効あるものにすることができる。人の脳の場合も，学習によって刺激を受けたニューロンの感受性は高まり，刺激の伝搬をつかさどるシナプスが太くなることが知られている。

学習の方法は大きく 2 種類に分けられる。その一つは，望ましい出力（**教師信号**という）が外部から与えられて学習をするものであり，これを**教師あり学習**という。もう一方は，教師信号は与えられずに，入力信号の統計的な性質からニューロンが自ら学習するものであり，これを**教師なし学習**という。

教師データを用いる**誤差伝播法**と呼ばれる学習アルゴリズムでは，NN からの出力信号 $\boldsymbol{Y}^N$ と教師信号 $\boldsymbol{y}$ を比較し，この差が小さくなるように結合荷重 $\boldsymbol{W}$ を修正する。実際には，教師データの総数を p とするとき，これと出力値の誤差の二乗和となる式（3.68）を最小とするように $\boldsymbol{W}$ が決められる。

$$r=\sum_{i=1}^{p}(y_i-Y_i^N)^2 \tag{3.68}$$

この最小化アルゴリズムを与えるために，r の $\boldsymbol{W}$ に関する傾きを計算す

る。$(\partial r/\partial X_i^n)=\delta_i^n$ と置くとき，これは

$$\frac{1}{2}\cdot\frac{\partial r}{\partial W_{ij}^{n,n-1}}=\frac{\partial r}{\partial X_i^n}\frac{\partial X_i^n}{\partial W_{ij}^{n,n-1}}=\delta_i^n Y_j^{n-1} \tag{3.69}$$

となる。さらに，これは次式のように表現できる。

$$\delta_i^n=\frac{\partial r}{\partial X_i^n}=\sum_k \frac{\partial r}{\partial X_k^{n+1}}\frac{\partial X_k^{n+1}}{\partial Y_i^n}\frac{\partial Y_i^n}{\partial X_i^n}$$

$$=\sum_k \frac{\partial r}{\partial X_k^{n+1}} W_{ki}^{n,n+1} f'(X_i^n)=f'(X_i^n)\sum_k W_{ki}^{n,n+1}\delta_k^{n+1} \tag{3.70}$$

ただし最終出力層 N では，$\delta_i^N=(y_i-Y_i^N)f'(X_i^N)$ とする。この関係を式(3.66)と比較して，δ_i^n を $n+1$ 層のニューロンから n 層の第 i ニューロンに戻される学習信号とみなせば，出力層から入力層へちょうど，逆方向の計算を行う形をとっていることがわかる。これよりこうした探索法に対して誤差伝播（BP）の名がある。

$\boldsymbol{W}$ の傾きを用いる探索アルゴリズム（一般に**傾斜法**と呼ばれる）では，実際には解の振動を減らしながら学習の収束を早めるために，次式のように修正量が決められる。

$$\varDelta W_{ij}^{n,n-1}(t)=\alpha\delta_i^n Y_j^{n-1}+\eta\varDelta W_{ij}^{n,n-1}(t-1) \tag{3.71}$$

ここで，t は，探索の繰返し数を表す。また，α は**学習定数**と呼ばれるパラメータで，通常の傾斜法における探索ステップ幅に相当するため，収束の速さに関係する。一方，η は**慣性定数**と呼ばれ，解の振動の調整に用いられる。

〔3〕 学習効果と汎化能力

与えられた学習データについては，上述の学習によって十分に正確な出力が得られることが期待できる。しかし，「未学習の入力データに対して（学習済みの NN から），どの程度正確な出力が得られるか」という汎化（はんか）能力の問題は，NN の特性にかかわる重要な問題の一つである。この検証のために一般に採られる方法は，学習データのすべてを用いずに，その一部を残しておき，それらを検証用に用いるものである。すなわち式（3.68）で計算される値で学習誤差を評価すると同時に，残しておいた検証用データの組 $(\underline{y}_i, \underline{Y}_i^N)$（このデータ数を q とする）に対する誤差を次式で評価し，これを汎化能力の判定

に用いようとするものである。

$$r_s = \sum_{i=1}^{q} (\underline{y}_i - \underline{Y}_i^N)^2 \tag{3.72}$$

図 3.15 は，学習データと検証データの誤差の値の履歴を描いたもので，学習の深化と汎化に関してよく観察される様子を示している。学習が進むと学習誤差が漸次減少していくが，ある学習回数を境に検証誤差は増加に転じることがある。これは**過剰学習**として知られる現象で，学習が進みすぎると，汎化能力が下がってしまうという，応用面から見れば不適切な現象の一つである。

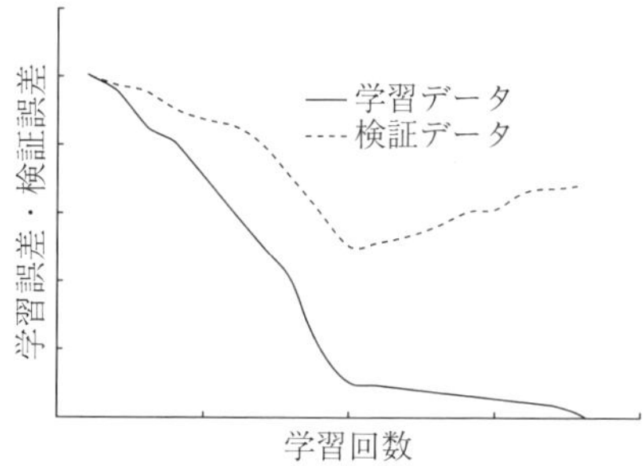

図 3.15 学習回数と学習・検証誤差の関係

このような階層型 NN の特徴として以下のようなものなどが挙げられる。

- 入出力関係を学習させるだけで，非線形性の強い写像をネットワーク内の結合係数として構築ができるという便利性
- 入力変数すなわち入力層ユニット数の増加に容易に対応できる拡張性
- 学習パターンを滑らかに内挿し，未学習の入力に対しても妥当な出力値を出力できる汎化能力
- 学習後は，積和演算を行うだけで出力が得られるという応用時の迅速性

これらの特徴（特に 1，3 番目）は，非線形性が非常に強く未知な構造を同定するのに非常に適している。また，このような特徴を有することから，NN は，「臭い」，「うまい」，「好ましい」といったような人間の感性を同定する試みにも応用されてきている。

【例 3.8】 NN による OR と XOR の学習

論理和 OR および排他的論理和 XOR は，それぞれ**表 3.1**，**表 3.2** の関係を満たす演算である。これを図的に表現すれば，それぞれ**図 3.16**（a），（b）のように表される。このとき図 3.16（a）においては，$y=0$（白丸）と 1（黒丸）を分離するのに直線 ab で十分であるが，図 3.16（b）においては，複雑な曲線 AB が必要になることがわかる。このことから XOR のモデル化の方が OR の場合よりはるかに難し

表 3.1　OR の入出力データ

x_1	x_2	y
0	0	0
1	0	1
0	1	1
1	1	1

表 3.2　XOR の入出力データ

x_1	x_2	y
0	0	0
1	0	1
0	1	1
1	1	0

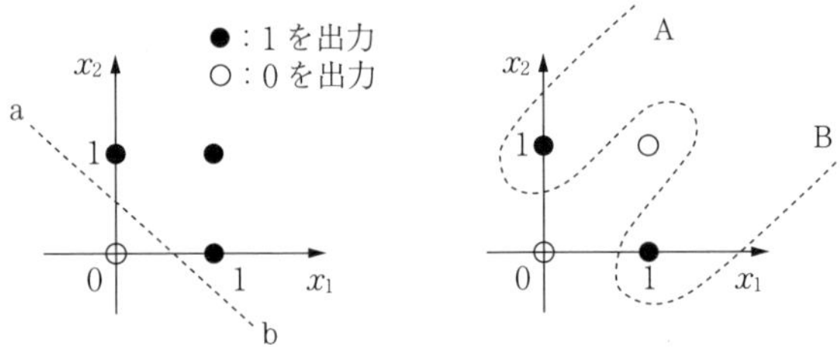

（a）線形分離可能な場合（OR）

（b）線形分離可能でない場合（XOR）

図 3.16　入出力関係図

いことが推測される。しかし，入力数 2，中間ユニット数 2，出力数 1 から成る 3 層の単純な階層型 NN によって OR 問題のみならず XOR 問題もモデル化できる。

このことからも，NN が現象の線形，非線形にとらわれず，効果的なモデル化手法であることがわかる。またこの際，モデルの構造（関数形）を必要としない非構造モデル化手法であることにも注目されたい。

3.3.2　RBF ネットワーク

RBF ネットワークも図 3.17 に示すような，入力層，中間層，出力層から成る階層型 NN である。その中間層の各基底（素子，ニューロン）における伝達関数 $h(x)$ は次式で表される。この $h(x)$ が**放射基底関数**あるいは，**ラジアル基底関数**と呼ばれることからこの名がある。

$$h_m(x)=\exp\left(-\sum_i \left(\frac{x_i-c_m}{r_m}\right)^2\right)$$

$$f(x)=\sum_{j=1}^{m} w_j h_j(x)$$

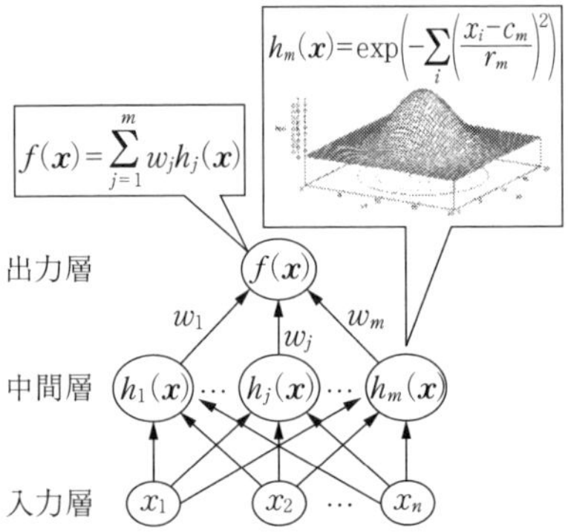

図 3.17　RBF ネットワークの構造

$$h_j(\boldsymbol{x}) = \exp\left(-\sum_{i=1}^{n}\left(\frac{x_i - c_j}{r_j}\right)^2\right) \quad (j=1,2,\cdots,m) \tag{3.73}$$

ここで，c_j は基底 j の中心を，r_j はその半径，つまり反応領域の大きさを表すパラメータである。また，$\boldsymbol{x}$ は入力層からの出力ベクトルであり，中間層の入力となる。図 3.17 の右上部に，2 次元入力の RBF 出力形状を示す。中間層からの出力は，伝達関数を基に計算され，中間層の出力 x_i に重み変数 w_j を乗算したものの総和が出力値となる。

$$f(\boldsymbol{x}) = \sum_{j=1}^{m} w_j h_j(\boldsymbol{x}) \tag{3.74}$$

ここで j は中間層の各基底を表し，m は中間層の基底の総数である。

RBF ネットワークの学習は，次式の目的関数を最小とするような重み変数ベクトル $\boldsymbol{w}$ を求めるために行われる。

$$r = \sum_{i=1}^{p}(y_i - f(\boldsymbol{x}^i))^2 + \sum_{j=1}^{m}\lambda_j w_j^2 \tag{3.75}$$

ここで，p は学習データ数を，y_i は教師データを，$f(\boldsymbol{x}^i)$ は入力値 $\boldsymbol{x}^i$ に対する出力値である。λ_j はモデルの汎化性を調整するためのパラメータであり，これを大きくするほど汎化性は高まるが，モデル化精度は減少する。

RBF ネットワークの特徴は，$f(\boldsymbol{x})$ は $\boldsymbol{w}$ に関して線形関数であることから，$\boldsymbol{w}$ の学習にかかる時間が少ないことや，状況の変化に応じて必要となる再学習やネットワークの構造の変更といった柔軟な対応が容易であることが挙げられる。前節の BP ネットワークとの比較を**表 3.3** に示す。

表 3.3 BP ネットワークと RBF ネットワークとの比較

	BP ネットワーク	RBF ネットワーク
伝達関数	シグモイド関数	放射基底関数
学習（同定）にかかる時間	長い	短い
追加・忘却学習	困難	容易

また NN の共通の問題として，中間層の最適な数の決め方や，BP ネットワークでは最適化過程での局所解からの回避問題も応用上見過ごせない点である。中間層数の決め方に関して，AIC（Akaike's Information Criterion）を利用しようとする試みや，BP における重み係数の修正量の決め方に確率的変動を与える考え方などがある[15),16)]。

ところで近年，生産の高度化の要求に伴って対象プロセスの動的モデリングの果たす役割は一段と高まってきている。動的モデリングも挙動の単なる模擬やソフトセンサとしての観測困難な状態の認識にとどまらず，モデルに基づいて行われる次段階での考察，例えば制御の質の向上や異常診断などにも利用できることが求められている。これまで見たように，NN は汎化能力も高く，比較的簡単にかつ効率的にモデル化を可能とする手法である。またモデル化のためだけに特別な実験を行えず，オンラインでモデルの構築や検証を行う必要があるという条件も一応は満たすことができるため，動的モデリング手法としてもその応用が期待されている。このとき，まったくのブラックボックスモデルを使うより，現象を多少とも解析的に理解できるモデルの方が，安心感や不測の事態への対応力は高いと考えられる。こうした点からも部分的に物理モデルを併用したり[17]，プロセス技術者の経験的モデル化法を取り込んだりした形で，NN の構成を考えることも実際の適用では重要と考えられる。

3.4　ま　と　め

対象とするシステムの特徴と，そこでどのような意図に従って解決を図ろうとするかによって採るべきモデル化手法や解析の手順はまったく異なるものになる。従来は，ともすれば数式モデルとそれを中心とした解析に重点が置かれてきたが，多様化した近年の状況においては，より広い視野から多岐にわたる検討が必要となる。そして与えられた問題解決の特性をよく吟味し，それに応じた手法を使い分けることが求められる。こうした観点の下で，本章では，まず工学システムでの伝統的なモデル化手法と解析法の基礎的事項についての概要を述べた。しかし，工学システムといえども，人とのかかわりを抜きにして現実を論じることはできない。こうした状況下でのモデル化手法の一つがペトリネットといえる。そこでつぎに，こうしたモデル化と解析法の一端を示した。ペトリネットは，基本的には状態遷移グラフであるため，状態機械，マークグラフ，マルコフモデル，フローチャート，PERT 等と類似している。ペトリネットに固有の特徴は，すでに述べたように複雑なシステム内で生起する並行的で循環的かつ非同期的に生じる選択的行動を，包括的で明瞭に表現できることである。さらに，サブシステムの相互作用を明確に表現するだけでなく，サブシステムを機能的にはっきりと独立したものにできるという特徴も持っている。ペトリネットを使うことで，特に人間と機械の相互作用を伴った行動を含んだシステムの論理を，理解可能で，形式的にも意味のある表現に帰着させることができることを示した。

さらに近年，モデル化だけにとどまらず，多様な分野で用いられているNNの代表的手法を取り上げた。NNでは，モデル化しようとする関数の陽的表現（関数形）を前もって与えておく必要がないこと，入出力変数のすべてが必ずしも数量的である必要はなく，定性的なカテゴリー量が混在していてもよいことなどの特徴は，他の多くのモデリング手法にはない特筆すべき点であり，柔軟な対応を可能としている。しかし，例えば化学プロセスのモデル化と

コーヒーブレイク

「脳の不思議」

近年，計算機科学技術の進歩の速さや大きさについて何かとよく言及される。「18か月でCPU速度は2倍になる」とするムーアの法則しかりである。また，最適化の汎用ソルバのあるメーカでは，そうしたハードの進歩や学術的な解法の進歩により，この15年間で200万倍も早く問題を解けるようになったとしている。チェスの世界では，計算機ソフトが生身の世界チャンピオンを打ち負かすようにもなっている。

人間の大脳皮質のニューロン素子は100億位（10ギガ）で，普通の人はそのうちの数%しか使っていないという。しかし数字的にはこれらの値をはるかに上回る装備を持っているにもかかわらず，一般的には「賢い決め方」において人間を上回るロボットもソフトも現存していない。いわんやチェスソフト自体も人間の知恵の産物である。反面，人間によるもの以上におろかしい決定もなされていないことは「不都合な真実」ではある。脳科学の研究が最近盛んであるが，人間の脳の本質を見極めることは，科学技術的には解明のきわめて困難な永遠の課題なのであろうか。

需要予測や経済予測などの長期予測モデルでは事情が異なるように，モデルの使用環境や状況によって，NN の構築方針は異なるのが通常であることには留意すべきである。

いずれにしても工学の問題解決に携わるものには，所与の解析目的に適するように，モデル化手法の選択が求められる。対象とする数式モデルが，どのような経緯で決められたものであるか，どの程度の近似により作られたものであるかをつねに知っていることがきわめて重要となることは再度強調しておきたい。

演　習　問　題

3.1 ある加熱タンクに，温度 T〔°C〕，密度 ρ〔kg/m^3〕，比熱 C_p〔kcal/kg°C〕の溶液が容積 V〔m^3〕だけたまっている。新たに温度 T_i〔°C〕のタンク内と同じ溶液が一定の流量 u〔m^3/h〕で流入し，タンク内で加熱された後（加熱量を Q〔kcal/h〕），同じ流量で流出していくとする。タンク内は完全に攪拌されているとして，以下の問に答えよ。

（1）微小時間 $\Delta\tau$〔h〕に，タンク内の温度が ΔT〔°C〕だけ上昇したとするときのエネルギー収支から $\Delta\tau\to 0$ として，上の関係を常微分方程式で表せ。

（2）無次元量，$T/T_i=x$〔−〕，$u\tau/V=t$〔−〕，$Q/(T_i\rho C_p u)=q$〔−〕によって，上の結果を無次元化せよ。

（3）$t=\infty$ 後の x の値を求めよ。

3.2 $d\boldsymbol{x}/dt=\boldsymbol{A}\boldsymbol{x}+\boldsymbol{b}u$，$\boldsymbol{x}(0)=\boldsymbol{0}$ において，$\boldsymbol{x}(t)$ の u の単位ステップ変化に対する挙動を求めよ。ただし $\boldsymbol{b}^T=(0,1)$ で，$\boldsymbol{A}$ は［例 3.2］に示したものとする。

3.3 支点を中心として自由に回転できる，長さが l〔m〕で質量が無視できる棒と，その先端についている質量が m〔kg〕の質点から成っている振り子を考える。θ を振り子の振れ角，J を振り子の慣性能率，M を振り子に加わる外力のモーメントとすると，振り子の運動方程式は，$J(d^2\theta/dt^2)=M$ で与えられる。さらに慣性能率 $J=ml^2$，モーメント力 $M=-mgl\sin(\theta)$ とすれば，運動方程式は，$(d^2\theta/dt^2)+(g/l)\sin(\theta)=0$ のように与えられる。ここで，g は，重力の加速度である。このとき，以下の問に答えよ。

（1）運動方程式を一次系（正規形）で表せ。

（2）$\theta=0$ 近傍で線形近似せよ。

3.4　**表3.4**のデータに合う1次の多項式を最小二乗法により求めよ。

表3.4

x	-1	0	1	2
y	0.75	2.25	3.25	3.75

3.5　本文中の図3.7のペトリネットで t_1 が発火したときの状態を表せ。

3.6　**図3.18**のようにペトリネットが与えられている。このとき以下の問に答えよ。

（1）　トランジションからプレースへの接続行列 $\boldsymbol{D}^+$ を示せ。

（2）　プレースからトランジションへの接続行列 $\boldsymbol{D}^-$ を示せ。

（3）　この接続行列 $\boldsymbol{D}$ を示せ。

（4）　$\boldsymbol{D}$ のSインバリアントを一つ求めよ。

（5）　この初期マーキングから可達なマーキングの総和を求めよ。

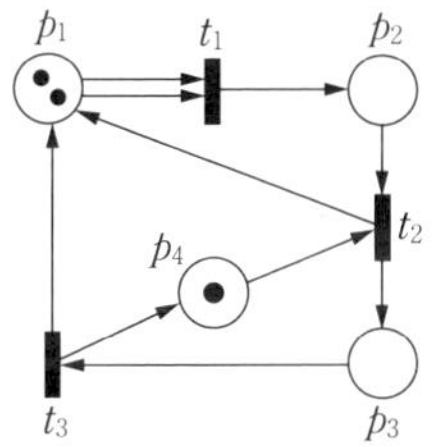

図3.18

3.7　伝達関数がしきい関数のとき，しきい値 b の意味はより明確となる。それでは b の働きについて述べよ。

3.8　シグモイド関数 $f(x)=1/(1+\exp[-x])$ において，$df(x)/dx=f(x)(1-f(x))$ となることを示せ。

3.9　NNに「じゃんけん」を教えるにはどのような学習データを用意すればよいか。

3.10　最小二乗法とNNによるモデル化の特徴や留意点について述べよ。

4 最適化理論と最適化手法

4.1 最適化問題の定義と分類

対象とするシステムの挙動（システムモデル）と，そこでの決定における評価基準（評価モデル）が数式モデルとして与えられた**良定義**（well-defined）な最適化問題は，3 組表記（$\boldsymbol{x}, f(\boldsymbol{x}), X$）によって与えられ，数学的には一般的に以下のように表現される。

$$\text{maximize or minimize } f(\boldsymbol{x}) \text{ subject to } \boldsymbol{x} \in X$$

ここで，$\boldsymbol{x}$ は n 次元の決定変数ベクトル（例えば，装置の大きさや操作条件などのプロセスの性能を左右する量）を，また $X \subset R^n$ は**制約条件**（constraint）と呼ばれる $\boldsymbol{x}$ に関する複数の数式（例えば，プロセスの物質や熱等の収支式など）によって規定される n 次元実数空間 R^n 内の**実行可能領域**（feasible region）で，記号 $\in$ は $\boldsymbol{x}$ が X に含まれなければならないことを表す。一方，$f(\boldsymbol{x})$ は，**目的関数**または**評価関数**（objective function，criterion，performance index）と呼ばれる $f: R^n \to R^1$ なる関数（例えばシステムの利益などのシステムの性能を計る指標）で，以降，最大化問題，最小化問題でそれぞれ max，min と略記する。これらの三つの要素をそれぞれ異なる特性で組み合わせることによって，さまざまな最適化問題が定義される。

なお，目的関数に -1 をかけることで，最大化問題と最小化問題は相互に変換できるので，普通は両者を意識して区別する必要はない。

〔1〕 制約式や目的関数の関数形からの分類

（a） 線形計画問題（linear programming problem，linear programs，略して LP）　目的関数 $f(\boldsymbol{x})$ が $\boldsymbol{x}$ についての線形関数であり，許容領域 X も $\boldsymbol{x}$ についての線形不等式の組で与えられる。

（b）**2次計画問題**（quadratic programming problem，略してQP）　目的関数 $f(\boldsymbol{x})$ が $\boldsymbol{x}$ についての2次形式であり，許容領域 X が $\boldsymbol{x}$ について線形不等式の組で与えられる。

（c）**非線形計画問題**（nonlinear programming problem，略してNLP）　制約式，目的関数のいずれかが線形関数でない問題である。したがって，2次計画問題も特別扱いしない場合は，上の定義からはここに分類される。

〔2〕 決定変数の性質からの分類

（a）**連続変数問題**　$\boldsymbol{x}$ が実数である通常の最適化問題である。

（b）**（全）整数計画問題**（（all）integer programming problem，略してIP）　決定変数がすべて整数であることを求める問題である。

（c）**混合整数計画問題**（mixed-integer programming problem，略してMIP）　決定変数の一部が整数であることを求める問題である。

また（b），（c）の問題をそれぞれ特化したものとして

（d）**（全）0-1計画問題**（（all）zero-one programming problem）　決定変数がすべて0か1のいずれか（バイナリー変数）であることを求める問題である。

（e）**0-1混合計画問題**（mixed-zero-one programming problem）　決定変数の一部にバイナリー変数を含む問題である。

〔3〕 目的関数の数からの分類

（a）**単一目的最適化問題**　目的関数がスカラ量（単一）である。

（b）**多目的最適化問題**　日的関数がベクトル量（複数）である。

なお，これから派生した問題として**目標計画法**（goal programming）がある。

〔4〕 不確定性に対する認識からの分類

（a）**確定的不確定性問題**（deterministic uncertainty）　区間内で一様に変化する不確定量が含まれる。ただし，上下限値は不変である。

（b）**統計的不確定性問題**（probabilitic uncertainty）　問題の記述中に統計的な不確定量が含まれる。

1）不確定量に対する目的関数の期待値を最適化する（stochastic programming problem）。

2）制約条件が与えられた生起確率で成立するという条件下で最適化する（chance-constrained problem）。

（c）**ファジィ性**（fuzzyness）　ファジィ的な不確定量が含まれる問題を最適化する（fuzzy programming problem）。

〔5〕 問題の規模からの分類

（a） **大規模問題**（large-scale problem）

（b） **中規模問題**（medium-scale problem）

（c） **小規模問題**（small-scale problem）

ただしLPのように，数十万オーダで変数や制約式を取り扱えるものから，組合せ問題のように規模の増大とともに「次元ののろい」を受けるものまであり

- 上での分類の問題の解きやすさによって異なる
- どのような状況（オフラインかオンラインか，PCかWSか汎用機か，ほか）で解くことが求められるか

などによって異なるため，単純に変数や制約式の数の大小によって，問題規模は定義できない。

〔6〕 話題性からの分類

また別の見方として，最適化理論や手法の発展上で，時の話題として取り上げられたものについて簡単な説明とともに以下に示す。

（a） **組合せ最適化問題**　選択するか，しないか，といった決定や並べ方など離散的な変数を含む問題のことである。この一般的な解決法として，分枝限定法（4.4.2項参照）がよく知られている。分枝限定法の列挙の途中でさらに探索の不用な領域を除くような切除平面を追加し，より探索を効率化した方法が分枝切除平面法[1)]である。

一方，現実の応用では，必ずしも厳密解は必要ではなく，ある程度良質な解であればよいという場合も少なくない。こうした近似解法の新しい動向として，近年メタ解法と総称される解法が種々開発されるようになってきている。メタ戦略に特徴的で共通する考え方は，良い解どうしは似通った形をしているという知見である。これらの代表的手法についても後述（4.5節参照）する。

（b） **大局的最適化**　NLPのアルゴリズムは，一般的に最適性の必要条件となる解を求めるものとなっている。このため，これが同時に十分条件となる凸計画問題の場合以外では，局所最適解にとどまる恐れがある。これに対して，最適性の必要十分条件を満たす大局的最適化のための手法が，近年活発に研究されている。この基本となる考え方には，探索空間をより小さな探索空間に逐次分割する分割探索，目的関数を性質のよい簡単な関数で近似し，探索過程でその近似度を高めていく近似探索，ローカルサーチにおいてある確率で改悪解を採用することで大局的最適解へ到達する点列を生成するメタ解法などがある。

（c） **動的最適化問題**　動的な挙動を表現する数式モデルは，一般に微分方程

式と代数方程式の組合せで表現される。このような微分代数方程式系は，**DAE**（differential and algebraic equations）と呼ばれる。これは一般的には，時間に関する汎関数の最適化問題となる**最適制御問題**（optimal control problem）として定式化され，古くは最大原理やダイナミックプログラミングが用いられた。しかし，近年，操作変数や状態変数を時間的に離散化することによって，問題を静的な多変数最適化問題に帰着し，数理計画法によって最適解を得ようとする手法が注目されている。離散化による動的設計問題の数値解法は，操作変数のみを離散化する方法（逐次最適化）と，状態変数および操作変数の両方を離散化する方法（同時最適化）の二つの手法に大別される。

（1） 逐次最適化　**逐次最適化**（sequential strategy）では操作変数のみが離散化される。最適解を導出する手順は以下のようになる。

ステップ1：時間軸上の複数の離散点での値で，操作変数を離散化する。離散点間の操作変数は，**一定値**（piecewise constant），**線形不連続**（piecewise linear），**線形連続**（piecewise linear continuous），**多項式**（polynomial）など種々の形態（**図4.1**参照）が適用できる。

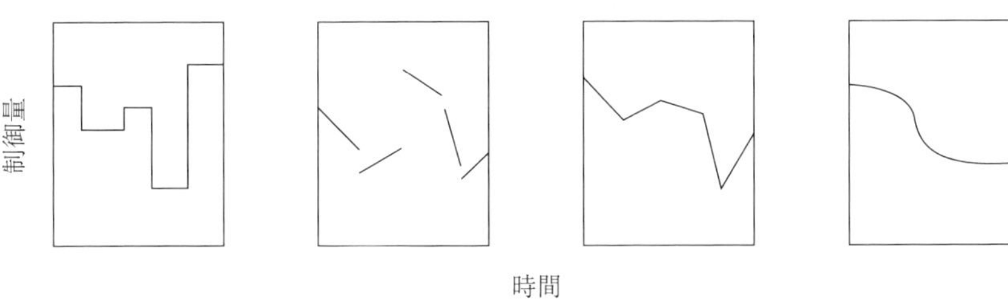

（a） 一定値　（b） 線形不連続　（c） 線形連続　（d） 多項式

図4.1　操作変数の各種離散化例

ステップ2：操作変数の離散点値 u_i に初期値を与え，動的モデル（DAE）を数値積分する。

ステップ3：数値積分により得られた離散点での状態量から，目的関数値，各離散点での制約関数の値を求め，その結果から適切な最適化手法により操作変数の離散点値を更新し，これが最適性，制約条件を満たすまで繰り返す。

この手法ではモデルを数値積分しているので，得られた各離散点での状態量は必ずプロセスの動的モデルを満たしている。また，操作変数のみを離散化するため，変換された非線形計画問題の規模が後述する同時最適化に比べ少なくてすむという利点がある。一方，代数方程式に関する制約式はこの限りではないため，適切な措置が必要となる。この一つの適用例についても後述（4.6.2項参照）する。

（2） **同時最適化**　**同時最適化**（simultaneous stragegy）では，操作変数および状態変数をともに離散化し，複数の離散点での値を与えることによって定まる関数によって近似して非線形計画問題に帰着させる[2]。この手法では，操作変数および状態変数の不等式制約を直接的に取り換えることができる。しかし反面，状態変数および操作変数を同時に離散化してしまうため，変換された非線形計画問題の規模は非常に大きくなる。

以上示した分類における問題の組合せを考えれば，じつに多くの最適化問題（総称して**数理計画問題**（mathematical programming problem，略してMP））が与えられることになる。したがって，単に商用の汎用ソルバを用いて応用するだけの立場にあっても，これらの分類中のどのような数理計画問題にかかわっているのかを的確に判断し，当該問題の性質についてある程度知っておかないと満足のいく結果が得られないことになる。

4.2 線形計画法

線形計画法（LP）は，第2次世界大戦後，軍の計画や立案に関する戦時研究を契機として飛躍的に発展してきた。非線形最適化理論と異なり，線形代数的な解法の特徴は，コンピュータによる計算に適しており，その発展とともに現在に至るまで新しい成果が継続的に生み出されてきている。例えば，**内点法**（interior method または interior point method）と呼ばれる新解法の登場の折には，その代表的なカーマーカ（Karmarkar）法[3]の特許問題ともからんで焦点が当てられ，新たな展開が始まったことは記憶に新しいところである。

ここでは，従来法の基礎となる，1947年に米国の数学者ダンツィク（G. B. Dantzig）によって開発されたシンプレックス法（単体法）[4]を中心に解説する。

既述のように線形計画問題とは

- 目的関数 $f(\boldsymbol{x})$ が $\boldsymbol{x}$ についての線形関数であり
- 許容領域 X も $\boldsymbol{x}$ についての線形不等式の組で与えられる

ような最適化問題を指す。簡単のため，線形不等式が less equal（≦）不等式のみとするとき，具体的には（p.4.1）のように表現される。

(p.4.1) $\max\ f(\boldsymbol{x})=\sum_{i=1}^{n} c_i x_i$

$$\text{subject to}\begin{cases} a_{11}x_1+a_{12}x_2+\cdots+a_{1n}x_n \leqq b_1 \\ a_{21}x_1+a_{22}x_2+\cdots+a_{2n}x_n \leqq b_2 \\ \qquad\vdots \\ a_{m1}x_1+a_{m2}x_2+\cdots+a_{mn}x_n \leqq b_m \\ x_1, x_2, \cdots, x_n \geqq 0 \qquad \text{(非負条件)} \end{cases}$$

ここで，一般性を失うことなく，$b_1, b_2, \cdots, b_m \geqq 0$ とし，$n=2$ の場合には

- 許容領域は（x_1-x_2）平面上で m 個の半平面と正象限の共通部分となる。
- z に適当な値を与えられた目的関数（$\sum_{i=1}^{n} c_i x_i = z$）は直線として表される。

という二つの知見のみから，特に数理的な解法を知らなくても解を求めることができる。以下では具体例を用いて示す。

4.2.1 図解法

【例 4.1】 ある会社で2種類の製品 A，B を作ろうとしている。製品 A を 1 kg 作るには重油が 9 kl，電力が 4 kW•h，労力が 3 人・日だけ必要である。一方，製品 B を 1 kg 作るには重油 4 kl，電力が 5 kW•h，労力が 10 人•日だけ必要である。ところがその会社で現在利用できるのは，重油 360 kl，電力が 200 kW•h，労力が 300 人•日までである。製品 A は 1 kg について 7 万円の利益を生じ，製品 B は 1 kg について 12 万円の利益を生む。このとき，利益を最大にする製品 A および B の生産高を求めよ。

解 いま，製品 A および B の生産高をそれぞれ x_1 および x_2 として，題意を数式で表せば，重油についての制限条件は式 (4.1)，電力についての制限条件は式 (4.2)，労力についての制限条件は式 (4.3) となる。そしておのおのの生産高は負値ではあり得ないから，非負条件式 (4.4) を加える。さらに，利益は式 (4.5) で表現されるので，けっきょく，問題は

$$9x_1+4x_2 \leqq 360 \tag{4.1}$$

$$4x_1+5x_2 \leqq 200 \tag{4.2}$$

$$3x_1+10x_2 \leqq 300 \tag{4.3}$$

$$x_1, x_2 \geqq 0 \tag{4.4}$$

という制限の下で

$$z=7x_1+12x_2 \tag{4.5}$$

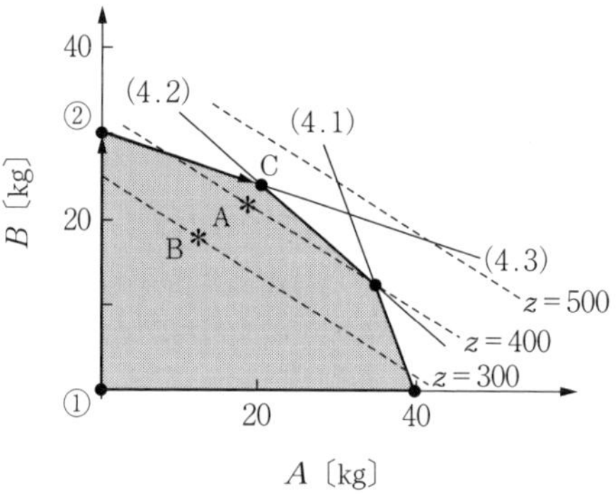

図4.2　図　解　法

が最大になるような x_1 と x_2 を定めることと表される。

まず，式 (4.1)〜(4.4) はそれぞれ（x_1-x_2）平面上の半平面を規定し，その共通部分（**図4.2** の網掛けされた領域）が解の存在し得る実行可能領域となる。これに z の値の等高線（線上で，z の値が一定となる点の軌跡）を重ねて描けば，同じく許容領域内の点であっても，点Aの方が点Bより大きな目的関数値を持つことがわかる。したがって，等高線が大きくなる方向に許容領域内を進んでいき，それ以上進めば領域外に出てしまうようなギリギリの点（**端点**と呼ばれる），すなわち点Cが z の値の最高点を与える点，すなわち最適点（$x_1=20$，$x_2=24$，$z=428$）になることは容易に理解されるであろう。

こうした解法は**図解法**と一般に呼ばれており，最適解のみならず，その幾何学的性質を把握できる利点を加味すれば，$n=2$ の場合には特に利用価値の高い解法といえる。しかし，$n>3$ になれば，もはや図解法は適用できないことも明らかで別の解法が必要となる。以下では，こうしたもののうち代表的解法とその説明に必要な最小限の数学的知識について概説する。

4.2.2　線形代数学的考察

まず，制約条件が等式のみから成る場合について検討を行う。非負条件を省略した形はつぎのように書ける。

(p.4.2)

$$\max\ z=(c_1, c_2, \cdots, c_n)\begin{bmatrix} x_1 \\ x_2 \\ \vdots \\ \vdots \\ x_n \end{bmatrix} \quad \text{subject to} \quad \begin{bmatrix} a_{11} & a_{12} & \cdots & a_{1n} \\ a_{21} & a_{22} & \cdots & a_{2n} \\ \vdots & \vdots & \vdots & \vdots \\ \vdots & \vdots & \vdots & \vdots \\ a_{m1} & a_{m2} & \cdots & a_{mn} \end{bmatrix}\begin{bmatrix} x_1 \\ x_2 \\ \vdots \\ \vdots \\ x_n \end{bmatrix}=\begin{bmatrix} b_1 \\ b_2 \\ \vdots \\ \vdots \\ b_m \end{bmatrix}$$

(p.4.2) で表現される形は**標準形**（standard form）と呼ばれる。ここで，係

数行列 $\boldsymbol{A}$，係数ベクトル $\boldsymbol{b}$，$\boldsymbol{c}$ を（これらの転置は上添字 T で表す）

$$\begin{bmatrix} a_{11} & a_{12} & \cdots & a_{1n} \\ a_{21} & a_{22} & \cdots & a_{2n} \\ \vdots & \vdots & \vdots & \vdots \\ \vdots & \vdots & \vdots & \vdots \\ a_{m1} & a_{m2} & \cdots & a_{mn} \end{bmatrix} = \boldsymbol{A} = \begin{bmatrix} \hat{\boldsymbol{a}}_1^T \\ \hat{\boldsymbol{a}}_2^T \\ \vdots \\ \vdots \\ \hat{\boldsymbol{a}}_m^T \end{bmatrix} = (\boldsymbol{a}_1, \boldsymbol{a}_2, \cdots, \boldsymbol{a}_n) \tag{4.6}$$

$$[b_1, b_2, \cdots, b_m] = \boldsymbol{b}^T \tag{4.7}$$

$$[c_1, c_2, \cdots, c_n] = \boldsymbol{c}^T \tag{4.8}$$

のように定義して，(p.4.2) を書き直せば，問題は

(p.4.3)　$\max\ \boldsymbol{c}^T\boldsymbol{x}$ subject to $\boldsymbol{A}\boldsymbol{x} = \boldsymbol{b}$ (4.9)

(p.4.4)　$\max\ \boldsymbol{c}^T\boldsymbol{x}$ subject to $\hat{\boldsymbol{a}}_i^T\boldsymbol{x} = b_i \quad (i=1, \cdots, m)$ (4.10)

(p.4.5)　$\max\ \boldsymbol{c}^T\boldsymbol{x}$ subject to $\sum_{i=1}^{n} x_i\boldsymbol{a}_i = \boldsymbol{b}$ (4.11)

のように種々の簡潔な表現が可能となる。

いま，$(\boldsymbol{a}_1, \boldsymbol{a}_2, \cdots, \boldsymbol{a}_n)$ の階数を r とする（このうち線形独立なベクトルの組（基底）の個数が r であることを意味し，自然に $r=m$ としてよい）。そして $\boldsymbol{a}_{i_1}, \boldsymbol{a}_{i_2}, \cdots, \boldsymbol{a}_{i_r}$ をその任意の基底とすると，与えられた制約条件を満足する $x_{i_1}, x_{i_2}, \cdots, x_{i_r}$ は，残りの変数を $x_{j_1}, x_{j_2}, \cdots, x_{j_s}$ $(s=n-r)$ と書くとき，つぎのように表される。

$$\begin{cases} x_{i_1} = g_{i_1} - d_{11}x_{j_1} - d_{12}x_{j_2} - \cdots - d_{1s}x_{j_s} \\ x_{i_2} = g_{i_2} - d_{21}x_{j_1} - d_{22}x_{j_2} - \cdots - d_{2s}x_{j_s} \\ \qquad \vdots \\ x_{i_r} = g_{i_r} - d_{r1}x_{j_1} - d_{r2}x_{j_2} - \cdots - d_{rs}x_{j_s} \end{cases} \tag{4.12}$$

ここで，$x_{j_1}, x_{j_2}, \cdots, x_{j_s}$ は任意である。これを z の式に代入すると

$$z = g_0 - \underline{c}_1x_{j_1} - \underline{c}_2x_{j_2} - \cdots - \underline{c}_sx_{j_s} \tag{4.13}$$

と計算される。ただし

$$g_0 = c_{i_1}g_{i_1} + c_{i_2}g_{i_2} + \cdots + c_{i_r}g_{i_r} \tag{4.14}$$

$$\begin{cases} \underline{c}_1 = -c_{j_1} + c_{i_1}d_{11} + c_{i_2}d_{21} + \cdots + c_{i_r}d_{r1} \\ \underline{c}_2 = -c_{j_2} + c_{i_1}d_{12} + c_{i_2}d_{22} + \cdots + c_{i_r}d_{r2} \\ \vdots \\ \underline{c}_s = -c_{j_s} + c_{i_1}d_{1s} + c_{i_2}d_{2s} + \cdots + c_{i_r}d_{rs} \end{cases} \tag{4.15}$$

である。

ところで，LP において以下の用語が用いられる。

- **基底変数**（basic variables）：変数 $x_{i_1}, x_{i_2}, \cdots, x_{i_r}$ のこと（$x_{j_1}, x_{j_2}, \cdots, x_{j_s}$ は非基底変数），また式（4.11）の表現における基底ベクトルの係数に相当する。
- **基底解**（basic solution）：任意の基底に対して，非基底変数をすべて 0 とおいて得られる解
- **基底行列**（basic matrix）：基底に対応した $\boldsymbol{A}$ の r 個の列から作られる（$r\times r$）の正則行列（逆行列が存在）
- **実行可能解**（feasible solution）：制約条件（非負条件を含む）をすべて満たす $x_1, x_2, \cdots, x_n$ の組
- **最適解**（optimal solution）：実行可能解のうち z の最大（あるいは最小）値を与える解

上記の議論により，ある基底解が一つの最適解になる条件は以下の定理のように与えられる。

定理 4.1　線形計画法問題の z の最大（最小）を求める問題において，もしある基底解，$x_{i_1}=g_{i_1}$，$x_{i_2}=g_{i_2}, \cdots, x_{i_r}=g_{i_r}$，$x_{j_k}=0$（$k=1,2,\cdots,s$）が，つぎの二つの条件を満たすならば最適解となる。

（1）$g_{i_1}\geqq 0$，$g_{i_2}\geqq 0, \cdots, g_{i_r}\geqq 0$

（2）式（4.13）の非基底変数の係数（相対コスト）がすべて非負となる，i.e., $\underline{c}_1\geqq 0, \underline{c}_2\geqq 0, \cdots, \underline{c}_s\geqq 0$（最小化問題の場合は，$\underline{c}_1\leqq 0, \underline{c}_2\leqq 0, \cdots, \underline{c}_s\leqq 0$）。

証明　式（4.12）より，（1）のときには実行可能性が，式（4.13）より，（2）のときには最適性が成立することは明らかである。

しかし，一般的に基底の選び方は多数（${}_n\mathrm{C}_r$）あるので，つぎに上の定理を満たすものをどのようにして効率的に見つけ出せるかについて考えることにする。最初に問題の最適解の存在は仮定しておいて，ある（最適でない）基底変数 $x_{i_1}, x_{i_2}, \cdots, x_{i_r}$ に着目する。

すると，［定理4.1］の（2）より，式（4.13）の表現における $\underline{c}_1, \underline{c}_2, \cdots, \underline{c}_s$ には負の値をとるものが少なくとも一つは含まれることになる。いま一般性を失うことなく $\underline{c}_1$ が負であったとすると，$x_{j_1}, x_{j_2}, \cdots, x_{j_s}$ は任意であったので

$$x_{j_1}=t\,(\geqq 0) \qquad (x_{j_2}, \cdots, x_{j_s}=0) \tag{4.16}$$

と置けば，式（4.12），（4.13）よりそれぞれ次式のように計算される

$$x_{i_1}=g_{i_1}-d_{11}t,\ \ x_{i_2}=g_{i_2}-d_{21}t, \cdots,\ \ x_{i_r}=g_{i_r}-d_{r1}t \tag{4.17}$$

$$z=g_0-\underline{c}_1 t \tag{4.18}$$

ここでもし，$d_{11}, d_{21}, \cdots, d_{r1}$ のすべてが負または0と仮定すれば，式（4.17）から t の値によらず一つの可能解が得られるが，$\underline{c}_1<0$ としたので t を大きくすればするほど z はいくらでも大きくできる。これはこの最大化問題には解がないことになり，仮定に矛盾する。したがって，最大値が存在するとすれば，$d_{11}, d_{21}, \cdots, d_{r1}$ のうち少なくとも一つは正でなければならないことになる。

このとき解の可能性を保ちながら，目的関数値 z を最も改善させることができる x_{j_1} の限界は

$$t_0=\min_k \frac{g_{i_k}}{d_{k1}} \qquad (d_{k1}>0) \tag{4.19}$$

から求められる（**図 4.3** 参照）。また，このときの新しい目的関数値は

$$z=g_0-\underline{c}_1 t_0 \qquad (\underline{c}_1<0) \tag{4.20}$$

と計算されるので，$x_{i_1}, x_{i_2}, \cdots, x_{i_r}$ のうち式(4.19)で決められた変数を x_{j_1} と入れ替えることにより，より大きな目的関数値を持つ別の基底解を得ることができる。

このような操作（ピボット操作，pivoting）を，$\underline{c}_1 \geqq 0, \underline{c}_2 \geqq 0, \cdots, \underline{c}_s \geqq 0$ となるまで繰り返すことによって，z の値を改善できる別の基底解を順次見つけていくことができる。ところで基底解の選び方の数は，高々，${}_n\mathrm{C}_r$ 通りであるから，このような操作は一般には有限回で終わる。

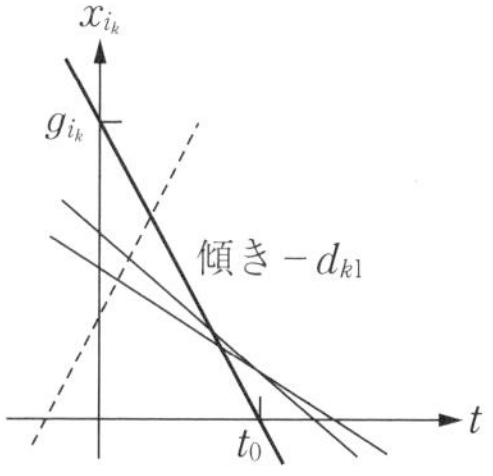

図 4.3　解改善の限界

4.2.3 シンプレックス法序論

シンプレックス法は，今日のLPの解法の基礎を与えるもので，その解法の要点を一言でいえば，前節の［定理4.1］を満足する基底解を順序立てて効率的に探索するための計算法といえる。この解法の基本となるピボット計算にはシンプレックス表と呼ばれる表を利用すると便利である。以下では，(p.4.6)で与えられる問題を取り上げて，この手順を説明することを通じてシンプレックス法を概観する。

$$
\text{(p.4.6)}\quad \max f(\boldsymbol{x})=\sum_{i=1}^{n} c_i x_i
$$

$$
\text{subject to}\begin{cases} a_{11}x_1+a_{12}x_2+\cdots+a_{1n}x_n \leqq b_1 \\ a_{21}x_1+a_{22}x_2+\cdots+a_{2n}x_n \leqq b_2 \\ \vdots \\ a_{m1}x_1+a_{m2}x_2+\cdots+a_{mn}x_n \leqq b_m \\ x_1, x_2, \cdots, x_n \geqq 0 \end{cases}
$$

最初に，問題を標準形に直すため，m 個の**スラック変数**（slack variable）と呼ばれる新たな変数，$x_{n+1}, x_{n+2}, \cdots, x_{n+m} \geqq 0$ を導入する。この結果，(p.4.6）の制約条件は

$$
\begin{cases} a_{11}x_1+a_{12}x_2+\cdots+a_{1n}x_n+x_{n+1}=b_1 \\ a_{21}x_1+a_{22}x_2+\cdots+a_{2n}x_n+x_{n+2}=b_2 \\ \vdots \\ a_{m1}x_1+a_{m2}x_2+\cdots+a_{mn}x_n+x_{n+m}=b_m \end{cases} \tag{4.21}
$$

のように等号制約条件のみによって表現される。

このとき，$x_{n+1}, x_{n+2}, \cdots, x_{n+m}$ を基底変数に選べば，一つの基底解が

$$
x_1=x_2=\cdots=x_n=0,\quad x_{n+1}=b_1, x_{n+2}=b_2, \cdots, x_{n+m}=b_m \tag{4.22}
$$

のように得られる（ただし，これが無意味な解であることも明らかである）。

以降の手順の展開のため，これを表にしたものが**表4.1**に示す初期のシンプレックス表である。表の第1列は現在選ばれている基底変数を，第2列から第 $n+m+1$ 列までは，第1行に示したすべての変数に対する制約式の係数を書

表 4.1 初期のシンプレックス表

	x_1	x_2	$\cdots$	x_n	x_{n+1}	x_{n+2}	$\cdots$	x_{n+m}	$\boldsymbol{b}$
x_{n+1}	a_{11}	a_{12}	$\cdots$	a_{1n}	1	0	$\cdots$	0	b_1
x_{n+2}	a_{21}	a_{22}	$\cdots$	a_{2n}	0	1	$\cdots$	0	b_2
$\vdots$	$\vdots$	$\vdots$	$\vdots$	$\vdots$	$\vdots$	$\vdots$	$\vdots$	$\vdots$	$\vdots$
x_{n+m}	a_{m1}	a_{m2}	$\cdots$	a_{mn}	0	0	$\cdots$	1	b_m
z	$-c_1$	$-c_2$	$\cdots$	$-c_n$	0	0	$\cdots$	0	0

く。また第 $n+m+2$ 列には右辺係数を，一方，第 $m+2$ 行には目的関数を，$z-\sum_i c_i x_i=0$ と変形してその係数を記入する。選ばれた基底変数の係数行列が単位行列となる式（4.21）のような問題の形は**正準形**（canonical form）と呼ばれ，ただちに一つの基底解を選ぶことができるという特徴を持つ。

ところで一般に，式（4.22）がただちに最適解となることはないので，先の定理より，$-c_1, -c_2, \cdots, -c_n$（初期は $\underline{c}_i=-c_i$ である）の中には少なくとも一つは負のものが存在する。それらのうちから絶対値の最大のものを選び，対応する変数を新しい基底変数とする。一般性を失うことなく，それが c_1 であったとすれば，x_1 が追加変数に選ばれる。つぎに基底から出す変数を決めるために，式（4.19）に従って x_1 列の係数の正のもののうちから定数項に対する比 b_i/a_{i1}（$a_{i1}>0$，$i-1, \cdots, m$）が最小のものを選ぶ。例えばそれが b_1/a_{11} であったとすれば，x_{n+1} が基底から除かれる変数に決まる。

つぎに，x_1 を基底に入れ，x_{n+1} を基底から除いた2番目のシンプレックス表は，式（4.21）の連立方程式において

- 両辺を定数倍する
- 二つの等式の線形和を元のどちらかの等式と置き換える

という操作（等価変換）を行っても解は変化しない，という性質を用いる。具体的には

1. 第1行はすべて a_{11} で割る
2. 第1行以外の第 i 行について，どの列の値についても第1行の同じ列の値に a_{i1}/a_{11} を掛けたものを引く

といった計算を行う。このとき

- x_1 の列は，第 2 行は 1 に，第 3 行以降はすべて 0 に
- 定数項の列は，$b_i - b_1 a_{i1}/a_{11}$ に
- x_j の列（$2 \leqq j \leqq n$）は，$a_{ij} - a_{1j} a_{i1}/a_{11}$ に
- x_{n+1} の列は，$-a_{i1}/a_{11}$ に変わる。
- x_{n+k}（$k \geqq 2$）の列は変化しない。

また z の行については

- x_1 の列が，0 に
- 定数項が，$b_1 c_1/a_{11}$ に
- x_j の列（$2 \leqq j \leqq n$）が，$-c_j + c_1 a_{1j}/a_{11}$ に
- x_{n+1} の列のみが，c_1/a_{11}

に変わった，改訂されたシンプレックス表が得られる。

ここでさらに，z の行に負のものが存在すれば，上と同じようにして基底の入換えにより，より大きな z の値を持つ別の基底解を得ることができる。このような操作を繰り返して，z の行の値がすべて正または 0 になるまで続ければ最適な基底が得られる。そのとき z の定数項が最大値を，また定数項列の値が最適解を与える基底変数の値になっている（先に示したように，z が最大値を持つ限り必ずこのような操作はいつか終わる）。

【例 4.2】 先の［例 4.1］をシンプレックス表を用いて求解せよ。

解　まずスラック変数 s_1，s_2，s_3 を導入して，問題を標準形（正準形）に書き直す。このときのシンプレックス表は，つぎの**表 4.2** のように与えられる。そして，初期の基底変数として，s_1，s_2，s_3 を選べば，基底可能解は，$x_1 = x_2 = 0$，$s_1 = 360$，$s_2 = 200$，$s_3 = 300$ となる。つぎに，z 行の負の項のうち絶対値が最大の -12 に着目して，x_2 を新たに基底に入れる。x_2 の列の正の係数と定数項の比の値，360/4，200/5，300/10 の中で最小のものに当たる s_3 を基底から出す。このため第 3 式を 10 で割り，x_2 の係数を 1 とし，つぎにその他の各式から x_2 を消去する。この結果，シンプレックス表は以下の**表 4.3** のようになる。

表 4.2　［例 4.1］の初期シンプレックス表

基底	x_1	x_2	s_1	s_2	s_3	$\boldsymbol{b}$
s_1	9	4	1	0	0	360
s_2	4	5	0	1	0	200
s_3	3	[10]	0	0	1	300
z	−7	−12	0	0	0	0

表 4.3　第 2 段階のシンプレックス表

基底	x_1	x_2	s_1	s_2	s_3	$\boldsymbol{b}$
s_1	7.8	0	1	0	−0.4	240
s_2	[2.5]	0	0	1	−0.5	50
x_2	0.3	1	0	0	0.1	30
z	−3.4	0	0	0	1.2	360

ここではまだ z 行に負の項が含まれているので，さらに同様の操作を続ける。今度は x_1 を基底に入れ s_2 を出す。この計算結果は**表 4.4** のようになる。

表 4.4　最終段階のシンプレックス表

基底	x_1	x_2	s_1	s_2	s_3	$\boldsymbol{b}$
s_1	0	0	1	−3.12	1.16	84
x_1	1	0	0	0.4	−0.2	20
x_2	0	1	0	−0.12	0.16	24
z	0	0	0	1.36	0.52	428

今度はもはや z 行には負の値がなく，これで最適解 $x_1=20$，$x_2=24$，$z=428$ が得られたことになり，先の図解法での結果と一致する。

また $s_1=84$，$s_2=s_3=0$ は，第 1 式が重油，そして第 2，第 3 式がそれぞれ電力，労力に関する制約であったことを思い出せば，最適点では電力と労力は制限いっぱいまで使用し，重油についてはまだ 84 kl 余裕があることを意味している。これより s_1〜s_3 が余裕変数と呼ばれる由縁が理解されるものと思う。なお，この値が 0 となっている s_1 と s_3 に対応する制約式は**活性**と呼ばれる。図 4.2 に戻れば，これらの式は最適解に直接的に影響を与えるものであることもわかる。

4.2.4　幾何学的解釈

ここでは，幾何学的観点から線形計画問題の特徴を調べてみる。図的解法の結果を $n>2$ の場合に拡張してみれば，制約条件，$\sum_j a_{ij}x_j \leqq b_i$，$x_j \geqq 0$（$i=1,\cdots,m$，$j=1,\cdots,n$）のおのおのは，閉半空間を与える。そしてこれらの共通部分となる $\boldsymbol{x}$ の実行可能領域は，n 次元空間における超凸多面体となる。端点と凸性について（付録 3. 参照）以下の定理が知られている。

定理 **4.2**　有界な超凸多面体の任意の点は，その端点の凸結合で表される。

この定理より，実行可能領内の任意の点は，実行可能領域の端点によって表現可能であることがわかる。一方，ある値を持った目的関数は一つの超半平面を与えるので，目的関数値をいろいろ変えていったとき，この超平面は超多面体の角の点で接することになる。これらの事実は，求解上の考察の対象が集合内の無限個の点から有限個の点に限定できることを示している。さらに，各端点は基底可能解に対応しており，そのいずれかに最適点が含まれるため，有限個の端点を順次調べていくことによって最適点が求められることになる。

定理 **4.3**　線形計画問題の最適解は端点に存在する。

証明　$z=\sum_i c_i x_i$ が端点以外のある点 $\boldsymbol{x}$ において最適となるとする。この点は［定理 4.2］より有限個の端点 $\boldsymbol{x}^1,\boldsymbol{x}^2,\cdots,\boldsymbol{x}^k$ の凸結合によって

$$\boldsymbol{x}=\lambda_1\boldsymbol{x}^1+\lambda_2\boldsymbol{x}^2+\cdots+\lambda_k\boldsymbol{x}^k \qquad (\textstyle\sum_i\lambda_i=1,\ \lambda_i\geqq 0) \tag{4.23}$$

と表されるから，この点における目的関数の値は

$$z=\boldsymbol{c}^T\boldsymbol{x}=\lambda_1\boldsymbol{c}^T\boldsymbol{x}^1+\lambda_2\boldsymbol{c}^T\boldsymbol{x}^2+\cdots+\lambda_k\boldsymbol{c}^T\boldsymbol{x}^k \tag{4.24}$$

と計算される。ここで，各端点における目的関数値の中で最大，最小のものをそれぞれ，$\bar{z}$，$\underline{z}$（i.e., $\bar{z}=\max_k \boldsymbol{c}^T\boldsymbol{x}^k$，$\underline{z}=\min_k \boldsymbol{c}^T\boldsymbol{x}^k$）と表せば

$$\underline{z}\leqq z\leqq\bar{z} \tag{4.25}$$

となる。等号は目的関数値がすべて等しいときだけ成立する。上式は $\boldsymbol{x}$ が最適点であることに反する。故に最適点は端点に存在しなければならない。

先に示したシンプレックス法は，まず一つの実行可能な端点を見い出して，つぎにそれに隣接する端点のうち，最も目的関数を改善できる端点をつぎの探索点とするような解法である。山登りにたとえれば，稜線をたどりながら頂を目指すものといえる。多数存在する端点をまったくランダムに探索していく非能率を改善したものといえる。［例 4.2］で示した求解順は，図 4.2 での許容領域の端点を矢印の方向に，①（0，0）→②（0，30）→C（20，24）と順次探していくものとなっている。

また，シンプレックス法は実質的に端点のすべての場合を尽くして探索するため，得られた解は必ず大局的な最適解となる。このことは非線形計画問題のように一般に局所最適解しか得られず，それが大局的最適解であることを保証することが容易でない点と比べて大きな利点といえる。

4.2.5　シンプレックス法

前項までに述べた知識だけでは，種類の異なる制約式（GE（≧）不等式，LE（≦）不等式および等式（＝））が混在する一般的な問題には対応できない。そこでつぎに，こうした場合の対応について考えてみる。

〔1〕 2 段階シンプレックス法

1．所与の問題が解を持つか否かを判定し，解の存在する場合には初期の基底可能解を見つける第 1 段階

2．第 1 段階で見つけた基底可能解から出発して最適解を求める第 2 段階

に分けて求解する方法は 2 段階シンプレックス法と呼ばれる。第 2 段階については，すでに述べたピボット操作を繰り返し適用すればよいので，以下には第

1段階のみの説明を行う。

まず，制約式の種類ごとに

1） GE 不等式，$\boldsymbol{a}_i^T\boldsymbol{x} \geqq b_i$ を

$$\boldsymbol{a}_i^T\boldsymbol{x} - s_i^1 + w_i^1 = b_i \qquad (i=1,\cdots,m_1) \tag{4.26}$$

2） 等式 $\boldsymbol{a}_i^T\boldsymbol{x} = b_i$ を

$$\boldsymbol{a}_i^T\boldsymbol{x} + w_{i-m_1}^2 = b_i \qquad (i=m_1+1,\cdots,m_1+m_2) \tag{4.27}$$

3） LE 不等式，$\boldsymbol{a}_i^T\boldsymbol{x} \leqq b_i$ を

$$\boldsymbol{a}_i^T\boldsymbol{x} + s_{i-m_1-m_2}^3 = b_i \qquad (i=1+m_1+m_2,\cdots,m_1+m_2+m_3) \tag{4.28}$$

のように変形する。先と同様，$\boldsymbol{s}^1, \boldsymbol{s}^3$（$\geqq \boldsymbol{0}$）はスラック変数を表すベクトルである。ここでは特に GE 不等式と等式中の $\boldsymbol{w}^1, \boldsymbol{w}^2$（$\geqq \boldsymbol{0}$）に注目してほしい。これらは自明な初期基底を決めるために便宜的に導入した変数ベクトルで，人為変数とか**人工変数**（artificial variable）と呼ばれる。変換後の問題をシンプレックス表に表せば，$\boldsymbol{w}^1, \boldsymbol{w}^2, \boldsymbol{s}^3$ を基底変数に選べば一つの基底解 $\boldsymbol{x}=\boldsymbol{0}$，$\boldsymbol{w}^1=\boldsymbol{b}^1$，$\boldsymbol{w}^2=\boldsymbol{b}^2$，$\boldsymbol{s}^3=\boldsymbol{b}^3$ が得られることがわかる。ここで $\boldsymbol{b}^1, \boldsymbol{b}^2, \boldsymbol{b}^3$ はそれぞれ GE 不等式，等式，LE 不等式に対する右辺係数である。しかし，これが元の問題の有意な可能解を与えないこともまた明らかである。便宜的に導入した人為変数が基底変数に含まれない可能解が得られたとき，言い換えれば人為変数がすべて基底から追い出されたときに初めて有意となる。すなわち

$$\boldsymbol{w}^1 = \boldsymbol{w}^2 = \boldsymbol{0} \tag{4.29}$$

となる条件が満たされる必要がある。

そこでつぎに，先と同様の枠組み（ピボット操作による解法）の中で，式（4.29）を満たすような基底解を見い出すための方策として新たに目的関数

$$v = \sum_i w_i^1 + \sum_i w_i^2 \tag{4.30}$$

を導入し，これを最小化する補助的な LP（p.4.7）を与える。

(p.4.7) $\quad \min v = \sum_i w_i^1 + \sum_i w_i^2$

subject to 式（4.26）～(4.28) & $\boldsymbol{x}, \boldsymbol{s}^1, \boldsymbol{s}^3, \boldsymbol{w}^1, \boldsymbol{w}^2 \geqq \boldsymbol{0}$

この最小化の結果，$v=0$ であれば，等価的に式（4.29）の条件が満たされ

ることになる。一方，もし $v>0$ のときには，人為変数を含まない基底は存在しないことになる。すなわち，元の問題には可能解が存在しないことがわかる。したがって，v の値は，元の問題がどの程度の実行可能性を持つかを示す指標とみなすこともできる。

シンプレックス表を用いて2段階シンプレックス法で解く場合，人為変数はいったん，基底から出ると二度と基底に入れることはない。また，基底に入っているときには，その列は必ず単位ベクトルとなっているのでピボット操作の影響を受けない。したがって，表を簡略化するために初めから書き込む必要はない。さらに，目的関数は第1，第2段階のものを併せて書いておき，第1段階では v 行を基準にして新たに基底に入れる変数を選ぶ。ただしピボット計算は z 行を含めて行い，実行可能解が存在することが確かめられた後（$v=0$ となった時点），第2段階に移ればよい。そして今度は，z 行を基準にして引き続きピボット操作を進めていけば最終的に最適解が得られる。

【例 4.3】 以下の問題を2段階シンプレックス法で解け。

解　(p.4.8)
$$\max\ z=7x_1+12x_2 \quad \text{subject to} \begin{cases} 4x_1+5x_2 \geqq 200 \\ 3x_1+10x_2=290 \\ 3x_1+x_2 \leqq 110 \\ x_1, x_2>0 \end{cases}$$

シンプレックス表は**表 4.5** のように展開され，2回のピボット計算で第1段階が終わり，さらにもう1回のピボット計算で最適解，$x_1=30$，$x_2=20$ が得られ，このとき，$z=450$ となる。

〔2〕 ペナルティ法

ペナルティ法（penalty method）は，元の目的関数を

$$z'=\sum_i c_i x_i-\left(\sum_i M^1 w_i^1+\sum_i M^2 w_i^2\right) \tag{4.31}$$

のように修正して，所与の制約条件下で解を求めるものである。ここで，式(4.31)の第2項中のパラメータ M^1，M^2（$\gg 0$）に非常に大きな値を与えることによって，人為変数が基底変数となる可能性をほとんどなくすことができる。この方法のもくろみは，2段階法での人為変数を「基底から順次除いていく」工夫を，「基底から出やすく，基底に入りにくくする」工夫に置き換える

表4.5 2段階法のシンプレックス表

基底	x_1	x_2	s_1	s_3	$\boldsymbol{b}$	段階
w_1	4	5	−1	0	200	1-1
w_2	3	[10]	0	0	290	
s_3	3	1	0	1	110	
z	−7	−12	0	0	0	
$-v$	−7	−15	1	0	−490	
w_1	[2.5]	0	−1	0	55	1-2
$\langle x_2 \rangle$	0.3	1	0	0	29	
s_3	2.7	0	0	1	81	
z	−3.4	0	0	0	348	
$-v$	−2.5	0	1	0	−55	
$\langle x_1 \rangle$	1	0	−0.4	0	22.0	1-3
x_2	0	1	0.12	0	22.4	
s_3	0	0	[1.08]	0	21.6	
z	0	0	−1.36	0	422.8	
$-v$	0	0	0	0	0	←第1段階終了
x_1	1	0	0	0	30	2-1
x_2	0	1	0	0	20	
$\langle s_1 \rangle$	0	0	1	0	20	
z	0	0	0	0	450	←第2段階終了

ことによって2段階法の手順を1段階で行おうとするものといえる。このとき，式（4.31）の第2項は，人為変数が基底変数であり続けるために払わなければならない罰金と考えられるのでこの名がある。また，**Big M 法**と呼ばれることもある。

4.2.6 退化問題

退化（degeneracy）とは，（一つ以上の）基底変数が同時に0となるような可能解が生じることをいう。この現象自体は解の可能性に特に影響を与えないが，ピボット操作の有限性が保証されなくなる場合が起こるので注意が必要となる。退化が起こるのは

（1） 与えられた正準形がすでに退化している（$b_i=0$）

（2） ピボッティングの結果として発生する

場合が考えられる。（1）の場合には別段に配慮する点はないので，以下では

（2）の場合について述べる。

いま，除去変数を決めるある段階で（下線付きの a，b はこのときのシンプレックス表の係数を表す）

$$t_0 = \min_{\{i|\underline{a}_{is}>0\}} \frac{\underline{b}_i}{\underline{a}_{is}} = \frac{\underline{b}_r}{\underline{a}_{rs}} = \frac{\underline{b}_{r'}}{\underline{a}_{r's}} \qquad (4.32)$$

になったとする。このとき，r と r' に対応する変数のうちどちらを除去変数とするかは，式（4.32）の場合にはまったく任意である。そしてどちらを選択したところで，その新しい値はともに 0 となるため，残った方の基底変数は 0 となる（退化が生じる）。そしてこの退化した基底変数（$x_r=\underline{b}_r=0$）が，その後に除去変数に選ばれたとすると，必然的に $t_0=\underline{b}_r/\underline{a}_{rs}=0$ となる。したがって，z を増やせる可能性がある（$\Delta z=-c_s t_0$，$c_s<0$）にもかかわらず，このピボット操作によって解は改善されないまま（$t_0=0 \to \Delta z=0$），つぎに進むことになる。基底可能解の数は有限個であるため，そのうちにまた同じ初めの解に戻る可能性がある。そして最悪の場合には，この閉じた探索ルートの上を無限に回り続け，永久に最適解に到達できなくなることも原理的には起こり得る。

これを避けるための方法として，A. Charnes の**摂動法**（perturbation method）がよく知られている。この方法では，右辺係数 b_i を $b_i+\varepsilon_i$ のように式（4.32）の値が同じにならないようにほんの少しプラス側にずらす。この結果，退化は起こらず通常の手順で解かれる。そして最終的に ε_i をすべて 0 とすれば，元の問題の最適解が得られる。これをつぎの例で具体的に示す。

【例 4.4】　つぎの問題（非負条件は省略した）を解け。

$$\max\ z=7x_1+12x_2 \quad \text{subject to} \begin{cases} 3x_1+20x_2 \leqq 600 \\ 4x_1+5x_2 \leqq 200 \\ 3x_1+10x_2 \leqq 300 \end{cases}$$

解　この問題の初期のシンプレックス表は，**表 4.6** のように与えられるので，x_2 が追加変数に選ばれる。ここで，$t=600/20=300/10<200/5$ となるので，s_1，s_3 のどちらを除去変数とするかは一意的に決まらない（退化が生じる）。そこで（　）内のようにおのおのの右辺係数 $\boldsymbol{b}$ を微小量だけ摂動させる。ただし $\varepsilon_1 \gg \varepsilon_2 \gg \varepsilon_3 > 0$ のようにとる。この結果，$(600+\varepsilon_1)/20>(300+\varepsilon_3)/10$ となるので，s_3 を除去変数として作表を続ければ，**表 4.7** のようになる。

表 4.6　[例 4.4] の初期シンプレックス表

基底	x_1	x_2	s_1	s_2	s_3	$\boldsymbol{b}$
s_1	3	[20]	1	0	0	$600+(\varepsilon_1)$
s_2	4	5	0	1	0	$200+(\varepsilon_2)$
s_3	3	[10]	0	0	1	$300+(\varepsilon_3)$
z	−7	−12	0	0	0	0

表 4.7　[例 4.4] のシンプレックス表の展開

基底	x_1	x_2	s_1	s_2	s_3	$\boldsymbol{b}$
s_1	−3	0	1	0	−2	$\varepsilon_1-2\varepsilon_3$
s_2	[2.5]	0	0	1	−0.5	$50+\varepsilon_2-0.5\varepsilon_3$
$\langle x_2\rangle$	0.3	1	0	0	0.1	$30+0.1\varepsilon_3$
z	−3.4	0	0	0	1.2	$360+1.2\varepsilon_3$
s_1	0	0	1	1.2	−2.6	$60+\varepsilon_1+1.2\varepsilon_2-2.6\varepsilon_3$
$\langle x_1\rangle$	1	0	0	0.4	−0.2	$20+0.4\varepsilon_2-0.2\varepsilon_3$
x_2	0	1	0	−0.12	0.16	$24-0.12\varepsilon_2+0.16\varepsilon_3$
z	0	0	0	1.36	0.52	$428+1.36\varepsilon_2+0.52\varepsilon_3$

ここで，$\varepsilon_1=\varepsilon_2=\varepsilon_3=0$ とすれば，元の問題の最適解 $x_1=20$，$x_2=24$ が得られ，$z=428$ となる。

退化を防ぐ方法としてほかにもいくつかの方法（例えばダンツィクの辞書式配列ルールなど）が知られている。しかし退化によって解の収束性が保証されなくなることは，現実にはきわめてまれであるにもかかわらず，上の例からもわかるように，退化対策のための手順は繁雑となる。したがって，現実的な対策としては，それが必ずしも完璧とはいえなくても，もっと簡便なルールを用いた方が合理的と考えられる。こうした考え方に基づくルールとしては，退化した $x_{r_1},x_{r_2},\cdots,x_{r_k}$ 変数のうち，（1）番号（r_k）の若いものを，（2）同じ確率をもってランダムに選ぶような方法などが提案されている。

4.2.7　双 対 問 題

ここでは，先に（p.4.6）で与えた問題について，シンプレックス法による計算手順をもう一度，行列とベクトル表現を使って示すことにする。

$$\text{(p.4.9)}\qquad \max\ \boldsymbol{c}^T\boldsymbol{x}\ \text{subject to}\ \begin{cases}\boldsymbol{A}\boldsymbol{x}\leqq\boldsymbol{b}\\ \boldsymbol{x}\geqq 0\end{cases}$$

ここで，$\boldsymbol{A}, \boldsymbol{b}, \boldsymbol{c}, \boldsymbol{x}$ は，それぞれ，$(m\times n)$ 次元の係数行列，$(m\times 1)$，$(n\times 1)$ 次元の係数ベクトルおよび $(n\times 1)$ 次元の変数ベクトルである。

この問題の初期のシンプレックス表は次式のように書ける。

$$\left[\begin{array}{cc|c} \boldsymbol{A} & \boldsymbol{I} & \boldsymbol{b} \\ \hline -\boldsymbol{c}^T & \boldsymbol{0}^T & 0 \end{array}\right] \tag{4.33}$$

そして，ある回数（k 回）後のピボット操作によって得られた基底行列を $\boldsymbol{B}$，このときの基底変数に対応する $\boldsymbol{c}$ の部分ベクトルを $\boldsymbol{c}_B$ $(m\times 1)$ とする。シンプレックス表には，z もつねに（基底変数とみなして）記載されているので，シンプレックス計算は z も含めた拡大基底行列の逆行列

$$\underline{\boldsymbol{B}}^{-1}=\begin{bmatrix} \boldsymbol{B} & \boldsymbol{0} \\ -\boldsymbol{c}_B^T & 1 \end{bmatrix}^{-1}=\begin{bmatrix} \boldsymbol{B}^{-1} & \boldsymbol{0} \\ \boldsymbol{c}_B^T\boldsymbol{B}^{-1} & 1 \end{bmatrix} \tag{4.34}$$

を式（4.33）の両ブロックに左から掛けることと同等となる。この結果，式（4.33）は

$$\left[\begin{array}{cc|c} \boldsymbol{B}^{-1}\boldsymbol{A} & \boldsymbol{B}^{-1} & \boldsymbol{B}^{-1}\boldsymbol{b} \\ \hline \boldsymbol{c}_B^T\boldsymbol{B}^{-1}\boldsymbol{A}-\boldsymbol{c}^T & \boldsymbol{c}_B^T\boldsymbol{B}^{-1} & \boldsymbol{c}_B^T\boldsymbol{B}^{-1}\boldsymbol{b} \end{array}\right] \tag{4.35}$$

となる。ここで，$\boldsymbol{c}_B^T\boldsymbol{B}^{-1}=\boldsymbol{\pi}^T$ と置けば

$$\left[\begin{array}{cc|c} \boldsymbol{B}^{-1}\boldsymbol{A} & \boldsymbol{B}^{-1} & \boldsymbol{B}^{-1}\boldsymbol{b} \\ \hline \boldsymbol{\pi}^T\boldsymbol{A}-\boldsymbol{c}^T & \boldsymbol{\pi}^T & \boldsymbol{\pi}^T\boldsymbol{b} \end{array}\right] \tag{4.36}$$

のように表現できる。ここで $\boldsymbol{\pi}$ は，**シンプレックス乗数**（simplex multiplier）と呼ばれる。

以上より，(p.4.9) において $\boldsymbol{x}$ が最適であるための必要十分条件は，式（4.36）から

$$\boldsymbol{\pi}^T\boldsymbol{A}-\boldsymbol{c}^T\geqq\boldsymbol{0}^T,\quad \boldsymbol{\pi}\geqq\boldsymbol{0} \tag{4.37}$$

で与えられ，最適な基底変数の値は，$\boldsymbol{x}_B^*=\boldsymbol{B}^{-1}\boldsymbol{b}$，このときの目的関数値は，$\boldsymbol{\pi}^T\boldsymbol{b}$ で与えられることがわかる。

一方，$\boldsymbol{x}$ が実行可能であるための必要十分条件は，所与の制約条件を満たすことである。

$$\boldsymbol{A}\boldsymbol{x}\leqq\boldsymbol{b},\quad \boldsymbol{x}\geqq\boldsymbol{0} \tag{4.38}$$

ここで，式（4.37），（4.38）の条件をそれぞれ満足する任意の $\boldsymbol{\pi}$，$\boldsymbol{x}$ を考えて，$\boldsymbol{\pi}^T\boldsymbol{A} \geqq \boldsymbol{c}^T$ の両辺に右から $\boldsymbol{x}$（$\geqq \boldsymbol{0}$）を，$\boldsymbol{A}\boldsymbol{x} \leqq \boldsymbol{b}$ の両辺に左から $\boldsymbol{\pi}^T$（$\geqq \boldsymbol{0}$）を掛ければ，それぞれ

$$\boldsymbol{\pi}^T\boldsymbol{A}\boldsymbol{x} \geqq \boldsymbol{c}^T\boldsymbol{x} \tag{4.39}$$

$$\boldsymbol{\pi}^T\boldsymbol{A}\boldsymbol{x} \leqq \boldsymbol{\pi}^T\boldsymbol{b} = \boldsymbol{b}^T\boldsymbol{\pi} \tag{4.40}$$

が得られ，これらの2式より次式の関係が成り立つことがわかる。

$$\boldsymbol{c}^T\boldsymbol{x} \leqq \boldsymbol{\pi}^T\boldsymbol{A}\boldsymbol{x} \leqq \boldsymbol{b}^T\boldsymbol{\pi} \tag{4.41}$$

ところで，$\boldsymbol{x}$ は任意であったので，（p.4.9）の最適解 $\boldsymbol{x}^*$ に対しても上の関係が成り立つ。

$$\boldsymbol{c}^T\boldsymbol{x}^* \leqq \boldsymbol{b}^T\boldsymbol{\pi} \tag{4.42}$$

さらに最適時の基底変数は $\boldsymbol{x}_B{}^* = \boldsymbol{B}^{-1}\boldsymbol{b}$ で，このときの $\boldsymbol{\pi}$ を $\boldsymbol{\pi}^*$ と書くと

$$\boldsymbol{c}^T\boldsymbol{x}^* = \boldsymbol{c}_B^T\boldsymbol{x}_B^* = \boldsymbol{c}_B^T\boldsymbol{B}^{-1}\boldsymbol{b} = \boldsymbol{b}^T\boldsymbol{\pi}^* \leqq \boldsymbol{b}^T\boldsymbol{\pi} \tag{4.43}$$

という関係が得られる。

上式は，式（4.37）を満足する任意の $\boldsymbol{\pi}$ が，（p.4.9）の最適時に $\boldsymbol{b}^T\boldsymbol{\pi}$ を最小にし，これが $\boldsymbol{c}^T\boldsymbol{x}^*$ に等しいことを示している。言い換えれば，式（4.37）の条件の下で $\boldsymbol{b}^T\boldsymbol{\pi}$ を最小にするという新しい問題，（p.4.10）を解くことによっても，**原問題**（primal problem），（p.4.9）の求解が可能であることを示している。

（p.4.10）　min $\boldsymbol{b}^T\boldsymbol{\pi}$ subject to　$\boldsymbol{A}^T\boldsymbol{\pi} \geqq \boldsymbol{c}$，$\boldsymbol{\pi} \geqq \boldsymbol{0}$

原問題とこのような関係にある（p.4.10）は，**双対問題**（dual problem）と呼ばれ，原問題との間に種々の興味深い性質が知られている。

ちなみに双対問題（p.4.10）の最適性条件を導くことによって**表4.8**の関係が成り立つ。これをまとめれば，「原問題の実行可能性」は「双対問題の最適性」に，「双対問題の実行可能性」は「原問題の最適性」に該

表4.8　原問題と双対問題の関係性

	原問題（p.4.9）	双対問題（p.4.10）
目的関数	max $\boldsymbol{c}^T\boldsymbol{x}$	min $\boldsymbol{b}^T\boldsymbol{\pi}$
可能条件	$\boldsymbol{A}\boldsymbol{x} \leqq \boldsymbol{b}$ $\boldsymbol{x} \geqq \boldsymbol{0}$	$\boldsymbol{A}^T\boldsymbol{\pi} \geqq \boldsymbol{c}$ $\boldsymbol{\pi} \geqq \boldsymbol{0}$
最適条件	$\boldsymbol{A}^T\boldsymbol{\pi} - \boldsymbol{c} \geqq \boldsymbol{0}$ $\boldsymbol{\pi} \geqq \boldsymbol{0}$	$\boldsymbol{A}\boldsymbol{x} - \boldsymbol{b} \leqq \boldsymbol{0}$ $\boldsymbol{x} \geqq \boldsymbol{0}$
最適解	$\boldsymbol{c}^T\boldsymbol{x} = \boldsymbol{b}^T\boldsymbol{\pi}$	

当することがわかる。言い換えれば，原問題のシンプレックス計算は，「実行可能性を保ちながら最適性の達成を目指す」のに対して，双対問題でのそれは，「原問題の最適性を保ちながら解の実行可能性を実現していく」過程とみなすことができる。原問題とその双対問題との間に知られている重要な関係のうちのいくつかを以下に定理として示す。

定理 4.4　原問題に有界な最適解があるならば，その双対問題にも有界な最適解が存在し，その目的関数の最適値は等しい。

定理 4.5　原問題とその双対問題の両方に実行可能解が存在するならば，両方に有界な最適解が存在し，その目的関数の最適値は等しい。

定理 4.6

（1）　原問題が上に有界でない（最適）解（$\max z = \infty$）を持つならば，その双対問題は実行可能解を持たない。この逆も成り立つ。

（2）　双対問題が下に有界でない（最適）解（$\min z = -\infty$）を持つならば，その原問題は実行可能解を持たない。この逆も成り立つ。

4.2.8　感度解析とパラメータ問題

現実の応用では，対象システムの表現（モデル作成）が完璧になされることはむしろまれであり，標準的な（基準の係数値を持つ）モデルが与えられるにすぎない。このため基準時での最適解を単に得るだけでなく，基準からずれた場合の解の挙動や対応についても併せて知りたい場合がしばしば生じる。ここでは，(p.4.9) で与えられる問題について，こうした考察を行うことにする。ところで基準からの変動としては，以下のような場合が挙げられる。

（1）　係数 $\boldsymbol{A}$，$\boldsymbol{b}$ および $\boldsymbol{c}$ が基準値から変化する

（2）　決定変数が追加される

（3）　制約条件が追加される

（1）は，モデル作成の際，係数に何らかの誤差が含まれており，これらの値が求解時のある時点で基準値からずれてしまっているような場合である。例えば，先の生産計画問題の例において，原単位が経済事情の変動によって変化したり，景気の変化によって利益が変化したりしたような場合等が相当する。

こうした検討は，おのおのの係数に対する**感度解析**（sensitivity analysis）とか，**パラメータ問題**（parametric problem）と呼ばれる。

また（2）や（3）は，対象システムを取り巻く状況の変化によって，はじめ考慮する必要がなかった変数や制約を新たに追加して考える必要が出てきたような場合である。例えば，（2）は新製品も同時に生産するようになった場合，（3）は過去の生産において，環境対策は不要であったのが，社会状況の変化に伴って排出規制を新たに満足する必要が出てきたような状況等が考えられる。ここでは，これらの場合も広い意味での感度解析と考えることにする。

ところでこうした考察は，変化後の問題をまったく別の新しい問題として，はじめから改めて解き直すことによってのみ可能なのであろうか。もしそうであるとすれば，理想的状況からのずれが現実には存在し得るという事実（モデルの不確定性）だけを認識しておけば十分である。しかし実際にはそうではなく，多くの場合ごくわずかな追加計算によって変化後の新しい結果を得ることが可能となる。以下ではこうした考察について順次述べることにする。

ただし，以下の考察においても，線形計画問題における求解上の要点は

- 最適性の条件：　$\boldsymbol{c}_B^T\boldsymbol{B}^{-1}\boldsymbol{A}-\boldsymbol{c}^T\geqq\boldsymbol{0}$
- 実行可能性の条件：　$\boldsymbol{x}_B=\boldsymbol{B}^{-1}\boldsymbol{b}\geqq\boldsymbol{0}$

であることを注意しておけば十分である。

〔1〕 係数行列 A の変化

式（4.11）の表現において，$\boldsymbol{a}_k$ が $\boldsymbol{a}_k+\Delta\boldsymbol{a}_k$ に変化したとする。このとき，x_k が非基底変数の場合には，最適性の条件だけが影響されるので，$\boldsymbol{c}_B^T\boldsymbol{B}^{-1}(\boldsymbol{a}_k+\Delta\boldsymbol{a}_k)-c_k\geqq 0$ であれば，最適解は元のまま変わらない。もし $\boldsymbol{c}_B^T\boldsymbol{B}^{-1}(\boldsymbol{a}_k+\Delta\boldsymbol{a}_k)-c_k<0$ であれば，引き続きシンプレックス計算を行えばよい。

一方，基底変数に対応する要素が変化したときには，基底行列自体が変わってくるので，この逆行列の更新が必要になる。この手続きは一般に煩雑となり，改めて解き直すか，繰り返し求解に便利な別の解法 PROLP（4.2.9項参照）を利用した方が実際的である。

〔2〕 定数項 $\boldsymbol{b}$ の変化

最適性の条件は，定数項 $\boldsymbol{b}$ の記述を含まないので，その変化は最適性の条件に影響を与えないことは明らかである。しかし実行可能性はこの限りでない。いま，$\boldsymbol{b}$ が $\boldsymbol{b}+\Delta\boldsymbol{b}$ に変化したときに

$$\boldsymbol{x}_B=\boldsymbol{B}^{-1}(\boldsymbol{b}+\Delta\boldsymbol{b})\geqq\boldsymbol{0} \tag{4.44}$$

が成立していれば，実行可能性も満足される。したがって，変化後の最適時の基底変数は元のままで変わらず，新しい基底解は式（4.44）で計算される。また目的関数値 z は

$$\Delta z=\boldsymbol{c}_B\boldsymbol{B}^{-1}\Delta\boldsymbol{b}=\boldsymbol{\pi}^T\Delta\boldsymbol{b} \tag{4.45}$$

だけ増加する。

ところで，$\boldsymbol{\pi}$ はシンプレックス表の z 行のスラック変数の係数部分に当たることから，$\boldsymbol{\pi}$ は制約量の単位当りの変化に対する目的関数値の変化量を表していることがわかる。さらに，$\boldsymbol{b}$ の第 i 成分だけが変化したとすれば，$\Delta z=\pi_i\Delta b_i$ より

$$\frac{\Delta z}{\Delta b_i}=\pi_i \tag{4.46}$$

のように書ける。これから，シンプレックス乗数は，右辺係数の変化に対して目的関数が変化する割合を表す感度係数であることがわかる。

一方，式（4.44）が満足されない場合，問題は，「最適性＝成立，実行可能性＝不成立」の状態にあり，新しい最適解を得るためには実行可能性を回復する必要がある。この場合でも改めて問題を最初から解き始める必要はない。ここでの双対問題に着目すれば，原問題の実行可能性は，双対問題の最適性となることから，双対法によって（シンプレックス表の右上端を軸にして点対称に裏返せば，元の右端の b 列は z 行，最下行の z 行は新しく右端の b 列になる）以後のピボット操作を行っていけばよい。そして双対問題の最適性，すなわち，主問題の実行可能性が満足された時点で，変動後の係数に対する問題が求解されたことになる。

〔3〕 目的関数の係数 $\boldsymbol{c}$ の変化

この場合，実行可能性は影響されないので，最適性の条件が $\boldsymbol{c}$ の変化後も成立していれば，最適解は $\boldsymbol{x}_B$ のままで変わらない。すなわち，$\boldsymbol{c}$ が $\boldsymbol{c}+\varDelta\boldsymbol{c}$ に変化したとすると

$$\underline{\boldsymbol{c}}^T=(\boldsymbol{c}_B+\varDelta\boldsymbol{c}_B)^T\boldsymbol{B}^{-1}\boldsymbol{A}-(\boldsymbol{c}_B+\varDelta\boldsymbol{c}_B)^T\geqq\boldsymbol{0}^T \tag{4.47}$$

が成立していれば最適解は変化しない。ただしこの場合でも，目的関数値 z は $\varDelta\boldsymbol{c}_B^T\boldsymbol{B}^{-1}\boldsymbol{b}$ だけ増加する。

一方，式（4.47）が満足されないということは，$\boldsymbol{c}$ の変化に伴って相対コストに負となるものが存在するようになったことを意味する。すなわち問題は，「最適性＝不成立，実行可能性＝成立」の状態（原問題での求解途中の段階）にあり，新しい最適解は，さらにピボット操作を引き続き行い，式（4.47）が満足された時点で求められる。

〔4〕 決定変数を追加したとき

$n+1$ 番目に新しい変数 x_{n+1} が追加され，問題が以下のようになったとする。

$$\max\ z=\boldsymbol{c}^T\boldsymbol{x}+c_{n+1}x_{n+1}\ \text{subject to}\ \boldsymbol{A}\boldsymbol{x}+\boldsymbol{a}_{n+1}x_{n+1}\leqq\boldsymbol{b}$$

このとき

$$\underline{c}_{n+1}=\boldsymbol{c}_B^T\boldsymbol{B}^{-1}\boldsymbol{a}_{n+1}-c_{n+1}\geqq 0 \tag{4.48}$$

が成立していれば，x_{n+1} を基底に取り込んでも z を増加させることはできないので，最適解は元のまま変わらない。一方，もしそうでなければ，($\underline{c}_{n+1}<0$)，x_{n+1} を新しい基底に入れるピボット操作を引き続き行えばよい。

〔5〕 制約条件を追加したとき

制約式，$\boldsymbol{a}_{m+1}^T\boldsymbol{x}\leqq b_{m+1}$ が $m+1$ 番目に新たに追加されたとする。そして，これを現在の基底変数 $\boldsymbol{x}_B$ に対応させ，さらに等式として表現し直した結果が，$\boldsymbol{\alpha}^T\boldsymbol{x}_B+s_{m+1}=b_{m+1}$ であったとする。このとき，シンプレックス表の拡大逆基底行列 $\underline{\boldsymbol{B}}^{-1}$ および定数項部分 $\underline{\boldsymbol{b}}$ は，それぞれ式（4.49），（4.50）のように表現される。

$$\underline{\boldsymbol{B}}^{-1}=\begin{bmatrix}\boldsymbol{B} & \boldsymbol{0} & \boldsymbol{0}\\ \boldsymbol{\alpha}^T & 1 & 0\\ -\boldsymbol{c}_B^T & 0 & 1\end{bmatrix}^{-1}=\begin{bmatrix}\boldsymbol{B}^{-1} & \boldsymbol{0} & \boldsymbol{0}\\ -\boldsymbol{\alpha}^T\boldsymbol{B}^{-1} & 1 & 0\\ \boldsymbol{c}_B^T\boldsymbol{B}^{-1} & 0 & 1\end{bmatrix} \tag{4.49}$$

$$\underline{\boldsymbol{b}}=\boldsymbol{B}^{-1}=\begin{bmatrix}\boldsymbol{b}\\ b_{m+1}\\ 0\end{bmatrix}=\begin{bmatrix}\boldsymbol{B}^{-1}\boldsymbol{b}\\ b_{m+1}-\boldsymbol{\alpha}^T\boldsymbol{B}^{-1}\boldsymbol{b}\\ \boldsymbol{\pi}^T\boldsymbol{b}\end{bmatrix} \tag{4.50}$$

これを先の表現でそれぞれ対応する部分（式（4.34）と，式（4.36）の3列目）と比較すれば，網掛けの部分のみが追加されたことがわかる。ここで旧問題の最適解が追加制約式を満足しないときには，追加式の定数項部分は負（実行可能性が崩れる）となる。ただし最適性は保持されているので，次段階では，双対問題に対して解が許容となるようにピボット操作を進めればよい。

LPに関する多くの教科書のうちのいくつか[5)~8)]と応用例集[9)]を関連図書として挙げておく。

4.2.9 漸進的線形計画法と内点法

シンプレックス法では，アルゴリズム全般にわたってすべての制約式を対象としているが，現実の多くの問題においては，最適時に活性となる制約式は全体のごく一部にしかすぎない。こうした傾向は一般に問題の規模の増大とともに顕著となるため，もし最適時に活性な制約式があらかじめわかっていれば，求解労力はきわめて軽減されることになる。しかし活性な制約式を事前に知ることは不可能なため，最初は制約式のごく一部から構成される緩和問題を考え，そこでの求解結果に基づいて順次，必要な制約式を追加していけばよいという考え方ができる。このような考え方に基づく**漸新的線形計画法**（progressive LP，略してPROLP）[10),11)]がPAPA（pivot and probe）法[12)]を基に開発されている。

これらの方法での追加制約式は，最適解が位置しそうな方向に実行可能領域が最も制限されるように選ばれる。実際には，既知の可能解の一つを $\boldsymbol{x}^p$，現 (k) 段階の緩和問題の最適解を $\boldsymbol{x}^d(k)$ と表せば，ベクトル $\boldsymbol{x}^d(k)-\boldsymbol{x}^p$ の線上で，できるだけ $\boldsymbol{x}^p$ 側に近い点をよぎる制約式を選べばよい。この**probe**

（貫通）と呼ばれる操作（**図 4.4** 参照）は，実際にはベクトル $\boldsymbol{x}^d(k)-\boldsymbol{x}^p$ の貫通比 λ_i を次式で計算して行われる。

$$\lambda_i=\frac{b_i-\boldsymbol{a}_i^T\boldsymbol{x}^p}{\boldsymbol{a}_i^T\boldsymbol{x}^d(k)-\boldsymbol{a}_i^T\boldsymbol{x}^p},\quad \forall i\in L(k) \tag{4.51}$$

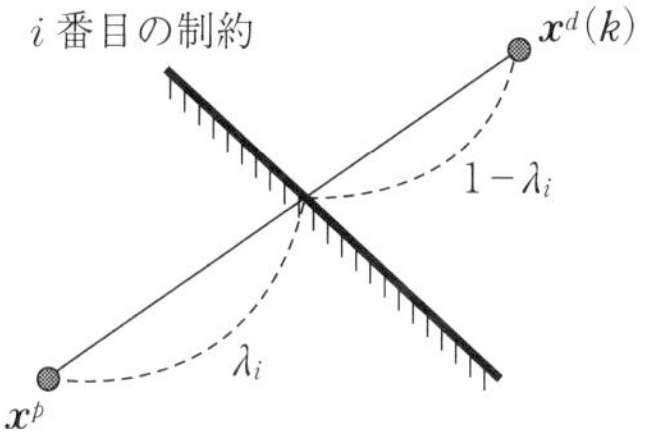

図 4.4 probe 操作の概念図

ここで添字集合 $L(k)$ は現段階で選択されていない制約式のうち，$\boldsymbol{x}^d(k)$ を満足しないものを表す。

そして，この値が小さい順に適当個数の追加制約式を選び，同様の手順を繰り返し，すべての貫通比が 1 となるか，あるいは $L(k)=\{\phi\}$ となった段階で最適解が与えられる。

これらの方法は，新規に問題を解く場合以外にも，システム環境の変化などによって，多少変更された問題を頻繁に繰り返し解く必要がある場合に，先の感度解析の利用との使い分けによって特に効果を発揮できる。一例として，線形計画モデル予測制御への適応例[13]があるように現実的な最適化に向いた解法といえる。

ところでシンプレックス法は，幾何学的には実行可能領域を与える超凸多面体の一つの頂点から出発して多面体上の隣接する端点を順次たどりながら，最適な頂点に到達する手法である。したがって，問題の規模が大きくなるにつれて，実行可能多面体の頂点の個数が指数関数的に増大するため，大規模化とともに求解性能は落ちていく。これに対して，内点法は，実行可能領域の内部を通って最適解に到達しようとする方法である。このため，実行多面体の境界の組合せ的な複雑さを回避することができ，求解時間が問題の規模の多項式関数であること（多項式時間アルゴリズム）が証明されている。実際の計算においても，反復回数は問題の規模によらずほぼ一定であることが観察されており，大規模問題に対して現在最も効率的なアルゴリズムであるとされている。ただし，現実の大規模な問題では，制約条件式の係数行列 $\boldsymbol{A}$ の大半の成分が $\boldsymbol{0}$ であるような**疎行列**（sparse matrix）となるので，内点法がシンプレックス法に打ち勝つためには，問題の疎構造を有効に利用することが必須となる。この方法のより具体的な解説については他書を参考にされたい[14]。

なお，現在の商用の多くのLPソルバでは，シンプレックス法と内点法の両アルゴリズムを装備し，問題の特徴によってユーザが使い分けられるようになっている。

4.3　非線形計画法

本節では非線形計画法問題の最適化理論と最適化手法について述べる。**非線形計画法**（NLP）に対してもこれまで多くの教科書が書かれており，より詳細な説明はそれら[15)~18)]を参照されたい。

4.3.1　NLP の最適化理論

〔1〕　制約条件がない場合の最適化理論

ここでは，決定変数 $\boldsymbol{x}$ の実行可能領域 X が実数空間の全体 R^n であるような最大化問題を取り上げる。

(p.4.11)　　$\max\ f(\boldsymbol{x})$ subject to $\boldsymbol{x} \in R^n$

このような制約条件なしの場合は，単なる関数の極値（極大または極小）問題そのものとなる。

ここで，$f(\boldsymbol{x})$ が $\boldsymbol{x}=\boldsymbol{x}^*$ で極大になるとは，$\boldsymbol{x}^*$ の近傍で，$f(\boldsymbol{x}^*)$ が $f(\boldsymbol{x})$ の最大値を与えることで，以下のように表すことができる。

$$f(\boldsymbol{x}^*)=\max\ f(\boldsymbol{x}) \quad \text{for } \forall\{\boldsymbol{x} \mid \|\boldsymbol{x}-\boldsymbol{x}^*\|<\varepsilon\} \tag{4.52}$$

ただし，ここでは，$\|\cdot\|$ はノルムを，ε は小さな正数を表す。

さて，f が $\boldsymbol{x}=\boldsymbol{x}^*$ の近傍で連続微分可能のとき，$f(\boldsymbol{x})$ が $\boldsymbol{x}=\boldsymbol{x}^*$ で極値となるための必要条件は，つぎの定理で与えられる。

定理 4.7　必要条件

$$\left(\frac{\partial f}{\partial \boldsymbol{x}}\right)_{x^*}=\nabla f(\boldsymbol{x}^*)=\boldsymbol{0}^T \tag{4.53}$$

上の条件を満たすような $\boldsymbol{x}^*$ のことを**停留点**（stationary point）と呼ぶ。さらに，f に対して2次まで微分可能であるとすれば，$f(\boldsymbol{x})$ が $\boldsymbol{x}=\boldsymbol{x}^*$ で極大

になるための十分条件は

定理 4.8　十分条件

$$\nabla f(\boldsymbol{x}^*)=\boldsymbol{0}^T,\ \text{かつ}\ \boldsymbol{H}=\left[\frac{\partial(\partial f/\partial \boldsymbol{x})^T}{\partial \boldsymbol{x}}\right]_{x^*}=\nabla^2 f(\boldsymbol{x}^*)\ \text{が負定}$$

で与えられる（必要条件は，ヘッセ行列 $\boldsymbol{H}$ が非正定となることである）。

ここで**負定**（negative definite）とは，任意の $\boldsymbol{d}(\neq\boldsymbol{0})\in R^n$ に対して $\boldsymbol{d}^T\nabla^2 f(\boldsymbol{x}^*)\boldsymbol{d}<0$ となることであり，**非正定**（negative semi-definite）とは，$\boldsymbol{d}^T\nabla^2 f(\boldsymbol{x}^*)\boldsymbol{d}\leqq 0$ となることである。また $f(\boldsymbol{x}^*)$ が正定でも負定でもないときには，その点は**鞍点**（あん）（saddle point，**図 4.5** 参照）と呼ばれる。局所的に考えるなら，最適性条件は上述の極値条件と同じとなる。

一方，大局的な最適性条件を一般的に与えることは困難であるが，$f(\boldsymbol{x})$ が凹関数（$-f(\boldsymbol{x})$ が凸関数）である場合には，つぎの［定理 4.9］のように表現できる。

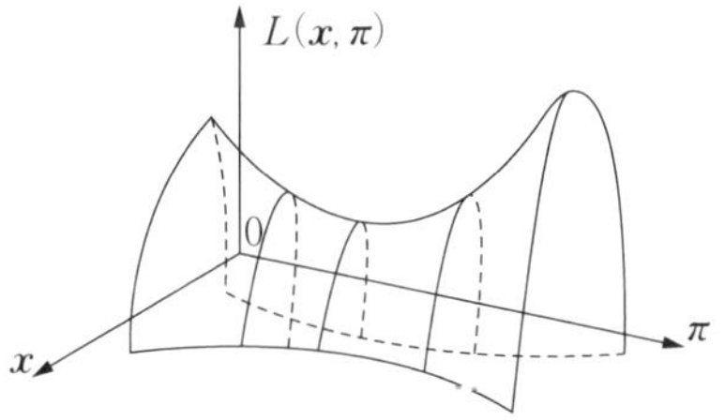

図 4.5　鞍点の形状

定理 4.9　$-f(\boldsymbol{x})$ が R^n 上で微分可能な凸関数であるとき，$f(\boldsymbol{x})$ が $\boldsymbol{x}=\boldsymbol{x}^*$ で最大となるための必要十分条件は，$\nabla f(\boldsymbol{x}^*)=\boldsymbol{0}$ が成立することである。

ここで $f(\boldsymbol{x})$ が凸関数であるとは，任意の α（$0<\alpha<1$）と $\boldsymbol{x}^1$，$\boldsymbol{x}^2$ に対して

$$f(\alpha\boldsymbol{x}^1+(1-\alpha)\boldsymbol{x}^2)\leqq \alpha f(\boldsymbol{x}^1)+(1-\alpha)f(\boldsymbol{x}^2)$$

が成立することで，特に $\boldsymbol{x}^1\neq\boldsymbol{x}^2$ であってつねに不等号（<）が成立する場合を，厳密に凸であると表現する。そして，$-f(\boldsymbol{x})$ が厳密に凸関数で，かつ連続2次微分可能ならば，$\nabla^2 f(\boldsymbol{x})$ はつねに負定となり，またこの逆も成立するため，$-f(\boldsymbol{x})$ が厳密に凸関数であるという大局的な仮定を設けることにより，式（4.53）の必要条件は，同時に十分条件にもなる。

〔2〕　等号制約条件付き問題の最適化理論

ここでは非線形の等号制約の下での n 次元変数の最適化問題を取り上げる。

(p.4.12)　　max $f(\boldsymbol{x})$ subject to $h_j(\boldsymbol{x})=0$　$(j=1,2,\cdots,m)$　　$(m<n)$

ここですぐに思い付く一つの解法は，まず m 個の制約条件式を用いて m 個の変数を消却して，$f(\boldsymbol{x})$ を残りの（$n-m$）個の変数で表すことによって，制約のない問題として取り扱うものである。一見これは合理的な解法のように思えるが，変数の消去が容易な場合を除いて実際的とはいえない。一般的には，以下に述べる**ラグランジュ未定乗数法**と呼ばれる方法が用いられる。

いま，f および $\boldsymbol{h}$ が，$\boldsymbol{x}^*$ 近傍で連続微分可能であり，ヤコビアン行列 $(\partial\boldsymbol{h}/\partial\boldsymbol{x})_{x^*}=J(\boldsymbol{x}^*)$ の階数が m であるとする。このとき，適当な m 次元ベクトル $\boldsymbol{\lambda}$（**ラグランジュ乗数**と呼ばれる）を用いて，ラグランジュ関数 L を次式で定義するとき，［定理 4.10］が成立する。

$$L(\boldsymbol{x},\boldsymbol{\lambda})=f(\boldsymbol{x})+\boldsymbol{\lambda}^T\boldsymbol{h}(\boldsymbol{x}) \tag{4.54}$$

定理 4.10　ラグランジュの定理

$\boldsymbol{x}=\boldsymbol{x}^*$ が，(p.4.12) の最適解であるための必要条件は

$$\nabla_x L(\boldsymbol{x}^*,\boldsymbol{\lambda}^*)=\boldsymbol{0}^T \tag{4.55}$$

$$\nabla_\lambda L(\boldsymbol{x}^*,\boldsymbol{\lambda}^*)=\boldsymbol{0}^T \tag{4.56}$$

を満足する $\boldsymbol{\lambda}^*$ が存在することである。

証明　$\boldsymbol{x}$ を m 次元の $\boldsymbol{x}^1$ と（$n-m$）次元の $\boldsymbol{x}^2$ に分割したとき，$\boldsymbol{x}^1$ を $\boldsymbol{x}^2$ によって，$\boldsymbol{x}^1=\boldsymbol{\varphi}(\boldsymbol{x}^2)$ のように表すことができる。これに従って目的関数も

$$z=f(\boldsymbol{\varphi}(\boldsymbol{x}^2),\boldsymbol{x}^2)=F(\boldsymbol{x}^2) \tag{4.57}$$

のように表現され，$\boldsymbol{x}^2$ に関しての制約のない問題に変換できる。したがって，最適解は F の $\boldsymbol{x}^2$ に関する停留条件

$$\frac{\partial F}{\partial\boldsymbol{x}^2}=\frac{\partial f}{\partial\boldsymbol{x}^1}\frac{\partial\boldsymbol{\varphi}}{\partial\boldsymbol{x}^2}+\frac{\partial f}{\partial\boldsymbol{x}^2}=\boldsymbol{0}^T \tag{4.58}$$

より求められる（上式を含めて，各微係数の評価は $\boldsymbol{x}^*$ において行うものとする）。一方，$\boldsymbol{h}(\boldsymbol{x})$ も

$$\boldsymbol{h}(\boldsymbol{x})=\boldsymbol{h}(\boldsymbol{\varphi}(\boldsymbol{x}^2),\boldsymbol{x}^2)=\boldsymbol{0} \tag{4.59}$$

のように，$\boldsymbol{x}^2$ のみの関数として表現できるので，これを $\boldsymbol{x}^2$ で微分することにより

$$\frac{\partial\boldsymbol{h}}{\partial\boldsymbol{x}^1}\frac{\partial\boldsymbol{\varphi}}{\partial\boldsymbol{x}^2}+\frac{\partial\boldsymbol{h}}{\partial\boldsymbol{x}^2}=\boldsymbol{0} \tag{4.60}$$

が成立する。これより

$$\frac{\partial\boldsymbol{\varphi}}{\partial\boldsymbol{x}^2}=-\left(\frac{\partial\boldsymbol{h}}{\partial\boldsymbol{x}^1}\right)^{-1}\frac{\partial\boldsymbol{h}}{\partial\boldsymbol{x}^2} \tag{4.61}$$

と計算される。これを式（4.58）に代入すれば

$$\frac{\partial f}{\partial \boldsymbol{x}^2}-\frac{\partial f}{\partial \boldsymbol{x}^1}\left(\frac{\partial \boldsymbol{h}}{\partial \boldsymbol{x}^1}\right)^{-1}\frac{\partial \boldsymbol{h}}{\partial \boldsymbol{x}^2}=\boldsymbol{0}^T \tag{4.62}$$

が得られる。ここで

$$-\frac{\partial f}{\partial \boldsymbol{x}^1}\left(\frac{\partial \boldsymbol{h}}{\partial \boldsymbol{x}^1}\right)^{-1}=\boldsymbol{\lambda}^{*T} \tag{4.63}$$

と置けば，式（4.62）は

$$\frac{\partial f}{\partial \boldsymbol{x}^2}+\boldsymbol{\lambda}^{*T}\left(\frac{\partial \boldsymbol{h}}{\partial \boldsymbol{x}^2}\right)=\boldsymbol{0}^T \tag{4.64}$$

と書ける。また式（4.63）より

$$\frac{\partial f}{\partial \boldsymbol{x}^1}+\boldsymbol{\lambda}^{*T}\left(\frac{\partial \boldsymbol{h}}{\partial \boldsymbol{x}^1}\right)=\boldsymbol{0}^T \tag{4.65}$$

が得られる。けっきょく，式（4.64），（4.65）をまとめれば

$$\frac{\partial f}{\partial \boldsymbol{x}}+\boldsymbol{\lambda}^{*T}\left(\frac{\partial \boldsymbol{h}}{\partial \boldsymbol{x}}\right)=\boldsymbol{0}^T \tag{4.66}$$

となる。上式は式（4.54）の定義より

$$\nabla_x L(\boldsymbol{x}^*,\boldsymbol{\lambda}^*)=\boldsymbol{0}^T \tag{4.67}$$

にほかならない。なお，式（4.56）は等号制約条件 $\boldsymbol{h}(\boldsymbol{x}^*)=\boldsymbol{0}$ そのものとなる。

ラグランジュ乗数は，一見便宜的に導入されただけのもののように思えるが，以下に示すようにそれよりはもっと深い意味を持っている。いま，［定理4.10］の条件から，最適解 $\boldsymbol{x}^*$ が得られたとする。このとき，$\boldsymbol{h}(\boldsymbol{x}^*)=\boldsymbol{0}$ の右辺の値がわずかに変化して $\boldsymbol{y}$ になったとする。

$$\boldsymbol{h}(\boldsymbol{x}^*)=\boldsymbol{y} \tag{4.68}$$

このとき，$\boldsymbol{x}^*$ 近傍での $f(\boldsymbol{x})$ の最適値の $\boldsymbol{y}$ に対する変化率は

$$\frac{\partial f}{\partial \boldsymbol{y}}=\frac{\partial f}{\partial \boldsymbol{x}}\frac{\partial \boldsymbol{x}}{\partial \boldsymbol{y}}=-\boldsymbol{\lambda}^{*T}\frac{\partial \boldsymbol{h}}{\partial \boldsymbol{x}}\frac{\partial \boldsymbol{x}}{\partial \boldsymbol{y}} \tag{4.69}$$

と与えられる。一方，式（4.68）より

$$\frac{\partial \boldsymbol{h}}{\partial \boldsymbol{x}}\frac{\partial \boldsymbol{x}}{\partial \boldsymbol{y}}=\boldsymbol{I} \tag{4.70}$$

と計算されるので，これを上式に代入すれば

$$\frac{\partial f}{\partial \boldsymbol{y}}=-\boldsymbol{\lambda}^{*T} \tag{4.71}$$

が得られる。これは制約条件の右辺の変化に対する最適値の変化率が，ラグラ

ンジュ乗数に負号を付けたものによって与えられることを示している。これは，4.2.6 項での LP 退化問題の摂動法の例で言及したことや，4.2.8 項［2］の右辺係数に関する感度問題，具体的には式（4.45）を参照すれば，LP でのシンプレックス乗数と同じものであることがわかる。

〔3〕 不等号制約条件付き問題の最適化理論

(p.4.13)　　$\max\ f(\boldsymbol{x})$ subject to $\boldsymbol{g}(\boldsymbol{x}) \geqq \boldsymbol{0}$

で表されるような最適化問題を取り上げ，これが $\boldsymbol{x}=\boldsymbol{x}^*$ で最適解となるための条件について考える。

まず，**図 4.6** に点 A で示すような外向きの尖(せん)点となる境界上の特異点の存在を排除するため，**制約想定**（constraint qualification）と呼ばれる正則条件を仮定しておく。ついで先と同様に，ラグランジュ関数 L を

$$L(\boldsymbol{x},\boldsymbol{\lambda})=f(\boldsymbol{x})+\boldsymbol{\lambda}^T\boldsymbol{g}(\boldsymbol{x}) \tag{4.72}$$

で定義する。さらに f および $\boldsymbol{g}$ に連続微分可能性を仮定するとき，$\boldsymbol{x}^*$ が (p.4.13) の最適解であるための必要条件は以下の定理のように与えられる。

定理 4.11　(Karush-Kuhn-Tucker の条件：KKT 条件)

$$\begin{cases} \nabla_x L(\boldsymbol{x}^*,\boldsymbol{\lambda}^*)=\boldsymbol{0}^T \\ \lambda_i^* g_i(\boldsymbol{x}^*)=0,\ \text{for}\ \forall i \\ \boldsymbol{g}(\boldsymbol{x}^*)\geqq\boldsymbol{0} \\ \boldsymbol{\lambda}^*\geqq\boldsymbol{0} \end{cases} \tag{4.73}$$

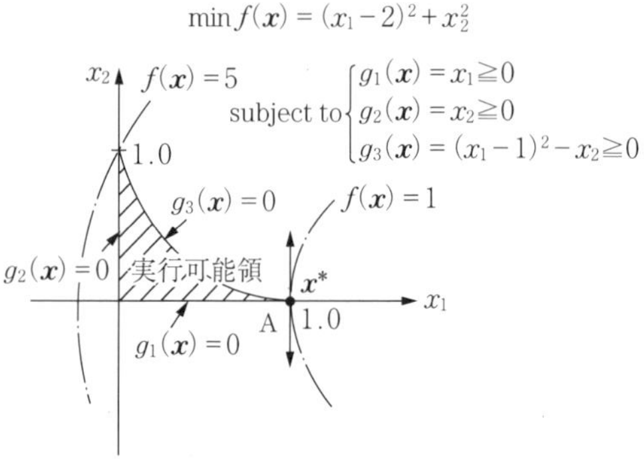

図 4.6　ラグランジュ乗数が存在しない場合の例

略証　もし $\boldsymbol{x}^*$ が $\boldsymbol{g}(\boldsymbol{x})\geqq\boldsymbol{0}$ の内点であれば，最適解は制約式とは独立に，$\nabla f(\boldsymbol{x}^*)=\boldsymbol{0}^T$ から得られる。この場合には $\boldsymbol{\lambda}^*=\boldsymbol{0}$ としてよいので，上の条件はすべて成り立つ。一方，$\boldsymbol{x}^*$ がある制約条件の境界上にあるときには，これに対応する制約式で，等号が成立している。すなわち，これらの活性な制約式

を $\boldsymbol{g}^a$ で表すとき

$$\nabla f(\boldsymbol{x}^*) = -(\boldsymbol{\lambda}^{*a})^T \left(\frac{\partial \boldsymbol{g}^a}{\partial \boldsymbol{x}} \right) \tag{4.74}$$

とできる $\boldsymbol{\lambda}^{*a}$（$\geqq 0$）が存在する。この $\boldsymbol{\lambda}^{*a}$ に活性でない制約式に対してゼロ成分を加えたものを $\boldsymbol{\lambda}^*$ と表せば，式（4.74）は，この $\boldsymbol{\lambda}^*$（$\geqq 0$）に対して

$$\nabla f(\boldsymbol{x}^*) = -(\boldsymbol{\lambda}^*)^T \left(\frac{\partial \boldsymbol{g}}{\partial \boldsymbol{x}} \right) \tag{4.75}$$

と書ける。この結果

$$\nabla_x L(\boldsymbol{x}^*, \boldsymbol{\lambda}^*) = \nabla f(\boldsymbol{x}^*) + (\boldsymbol{\lambda}^*)^T \left(\frac{\partial \boldsymbol{g}}{\partial \boldsymbol{x}} \right) = \boldsymbol{0}^T \tag{4.76}$$

が得られる。このほかの条件も成立することも容易にわかる。

ここで，等号制約の場合のラグランジュ乗数の符号は不定であったが，いまの場合には非負でなければならない。これは，活性となっている制約式の勾配ベクトル $-(\partial \boldsymbol{g}^a / \partial \boldsymbol{x})$ によって形成される錐体の内部に ∇f があれば，この内部方向に進むことで制約条件を侵すことなく目的関数値をさらに改善できる可能性があることを意味するからである（**図 4.7** 参照）。

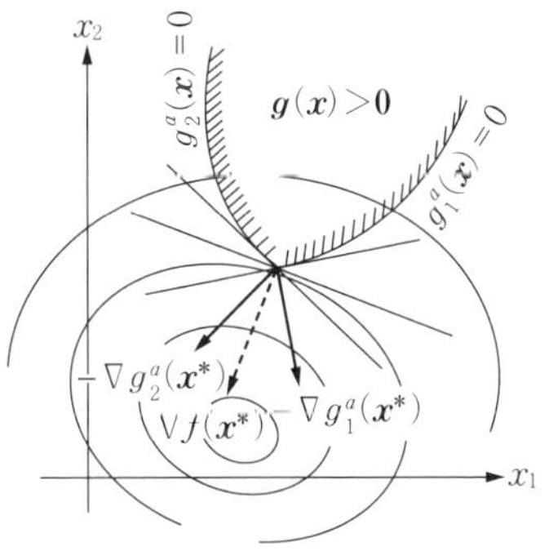

図 4.7 Karush–Kuhn–Tucker の条件の図的表現

また本節では，関数 f，$\boldsymbol{g}$ の微分可能性の仮定の上に最適性の必要条件について述べたが，前節の制約条件なしの議論と同様，もし $-f$，$\boldsymbol{g}$ が凸関数である場合には，十分条件でもある。

〔4〕 線形計画問題と鞍点

線形計画問題，"max $\boldsymbol{c}^T \boldsymbol{x}$ subject to $\boldsymbol{A}\boldsymbol{x} \leqq \boldsymbol{b}$" も，一般的には不等号制約条件下での一つの最適化問題とみなすことができる。この問題のラグランジュ関数は

$$L(\boldsymbol{x}, \boldsymbol{\lambda}) = \boldsymbol{c}^T \boldsymbol{x} + \boldsymbol{\lambda}^T (\boldsymbol{b} - \boldsymbol{A}\boldsymbol{x}) \tag{4.77}$$

で定義される。関数 L について

$$L(\boldsymbol{x}, \boldsymbol{\lambda}^*) \leqq L(\boldsymbol{x}^*, \boldsymbol{\lambda}^*) \leqq L(\boldsymbol{x}^*, \boldsymbol{\lambda}) \tag{4.78}$$

を満たす組（$\boldsymbol{x}^*, \boldsymbol{\lambda}^*$）は鞍点と呼ばれる。このとき，つぎの定理が成立する。

定理 4.12　$\boldsymbol{x}^*$ が先の線形計画問題の最適解で，$\boldsymbol{\lambda}^*$ がその双対問題，“min $\boldsymbol{b}^T\boldsymbol{\lambda}$ subject to $\boldsymbol{A}^T\boldsymbol{x} \geqq \boldsymbol{c}$”の最適解であるための必要十分条件は，組（$\boldsymbol{x}^*, \boldsymbol{\lambda}^*$）が関数 $L(\boldsymbol{x}, \boldsymbol{\lambda})$ の鞍点となることである（証明略）。

また，この条件は一般の最適化問題において，関数の微分可能性を前提としない最適性の判定条件を与える。

4.3.2 NLP の最適化手法

すでに見てきたように最適性の必要条件は，制約条件がない場合は目的関数の，制約条件がある場合はラグランジュ関数の停留条件として与えられた。したがって，もしこれらの停留条件が解析的に解ける場合には，ただちに最適解を求めることができる。しかし実際には解析解が得られることはまれであり，以下に述べるような数値的解法に頼らざるを得ない。これには

- 何らかの合理性をもって直接的に探索する方法
- 情報源として関数の微分（勾配値）を利用するもの

に大別される。また，第三の分類として，4.5 節で紹介するメタ解法と総称される新しい解法が近年，種々開発されている。

〔1〕 制約条件なしの最適化手法

（a） スカラ値関数の最小化　　ここでの問題は以下のように与えられる。

(p.4.14)　　$\min f(x)$，$f : R^1 \to R^1$

1 変数の関数の最小点を探す直線探索（一次元探索）は，種々の手法の基礎となるものであり，最も重要な探索手法の一つである。

定義 4.1　関数 $f(x)$ が区間（a, b）において，唯一の停留点（最大点または最小点）を持つとき，$a \leqq x \leqq b$ において**単峰**（unimodal）であるという。

ここでは，停留値はつねに最小値であり，関数 f は連続であることだけ仮定し，**図 4.8** に示す関係に留意しながら，与えられた単峰性の関数の停留点を関数値のみを使用して求める方法について考える。

1） 黄金分割による探索　　まず，「最小点を含む区間幅を，反復ごとに一定の比率 τ で減らせるか」という問について考えてみる。いま i 段階におけ

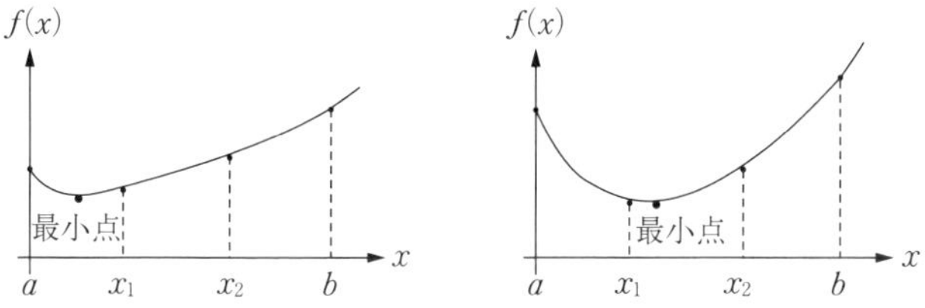

（a）　　　　（b）

図 4.8　$f(x_1)<f(x_2)$ のとき可能な最小点の存在位置

る区間を $[a^{(i)},\ b^{(i)}]$ とし，関数値を評価する点を $x_1^{(i)}$，$x_2^{(i)}$，$(x_1^{(i)}<x_2^{(i)})$ とする。このとき，上の条件より，これらの点は次式を満たしていなければならない。

$$\frac{x_2^{(i)}-a^{(i)}}{b^{(i)}-a^{(i)}}=\frac{b^{(i)}-x_1^{(i)}}{b^{(i)}-a^{(i)}}=\tau \tag{4.79}$$

　したがって

$$x_1^{(i)}-a^{(i)}=b^{(i)}-x_2^{(i)} \tag{4.80}$$

となる。いま一般性を失うことなく，$f(x_1^{(i)})<f(x_2^{(i)})$ とすると

$$b^{(i+1)}=x_2^{(i)} \text{ および } a^{(i+1)}=a^{(i)}$$

とできる（図 4.8 参照）。さらに，$x_2^{(i+1)}=x_1^{(i)}$ とする。

　ここで，式 (4.79) の関係を保つためには

$$\frac{x_2^{(i+1)}-a^{(i+1)}}{b^{(i+1)}-a^{(i+1)}}=\frac{x_1^{(i)}-a^{(i)}}{x_2^{(i)}-a^{(i)}}=\tau \tag{4.81}$$

でなければならない。さらに式 (4.80) は

$$x_1^{(i)}-a^{(i)}=b^{(i)}-a^{(i)}-(x_2^{(i)}-a^{(i)}) \tag{4.82}$$

と書けるから，この両辺を $x_2^{(i)}-a^{(i)}$ で割り，式 (4.81) を用いて整理すると次式を得る。

$$\tau^2+\tau-1=0 \tag{4.83}$$

この方程式は，正の解 $\tau=(\sqrt{5}-1)/2 \fallingdotseq 0.618$ を持つので，実際に区間幅を一定割合 τ で減らせることがわかる。この値は**黄金分割**（golden section）比†

† 黄金分割は視覚的に最も美しい調和を与えるといわれており，芸術品，建築物や作庭などの人工物の中にも用いられているだけでなく，自然界でも巻貝のうず形状やくもの巣において見られる。

と等しいので，この名がある。

探索手順のアルゴリズム化は単純で，場合に応じて以下の2通りとなる。

① $f(x_2^{(i)})>f(x_1^{(i)})$ のとき

$$a^{(i+1)}=a^{(i)}$$

$$b^{(i+1)}=x_2^{(i)}$$

$$x_2^{(i+1)}=x_1^{(i)}$$

$$x_1^{(i+1)}=a^{(i)}+(1-\tau)(b^{(i+1)}-a^{(i)})$$

② $f(x_2^{(i)})\leqq f(x_1^{(i)})$ のとき

$$a^{(i+1)}=x_1^{(i)}$$

$$b^{(i+1)}=b^{(i)}$$

$$x_1^{(i+1)}=x_2^{(i)}$$

$$x_2^{(i+1)}=b^{(i)}-(1-\tau)(b^{(i)}-a^{(i+1)})$$

なお，n 回だけ関数値を評価した後の区間幅は次式となる。

$$b^{(n)}-a^{(n)}=(b-a)\tau^{n-1} \tag{4.84}$$

2）フィボナッチ（Fibonacci）探索　**フィボナッチ探索**は，関数値を評価する回数が決まっているとき，最初の区間幅と最後の区間幅の比が最大になるという意味で，一次元探索の中で最適なアルゴリズムである。これは最後の区間幅が単位長さになる場合に，最初の区間幅を最大にできるアルゴリズムと言い換えることができる。これを以下に示す。

いま，n 回の関数値の評価によって，単位長さの区間に縮小できる最大の区間を L_n とする。区間［a，b］において，最初に関数値を評価する2点を x_1，x_2（$x_1<x_2$）とすると，最小点が（a，x_1）の中にあるときは，その区間を減少させるには，あと（$n-2$）回の評価しか残されておらず，したがって，$x_1-a\leqq L_{n-2}$ となる。一方，最小値が（x_1，b）の中にあるときは，x_2 を含めて（$n-1$）回の評価が利用できるので，$b-x_1\leqq L_{n-1}$ となる。以上から

$$b-a=L_n\leqq L_{n-1}+L_{n-2} \tag{4.85}$$

を得る。したがって，L_n の最大値は，$L_{n-1}+L_{n-2}$ で与えられ，循環式[†]

† 茎への葉のつき方の間隔が，これに従うといわれている。

$$F_n = F_{n-1} + F_{n-2},\quad F_0 = F_1 = 1 \tag{4.86}$$

で決められる F_n が最大値となることがわかる。上式の関係を満足する F_i を**フィボナッチ数**という。

けっきょく，あらかじめ決められた関数値の評価回数を N とするときのアルゴリズムは，つぎのようになる。

$$x_1^{(i)} = \left(\frac{F_{N-i}}{F_{N-i+2}}\right)(b^{(i)} - a^{(i)}) + a^{(i)} \tag{4.87}$$

$$x_2^{(i)} = \left(\frac{F_{N-i+1}}{F_{N-i+2}}\right)(b^{(i)} - a^{(i)}) + a^{(i)} \tag{4.88}$$

ここで，$i = 1, 2, \cdots, N-1$ とする。また

$$x_2^{(i)} - a^{(i)} = b^{(i)} - x_1^{(i)} = \left(\frac{F_{N-i+1}}{F_{N-i+2}}\right)(b^{(i)} - a^{(i)}) \tag{4.89}$$

であるから，N 回の計算後の区間幅は次式で与えられる。

$$\delta = \prod_{i=1}^{N-1}\left(\frac{F_{N-i+1}}{F_{N-i+2}}\right)(b-a) = \frac{2(b-a)}{F_{N+1}} \tag{4.90}$$

つぎに黄金分割法とフィボナッチ法の間で探索効率を比較してみる。まず，十分大きな N に対して $F_N = rF_{N-1}$ となることに注意すれば，式 (4.86) より $r^2 - r - 1 = 0$ となる。すなわち

$$\lim_{N\to\infty}\frac{F_{N-1}}{F_N} = \frac{1}{r} = \tau \tag{4.91}$$

となり，これら2種類のアルゴリズムは，漸近的に等しい減少率を与えることがわかる。また，$G_i = r^{i-1}$ と置くと，G_i は循環式

$$G_{i+1} = G_i + G_{i-1},\quad G_0 = \tau(<1),\quad G_1 = 1 \tag{4.92}$$

を満たす。したがって，$N > 1$ に対して，$G_N < F_N < G_{N+1}$ が成り立つ。

以上から，黄金分割法も，フィボナッチ法も，ほとんど差がないことがわかる。さらに，あらかじめ N を決めておく必要もないので，実行手順は黄金分割のアルゴリズムのほうがより単純で実用上は使いやすいといえる。

（b） ベクトル値関数の最小化　ここでの問題は，以下のように与えられる。

(p.4.15)　　$\min f(\boldsymbol{x}),\ f: R^n \to R^1$

1）　シンプレックス法

シンプレックス法† は，**単体**（simplex）と呼ばれる幾何学的な図形がおもな役割を果たし，以下のことを基本的な考え方としている。

- シンプレックスのある一つの頂点に着目したとき，残りの頂点で張られる超平面に関する鏡像をとることによって，新しいシンプレックスを容易に形成することができる。
- シンプレックスの頂点の中で，関数値が最も大きいものを選べば，その鏡像の点における関数値は小さくなることが期待される。

Nelder と Mead[19] はこうした考え方をさらに進め，シンプレックスの大きさと形を変えることによって目的関数の局部的な性質に応じてシンプレックスをより柔軟に適応させていくことができるようにした。まず通常，$n+1$ 個の頂点を持つシンプレックスの各頂点 $\boldsymbol{x}^i$ の中から以下のものを特定する。

1．$\boldsymbol{x}^l$ は，$f(\boldsymbol{x}^l)=\min_i f(\boldsymbol{x}^i)$　$(i=1,2,\cdots,n+1)$ に対応する点（best）

2．$\boldsymbol{x}^s$ は，$f(\boldsymbol{x}^s)=\min_i f(\boldsymbol{x}^i)$　$(i\neq l,\ i=1,2,\cdots,n+1)$ に対応する点（second best）

3．$\boldsymbol{x}^h$ は，$f(\boldsymbol{x}^h)=\max_i f(\boldsymbol{x}^i)$　$(i=1,2,\cdots,n+1)$ に対応する点（worst）

4．$\boldsymbol{x}^0$ は，$i\neq h$ である頂点 $\boldsymbol{x}^i$ の重心，i.e., $\boldsymbol{x}^0=(\sum_{i=1,i\neq h}^{n+1}\boldsymbol{x}^i)/n$ である。

つぎに，この方法で用いる3種の操作を定義する（**図4.9**参照）。

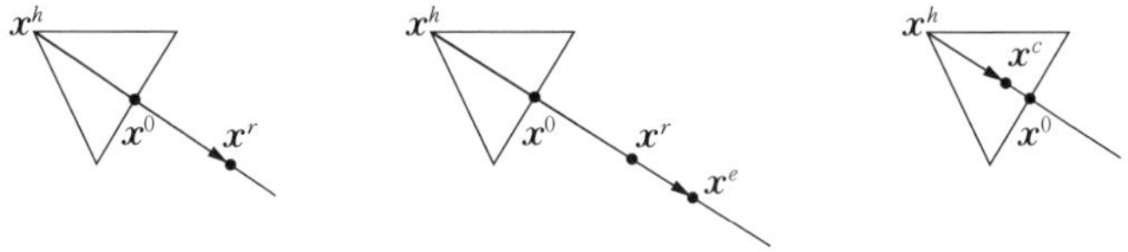

（a）鏡　像　　　（b）拡　張　　　（c）収　縮

図4.9　2次元の場合のシンプレックス操作

i）　鏡　像（reflection）　$\boldsymbol{x}^h$ を式（4.93）の $\boldsymbol{x}^r$ で置き換える操作のこ

† LP のシンプレックス法とはまったく別のものである。区別するときは，直接探索法のシンプレックス法とか Nelder と Mead のシンプレックス法とか呼ばれる。

とである。

$$\boldsymbol{x}^r = (1+\alpha)\boldsymbol{x}^0 - \alpha\boldsymbol{x}^h \qquad (4.93)$$

ここで，$\alpha(>0)$ は鏡像係数といわれ，距離 $\|\boldsymbol{x}^r-\boldsymbol{x}^0\|$ と距離 $\|\boldsymbol{x}^h-\boldsymbol{x}^0\|$ の比である。

ii） 拡　張（expansion）　点 $\boldsymbol{x}^0$ の方向に，$\boldsymbol{x}^r$ を越えて試行点を伸ばすことで関数値の改良がさらに期待できるときは，次式による拡張を行う。

$$\boldsymbol{x}^e = \gamma\boldsymbol{x}^r + (1-\gamma)\boldsymbol{x}^0 \qquad (4.94)$$

ここで，$\gamma(>1)$ は拡張係数といわれ，$\|\boldsymbol{x}^e-\boldsymbol{x}^0\|$ と $\|\boldsymbol{x}^r-\boldsymbol{x}^0\|$ の比である。

iii） 収　縮（contraction）　$\boldsymbol{x}^h$ を以下の $\boldsymbol{x}^c$ に置き換える操作は収縮と呼ばれる。

$$\boldsymbol{x}^c = \beta\boldsymbol{x}^h + (1-\beta)\boldsymbol{x}^0 \qquad (4.95)$$

ここで，収縮係数 $\beta(0<\beta<1)$ は，$\|\boldsymbol{x}^c-\boldsymbol{x}^0\|$ と $\|\boldsymbol{x}^h-\boldsymbol{x}^0\|$ の比である。

この方法のアルゴリズムはつぎのようになる。

ステップ1：最初のシンプレックスをつくり，各頂点での関数値を求めて $\boldsymbol{x}^h$，$\boldsymbol{x}^s$，$\boldsymbol{x}^l$，$\boldsymbol{x}^0$ を決める。

ステップ2：最初に鏡像を行い，求められた点 $\boldsymbol{x}^r$ の関数値を求める。

ステップ3：$f(\boldsymbol{x}^s) \geqq f(\boldsymbol{x}^r) \geqq f(\boldsymbol{x}^l)$ の場合，$\boldsymbol{x}^h$ を $\boldsymbol{x}^r$ に置き換えて，新しくつくられたシンプレックスについて手続きを繰り返す。

ステップ4：$f(\boldsymbol{x}^r) < f(\boldsymbol{x}^l)$ となる場合は，$\boldsymbol{x}^r-\boldsymbol{x}^0$ 方向へ試行点をさらに移動することにより，より小さな関数値が得られることが期待される。そこで，新しくできたシンプレックスをこの方向に拡張してみて，$f(\boldsymbol{x}^r) > f(\boldsymbol{x}^e)$ であれば成功であったと考え，$\boldsymbol{x}^h$ を $\boldsymbol{x}^e$ に置き換える。一方，失敗の場合は，$\boldsymbol{x}^r$ に戻り $\boldsymbol{x}^h$ を $\boldsymbol{x}^r$ に置き換える。いずれの場合も，こうしてつくられた新しいシンプレックスに対して手続きを繰り返す。

ステップ5：鏡像によって，$f(\boldsymbol{x}^h) \geqq f(\boldsymbol{x}^r) \geqq f(\boldsymbol{x}^s)$ となる $\boldsymbol{x}^r$ が得られたときは，$\boldsymbol{x}^h$ を $\boldsymbol{x}^r$ と置き換えた上で収縮の操作を行う。$f(\boldsymbol{x}^r) \geqq f(\boldsymbol{x}^h)$ の場合は，この置換えを行わないで収縮を行う。この操作を行ったあと，$f(\boldsymbol{x}^h)$ と $f(\boldsymbol{x}^c)$ を比較してみて，$f(\boldsymbol{x}^h) > f(\boldsymbol{x}^c)$ であれば収縮は成功したことになり，$\boldsymbol{x}^h$ を $\boldsymbol{x}^c$ に置き換え，新しいシンプレックスについて手続きを繰り返す。失敗の場合，すなわち $f(\boldsymbol{x}^h) \leqq f(\boldsymbol{x}^c)$ のときは，シンプレックスを関数値の最も小さい点 $\boldsymbol{x}^l$ の方向へ縮小する。すなわち，$\boldsymbol{x}^i := (\boldsymbol{x}^i + \boldsymbol{x}^l)/2$（$i=1,2,\cdots,n+1$，$i \neq l$）とし

て，新しいシンプレックスについて手続きを始める。

Nelder と Mead は，停止の条件として，次式を提唱している。

$$\left\{\frac{1}{n+1}\sum_{i=1}^{n+1}\left(f(\boldsymbol{x}^i)-\frac{1}{n+1}\sum_{j=1}^{n+1}f(\boldsymbol{x}^j)\right)^2\right\}^{1/2}<\varepsilon \tag{4.96}$$

ここに，ε はあらかじめ決められた小さな数である。

こうしたパターン探索法といえる手法として，このほかにも Rosenbrock の方法[20]や Hooke と Jeeves の方法[21]などが知られている。

2） 勾配法（山登り法）

i） 最大勾配法　探索点 $\boldsymbol{x}^k$ における関数 $f(\boldsymbol{x})$ の勾配ベクトルを $\boldsymbol{g}^k=(\nabla f(\boldsymbol{x}^k))^T$ と表す。このとき $-\boldsymbol{g}^k$ は局所的には関数値の最急降下の方向を表す。$-\boldsymbol{g}^k$ の方向に探索点数列 $\{\boldsymbol{x}^k\}$ を

$$\boldsymbol{x}^{k+1}=\boldsymbol{x}^k-t\boldsymbol{g}^k \qquad (t>0,\quad k=0,1,\cdots) \tag{4.97}$$

により計算する方法は**最大勾配法**（maximum gradient method）と呼ばれる。ここで，t は適当に与えられるステップ幅で，これを，$\min_{t>0} f(\boldsymbol{x}^k-t\boldsymbol{g}^k)$ として決定する方法は，**最適勾配法**と呼ばれる（**図 4.10** 参照）。このステップ幅の最適値 t^* は，$-\boldsymbol{g}$ 方向に $f(\boldsymbol{x})$ を最小化することで求められる。このためにすでに述べた一次元探索法が利用できる。

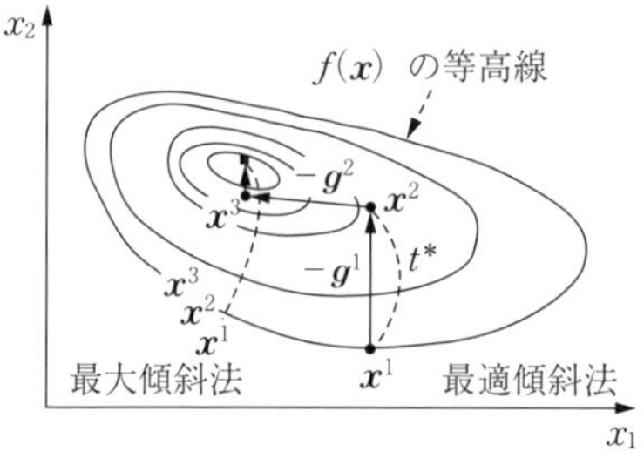

図 4.10　勾配法の探索方法

ii） 共役傾斜法　最大勾配法における各段階の探索方向は互いに独立とならないため，一般的にあまり良い性能を示さない。このため連続する t 回，$(t\leqq n)$ の探索方向が互いに線形独立となるような方向を利用する**共役傾斜法**（conjugate gradient method）が考えられた。共役傾斜法は，現在使われている一般的な勾配法の中で最も有力な方法の一つとされている。

定義 4.2　正値行列 $\boldsymbol{A}$ に対して，二つの方向を表すベクトル $\boldsymbol{u}$，$\boldsymbol{v}$ が，$\boldsymbol{u}^T\boldsymbol{A}\boldsymbol{v}=\boldsymbol{0}$ を満たすとき，方向 $\boldsymbol{u}$ および $\boldsymbol{v}$ は正値行列 $\boldsymbol{A}$ に関して**共役**（conjugate）であるという。以後，単に「$\boldsymbol{u}$ と $\boldsymbol{v}$ は共役である」ということにする。

そして $\boldsymbol{d}_1, \boldsymbol{d}_2, \cdots, \boldsymbol{d}_n$ が互いに共役なベクトルであるとき，これらを探索方向とすることの有効性が以下の定理より保証される。

定理 4.13　$\boldsymbol{d}_1, \boldsymbol{d}_2, \cdots, \boldsymbol{d}_n$ が互いに共役ならば，これらは1次独立となる。

定理 4.14　2次形式 $f(x) = a + \boldsymbol{b}^T\boldsymbol{x} + (1/2)\boldsymbol{x}^T\boldsymbol{A}\boldsymbol{x}$ の最小点は，任意の出発点 $\boldsymbol{x}^{(0)}$ から，各ベクトル $\boldsymbol{d}_i$ を，探索の方向として1回ずつ使って，有限回の降下ステップの計算によって求められる。また，このとき $\boldsymbol{d}_i$ を使う順番は関係しない。

共役傾斜法の代表的な手法の一つである Fletcher-Reeves 法[22] のアルゴリズムはつぎのようになる。

ステップ1：$\boldsymbol{g}^1 = (\nabla f(\boldsymbol{x}^1))$ を求め，$\boldsymbol{d}^1 = -\boldsymbol{g}^1$ とする。

ステップ2：$i = 2, 3, \cdots, n+1$ について（a）～（c）を計算する。

（a）　$\boldsymbol{x}^i = \boldsymbol{x}^{i-1} + t^{i-1}\boldsymbol{d}^{i-1}$ とする。ここで t^{i-1} は，$f(\boldsymbol{x}^{i-1} + t\boldsymbol{d}^{i-1})$ を最小にするステップ幅である。

（b）　$\boldsymbol{g}^i = \nabla f(\boldsymbol{x}^i)$ とする。

（c）　$\boldsymbol{d}^i = -\boldsymbol{g}^i + \{(\boldsymbol{g}^i)^T\boldsymbol{g}^i / (\boldsymbol{g}^{i-1})^T\boldsymbol{g}^{i-1}\}\boldsymbol{d}^{i-1}$ とする。

ステップ3：$\boldsymbol{x}^1$ を $\boldsymbol{x}^{n+1}$ で置き換え，ステップ1へ戻る。

共役傾斜法の基礎となるここでの理論は，正確には2次形式に対してのみ成立する。しかし，多くの場合，最小点の近傍で $f(\boldsymbol{x})$ は2次形式で十分に近似できるため，このアルゴリズムの有効性は保証されている。

3）　ニュートン・ラフソン法　　2次導関数を用いる関数最小化法として**ニュートン・ラフソン法**（Newton-Raphson method）が知られている。この基本的な考え方は，非線形関数 $f(x)$ の根を求めるニュートン法に基づいている。

いま，x^0 を $f(x) = 0$ の根の推定値とする。一般には $f(x^0) \neq 0$ となるので，$f(x)$ を x^0 近傍でテイラー展開し，2次以上の項を無視する。

$$f(x) \fallingdotseq f(x^0) + (x - x^0) f'(x^0) = 0 \tag{4.98}$$

これより，$x \fallingdotseq x^0 - f(x^0)/f'(x^0)$ と計算され，これから，新しい根の推定値が求められる。この考え方を最適性の必要条件，$\nabla f(\boldsymbol{x})^T = \boldsymbol{0}$ を満たす根の導出に応用したものが，ニュートン・ラフソン法である。**図 4.11** に示すように，順次繰り返し適用することで解が改善されていく。

すなわち，探索点列 $\{\boldsymbol{x}^k\}$ $(k=0,1,\cdots)$ を

$$\nabla f(\boldsymbol{x}^{k+1})^T \fallingdotseq \nabla f(\boldsymbol{x}^k)^T + \boldsymbol{H}(\boldsymbol{x}^k)(\boldsymbol{x}^{k+1}-\boldsymbol{x}^k)=\boldsymbol{0} \tag{4.99}$$

から，$\boldsymbol{H}^{-1}(\boldsymbol{x}^k)$ が存在するという仮定の下で

$$\boldsymbol{x}^{k+1}=\boldsymbol{x}^k-\boldsymbol{H}^{-1}(\boldsymbol{x}^k)\nabla f(\boldsymbol{x}^k)^T \tag{4.100}$$

により順次生成していく解法である。

ニュートン・ラフソン法では，目的関数が正定のヘッセ行列 $\boldsymbol{H}$ を有する2次関数のときは，初期値より1ステップで，関数の最小点が求められる。このことから予想されるように，最大勾配法より収束が速くて，一見すぐれているようにみえる。しかし実際にはヘッセ行列の逆行列を計算しなければならないので，問題規模が大きくなると計算手順はずっと複雑になり，計算時間は必ずしも短くなるとはいえない。

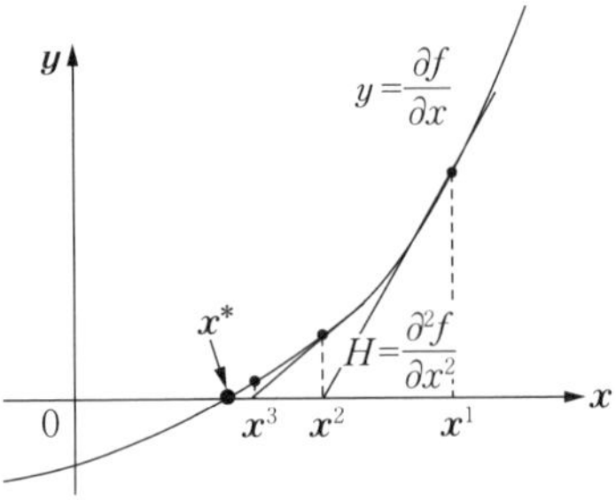

図 4.11　ニュートン・ラフソン法の求解原理図

〔2〕　**制約条件付きの最適化手法**

（a）　**コンプレックス法**　　M. J. Box は，制約条件を満たす領域は凸であり，少なくとも1個の実行可能な点があると仮定した上で，不等式制約条件

$$x_i^L \leqq x_i \leqq x_i^U \qquad (i=1,2,\cdots,n) \tag{4.101}$$

$$G_j \leqq g_j(\boldsymbol{x}) \leqq H_j \qquad (j=1,2,\cdots,m) \tag{4.102}$$

の下での最適化問題に対して，シンプレックス法を拡張した**コンプレックス法**[23]と呼ばれる方法を提案している。ここで x_i^L と G_j は下限値で，x_i^U と H_j は上限値である。

シンプレックス法が $(n+1)$ 個の頂点を使うのに対して，この方法は，それ以上の k 個，$(k>n+1)$ の頂点を持つ**コンプレックス**（complex）を用いる。これは $k=n+1$ 個の頂点だけでは特に制約条件の境界近傍の実行可能領

域において，頂点が境界に平行な超平面上に広がりやすくなる。このため制約条件が重なると頂点が動けなくなり，その部分空間から抜け出せなくなる傾向があるためである。

コンプレックス法で用いる基本的な操作は，$\boldsymbol{x}^h$ を次式で定義される $\boldsymbol{x}^{or}$ に置き換える**過剰鏡像**（over-reflection）である。2次元の場合の例を $k=4$ として**図 4.12** に示す。

$$\boldsymbol{x}^{or}=(1+\alpha)\boldsymbol{x}^0-\alpha\boldsymbol{x}^h \tag{4.103}$$

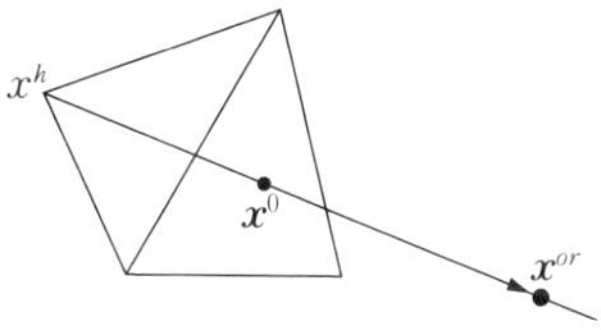

図 4.12 過剰鏡像の概念図

ここで，$\alpha(>1)$ は係数，$\boldsymbol{x}^h$ は最大の関数値を持つ頂点，$\boldsymbol{x}^0$ は残りの頂点の重心である。また経験的に $k=2n$，$\alpha=1.3$ を用いるのがよいとされている。

コンプレックス法のアルゴリズムをつぎに示す。

ステップ1：実行可能な一つの点と，次式によって定められる（$k-1$）個の点から初期のコンプレックスを与える。

$$\boldsymbol{x}^i=\boldsymbol{x}^L+r_i(\boldsymbol{x}^U-\boldsymbol{x}^L) \qquad (i=1,\cdots,k-1) \tag{4.104}$$

ここで，r_i は［0，1］の一様乱数である。式（4.104）でつくった点が制約条件式（4.102）を満たさない場合はその点を，すでに条件を満たしている頂点との重心方向へ順次動かしていけば，最終的には実行可能な点が見い出せる。

ステップ2：過剰鏡像を行い新しいコンプレックスを作る。ただし，これによって求められた探索点が，最大（最悪）の関数値を与える場合は，残りの点の重心の方向への中間点まで移動し，これを新しい試行点とする。

ステップ3：過剰鏡像が陽な制約条件　式(4.101）を満足しないときは，境界の点に置き換える。一方，陰な制約条件　式(4.102）を満足しないときは，試行点を残りの点の重心の方向の中間点まで動かす。これをすべての制約条件を満たす点が見つかるまで繰り返す。

ステップ4：適当な停止条件が満足されたとき，例えば関数値の変化量が所定値以下となったら終了する。さもなくばステップ2へ戻る。

（b）　ペナルティ関数法　　ここでは以下に与えられる問題を取り上げる。

(p.4.16)　　$\min\ f(\boldsymbol{x})$ subject to $\boldsymbol{g}(\boldsymbol{x})\leqq\boldsymbol{0}$

一般的に，制約条件なしの問題の方が制約条件のある問題より求解は容易な

ため，何らかの方法で後者を前者に帰着させる試みがいろいろと提案されている。制約条件が簡単な場合には，単なる変数変換により制約条件を取り除くことができる。例えば，$|x|\leqq 1$ を $x=\cos\theta$，$x\geqq 0$ を $x=e^y$ のようにする例が挙げられる。しかし，このような変数変換法は一般的でないことに加え，変換の結果，元々の目的関数の形状の望ましい性質が失われることもある。

こうした取扱いをより一般に適用できるようにしたものがペナルティ関数法である。この方法では，制約条件式の一部（または全部）を目的関数に組み込み（普通は $f(\boldsymbol{x})$ に加える），$\boldsymbol{x}$ が条件を満たさないときには，それだけ目的関数の値が罰（penalty）として劣化するようにする。例えば，(p.4.16) では

$$\text{(p.4.17)}\qquad \min\ F(\boldsymbol{x},P)=f(\boldsymbol{x})+P\sum_{i=1}^{m}(\max[g_i(\boldsymbol{x}),0])^{\alpha}\quad (P>0,\ \alpha\geqq 1)$$

のような制約条件なし最小化問題で置き換える。このとき，$\boldsymbol{x}$ が制約条件を満たす限りは，$F(\boldsymbol{x},P)=f(\boldsymbol{x})$ であり，上式の第 2 項の影響をまったく受けない。一方，これを満足しないときは，$F(\boldsymbol{x},P)>f(\boldsymbol{x})$ となり，第 2 項によって目的関数の劣化が生じる。ある仮定の下で，P を適当な数列 $\{P_j\}$，$P_j\to\infty$ として与えることで原問題の解を漸近的に求めることができる。このような方法は，制約条件の境界の外部から最小点に近づいていくため**外点法**（exterior point method）と呼ばれる。

一方，反対に内部から近づいていく解法は，**内点法**（interior point method）と呼ばれる。このうち Fiacco と McCormick の方法（SUMT）[24] が広く知られている。この方法では，ペナルティを含む目的関数を

$$F(\boldsymbol{x},P)=f(\boldsymbol{x})-P\sum_{i=1}^{m}\frac{1}{g_i(\boldsymbol{x})}\qquad (P>0) \tag{4.105}$$

で与える。$\boldsymbol{x}$ が（内部より）境界に近づくにつれて，大きな正の値が $f(\boldsymbol{x})$ の値に付加されるため，式 (4.105) の P を数列 $\{P_j\}$，$P_j\to 0$ で与える。$F(\boldsymbol{x},P_j)$ の最小点を，$\boldsymbol{x}^*(P_j)$ とすると，適当な仮定の下で

$$\lim_{P_j\to 0} P_j\sum_{i=1}^{m}\frac{1}{g_i(\boldsymbol{x}^*(P_j))}=0,\quad \lim_{P_j\to 0} F(\boldsymbol{x}^*(P_j),P_j)=f(\boldsymbol{x}^*)$$

が成り立つ。

（c） 逐次2次計画法（sequential quadratic programming，略してSQP）

非線形計画問題に対する最初の実用的なアルゴリズムであるペナルティ関数法は，最適解近傍で数値的に不安定となることが指摘されている。また，P. Wolfeによる**縮小勾配法**（reduced gradient method）に基づいて開発された，**一般縮小勾配法**（generalized reduced gradient method）[25] も等号制約と上下限の不等号制約を持つ問題に対して適用が限定されている。これに対してSQPは，一般的に適用可能である。

SQPのアルゴリズムは，毎回の反復で原問題を現在の探索点で2次近似した部分問題を逐次解きながら，最適解に至る点列を生成する解法である。より具体的に述べれば，制約のある問題に対するKKT条件（［定理4.11］参照）を連立非線形方程式とみなし，この方程式を準ニュートン法で解くことにより最適解を求めようとする手法といえる。このため収束の速さに定評があり，現在のところ最も有力な解法の一つとみなされている。その基本的な考え方とアルゴリズムを以下の最適化問題に対して述べる。

(p.4.18)

$$\min f(\boldsymbol{x}) \text{ subject to } \begin{cases} \boldsymbol{g}(\boldsymbol{x}) \leqq \boldsymbol{0} \\ \boldsymbol{h}(\boldsymbol{x}) = \boldsymbol{0} \\ \boldsymbol{x} \geqq \boldsymbol{0} \end{cases}$$

(p.4.18) に対するLagrange関数は

$$L(\boldsymbol{x}, \boldsymbol{\lambda}, \boldsymbol{\mu}) = f(\boldsymbol{x}) + \boldsymbol{\lambda}^T \boldsymbol{g}(\boldsymbol{x}) + \boldsymbol{\mu}^T \boldsymbol{h}(\boldsymbol{x}) \tag{4.106}$$

となり，この最適性の必要条件を与えるKKT条件は次式のようになる。

$$\nabla_x L(\boldsymbol{x}, \boldsymbol{\lambda}, \boldsymbol{\mu}) = \nabla f(\boldsymbol{x}) + \boldsymbol{\lambda}^T \left(\frac{\partial \boldsymbol{g}}{\partial \boldsymbol{x}} \right) + \boldsymbol{\mu}^T \left(\frac{\partial \boldsymbol{h}}{\partial \boldsymbol{x}} \right) = \boldsymbol{0}^T \tag{4.107}$$

$$\boldsymbol{g}(\boldsymbol{x}) \leqq \boldsymbol{0} \tag{4.108}$$

$$\boldsymbol{h}(\boldsymbol{x}) = \boldsymbol{0} \tag{4.109}$$

$$\lambda_i g_i(\boldsymbol{x}) = 0, \quad \text{for } \forall i \tag{4.110}$$

$$\boldsymbol{\lambda} \geqq \boldsymbol{0} \tag{4.111}$$

このとき，最適解 $\boldsymbol{x}^*$ に対応するLagrange乗数 $\boldsymbol{\lambda}^*$，$\boldsymbol{\mu}^*$ が存在するとき，

この条件の等式部分の連立非線形方程式から（$\boldsymbol{x}^*, \boldsymbol{\lambda}^*, \boldsymbol{\mu}^*$）を求める。これにニュートン法を適用しようとするときに必要となるヘッセ行列 $\nabla^2{}_{xx}L(\boldsymbol{x}, \boldsymbol{\lambda}, \boldsymbol{\mu})$ の計算には多大な労力がかかる。そこである $\boldsymbol{x}^i$ 近傍で，目的関数を 2 次近似(定数項は省略)，制約式を線形近似して得られるつぎの補助問題を利用する。

$$\text{(p.4.19)} \qquad \min \ \nabla f(\boldsymbol{x})\boldsymbol{d} + \frac{1}{2}\boldsymbol{d}^T \nabla^2 f(\boldsymbol{x})\boldsymbol{d} \ \text{ subject to } \begin{cases} \boldsymbol{g}(\boldsymbol{x}) + \left(\dfrac{\partial \boldsymbol{g}}{\partial \boldsymbol{x}}\right)\boldsymbol{d} \leqq \boldsymbol{0} \\ \boldsymbol{h}(\boldsymbol{x}) + \left(\dfrac{\partial \boldsymbol{h}}{\partial \boldsymbol{x}}\right)\boldsymbol{d} = \boldsymbol{0} \end{cases}$$

ここで，$\nabla^2 f(\boldsymbol{x})$ は，$\nabla^2{}_{xx}L(\boldsymbol{x}, \boldsymbol{\lambda}, \boldsymbol{\mu})$ の近似にほかならず，これを行列 $\boldsymbol{B}$ で表すことにして，この更新式を **BFGS**（Broyden-Fletcher-Goldfarb-Shanno）**の公式**よりつぎのように求める。

$$\boldsymbol{B}^{i+1} = \boldsymbol{B}^i + \frac{\boldsymbol{q}^i(\boldsymbol{q}^i)^T}{(\boldsymbol{q}^i)^T\boldsymbol{p}^i} - \frac{\boldsymbol{B}^i\boldsymbol{p}^i(\boldsymbol{p}^i)^T\boldsymbol{B}^i}{(\boldsymbol{p}^i)^T\boldsymbol{B}^i\boldsymbol{p}^i} \qquad (i=1,2,\cdots) \tag{4.112}$$

ここで，i は繰返し数を表す。また

$$\boldsymbol{p}^i = \boldsymbol{x}^{i+1} - \boldsymbol{x}^i \tag{4.113}$$

$$(\boldsymbol{q}^i)^T = \nabla_x L(\boldsymbol{x}^{i+1}, \boldsymbol{\lambda}^i, \boldsymbol{\mu}^i) - \nabla_x L(\boldsymbol{x}^i, \boldsymbol{\lambda}^i, \boldsymbol{\mu}^i) \tag{4.114}$$

である。SQP のアルゴリズムの概要を以下にまとめる。

ステップ 1：初期点 $\boldsymbol{x}^i$ および $\boldsymbol{B}^i$ を与える。反復回数 $i=1$ とする。なお，初期の $\boldsymbol{B}^i$ には単位行列 $\boldsymbol{I}$ を用いる。

ステップ 2：QP となる補助問題（p.4.19）を解き，探索方向 $\boldsymbol{d}^i$ とそれに対する Lagrange 乗数を求める。

ステップ 3：$(\boldsymbol{x}^i, \boldsymbol{\lambda}^i, \boldsymbol{\mu}^i)$ が元の問題に対する KKT 条件を満たしていれば停止する。

ステップ 4：$\boldsymbol{x}^{i+1} = \boldsymbol{x}^i + t^i\boldsymbol{d}^i$ とする。ここで，t^i は新しい探索点が制約条件を破らないという条件下での最大ステップ幅を表す。

ステップ 5：行列 $\boldsymbol{B}^i$ を式（4.112）により更新して $\boldsymbol{B}^{i+1}$ を得る。$i := i+1$ としてステップ 2 へ戻る。

ところで，線形計画問題において成功を収めた内点法は，半正定値計画問題，非線形計画問題へと応用の範囲を広げた拡張が試みられている。そして現在は，最適性の必要条件である KKT 条件をニュートン法により主双対空間で解くという主双対内点法[26)]が主流となっている。SQP と内点法を比較すると，大規模な問題に対しては内点法が優れているが，中規模以下の問題に対してはほぼ同程度の性能を有するといわれている。

4.4 離散的最適化問題

離散的な値しか選択できないという制約が決定量に加わった下での数理計画は，一般に**離散的最適化**（discrete optimization）と呼ばれる。また，決定変数や制約条件が持つ組合せ的特徴を強調する場合には，**組合せ最適化問題**(combinatorial optimization problem)と呼ばれる。以下に例示するように，こうした整数条件を導入することによって，応用上有用な多くの問題を定式化できる。しかし求解は，線形システムに対しても特別な場合を除いて一般に容易ではなく，整数変数の数の増大とともに，いわゆる「組合せの爆発」や「次元ののろい」と称される難題（NPハード/完全性）に遭遇する。このため，応用に際してはこの点を念頭に置いた定式化や取扱いが必要となる。例えば，後述の最適構成問題において機械的に組み上げられた超構造からすぐに最適化を始めるのではなく，経験則やプロセスに固有な工学的判断によって，事前に明らかに冗長な選択枝を省略する（スクリーニング）手続きを踏むことは重要である。常識から遠く離れたところに最適点がある場合にはこれを見過ごす危険性はあるが，効果的なスクリーニングは，問題構造の特殊性を利用した近似解法とともに実用上の有用な手段である[27)]。なお，整数計画問題の数学的な面での解説は他の成書[28)~30)]を参考にされたい。

4.4.1 図 解 法

［例 4.1］の生産計画問題を再び取り上げて，先とは異なる状況の下での問題を考えてみる。

【例 4.5】 量子化：製品 A，B の生産量が 5 kg 単位でしか決められない場合に［例 4.1］を解け。

解 A，B をそれぞれ何単位ずつ生産するかを表す変数を y_1，y_2 とすれば，先の問題は，つぎの整数線形計画法（ILP）により定式化できる。

$$\text{(p.4.20)}\quad \max\ z=35y_1+60y_2\quad \text{subject to}\ \begin{cases} 9y_1+4y_2\leqq 72 \\ 4y_1+5y_2\leqq 40 \\ 3y_1+10y_2\leqq 60 \\ y_1, y_2：\text{非負整数} \end{cases}$$

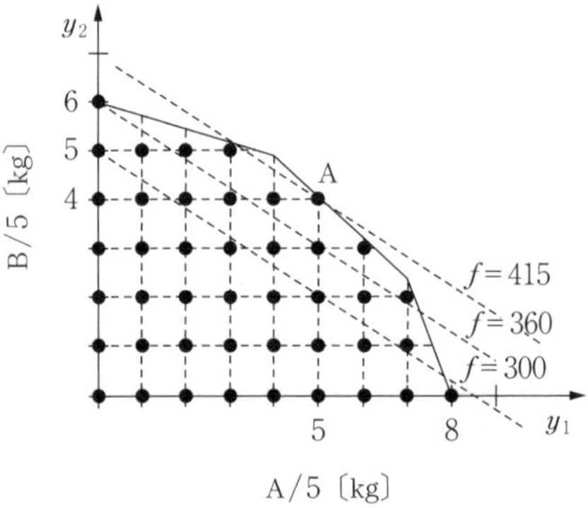

図 4.13　量子化後の実行可能領域

ここでの実行可能領域は，**図 4.13** 中の格子点となる。図中に目的関数値，z の値の等高線を重ねて図示してみると，点 A（$y_1=5$，$y_2=4$，$z=415$）で最適となることがわかる。先の LP の最適解（$y_1=20$，$y_2=24$ をそれぞれ 5 kg 単位で表した値，$y_1=4$，$y_2=4.8$）を単純に整数値に丸めた（$y_1=4$，$y_2=5$）が，ここでの解とはならないことに注意してほしい。

【例 4.6】　OR 制約式：[例 4.1] でエネルギー源として重油か電力のいずれか一方しか利用できないときの最適解を求めよ。ただし，製品，A，B を製造するのに重油を使用する場合には製品 1 kg 当りそれぞれ 4，5 kl 必要であり，電力の場合にはそれぞれ 9，4〔kW･h〕必要とする。

解　労力に関する制約は先と同じとする。このときの制約条件は

$$4x_1+5x_2\leqq 200\ \text{or}\ 9x_1+4x_2\leqq 360 \tag{4.115}$$

$$3x_1+10x_2\leqq 300 \tag{4.116}$$

と表現できる。正の大数 M と 0-1 変数 y を用いて，式 (4.115) は，以下の式と等価となる。

$$4x_1+5x_2\leqq 200+My \tag{4.117}$$

$$9x_1+4x_2\leqq 360+M(1-y) \tag{4.118}$$

$$y\in\{0,\ 1\}$$

したがって，ここでの定式化においては，実数変数 x_1，x_2 と，0-1 変数 y が同時に現れる混合 0-1 線形計画問題となる。

いまの場合，変数 y が取り得る値を列挙してみれば，$y=0$ と

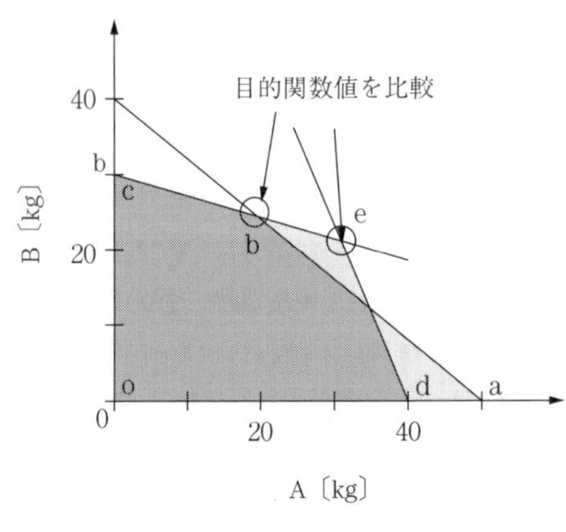

図 4.14　OR 制約式の実行可能領域

$y=1$ の 2 通りとなる。そして実行可能領域は，$y=0$ の場合，**図 4.14** で，四辺形 oabc によって囲まれる領域内，$y=1$ の場合には，四辺形 odec で囲まれる領域内となる。それぞれの場合の最適点 b，e における目的関数値を比較すれば，点 e が最適解を与えることがわかる。すなわち，電力をエネルギー源として，A，B をそれぞれ 400/13，270/13 kg 生産するのが最適となる。

こうした図解法は LP の場合と同様，特別な場合にのみに有効であり，別途，一般的な解法が必要となる。また，このように全列挙することも極小規模問題においてのみ可能である。

4.4.2 分枝限定法による解法

IP は，一般的につぎのように表現される。

$$\text{(p.4.21)}\qquad \min z=f(\boldsymbol{y}) \ \text{subject to} \begin{cases} \boldsymbol{g}(\boldsymbol{y}) \leqq \boldsymbol{0} \\ \boldsymbol{h}(\boldsymbol{y}) = \boldsymbol{0} \\ \boldsymbol{y}：\text{非負整数} \end{cases}$$

(p.4.21) から $\boldsymbol{y}$ に関する整数条件のみを取り除いた問題を，**(連続) 緩和問題**と呼ぶ。緩和問題は，関数，f，$\boldsymbol{g}$，$\boldsymbol{h}$ が $\boldsymbol{y}$ について非線形であれば，NLP となり，線形のときには LP となる。元の問題（原問題）と緩和問題の間には以下の特性が成立する。

（1） 緩和問題が実行可能解を持たないとき，原問題にも解は存在しない。

（2） 緩和問題の最適解が整数条件を満たすときには，原問題の最適解でもある。

（3） 緩和問題の最適目的関数値は，原問題の**下界値**（lower bound）を与える（緩和問題と原問題の最適目的関数値をそれぞれ z_r，z^* とすれば，$z_r \leqq z^*$ である）。

ところで原問題を直接解くことが困難な場合に，問題を互いに共通部分を持たない子問題に分割し，子問題を実質的にすべて解くことによって，等価的に元の問題を解こうとする考え方がある。こうした細分化をさらに細分化された問題に適用していくことによって，個々の子問題の取扱いは簡単にできる。しかし反面，非常に多くの子問題を解く必要が生じるため，こうした考え方が真に有効であるためには，細分化された子問題のごく一部だけを解くことで，元の問題の最適解が得られることが必要となる。

分枝限定法（branch and bound method，略して B&B 法）は，ある子問題から本来の最適解が得られる可能性がある場合に限ってのみ細分化をさらに進め（branch），可能性がまったくなくなった場合には対象外に置く（bound）ことによって，実質的にすべての場合を尽くそうとするものである。したがって，細分化を停止できるための効果的な条件をいかに早く見い出せるかが，この方法の有効性にとっての重要なポイントとなる。

B&B 法は，組合せ最適化問題の一般的な解法であるが，特に，整数計画法などの離散的最適化問題に，上述の緩和問題の関係性，中でも特性（3）を利用することによって，現在のところ最も有効な解法を与えるものと考えられている。

【例 4.7】［例 4.5］の問題の B&B 法による解決手順を示せ。

解　ここでの連続緩和問題は LP となり（**LP 緩和問題**と呼ばれる），この求解は容易である。もしこのときの解が整数解であれば，先の緩和問題の特性（2）よりこれを最適解にできる。しかし，一般的にはそうならないので，LP 緩和問題の解を頂上の**節**（node）とする。そして，非整数である y_2 に着目して，これに条件 $y_2 \leqq 4$，$y_2 \geqq 5$ をそれぞれ加えた子問題（部分問題とも呼ばれる）を新しい節とする列挙木を生成する。（**図 4.15** 参照）

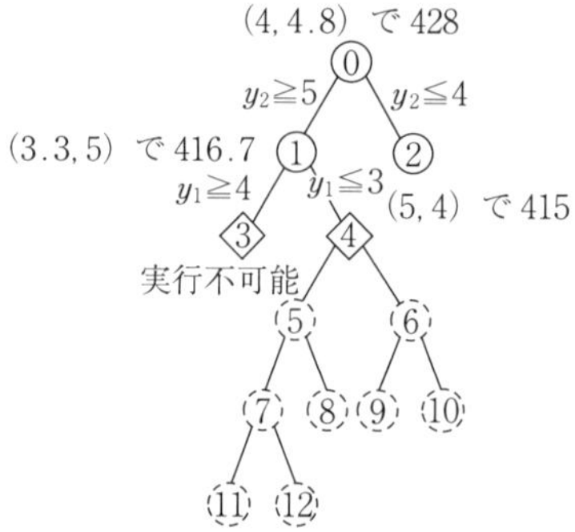

図 4.15　分枝限定法の探索過程

すると，$y_2 \leqq 4$ を条件とする子問題の方から，$y_1 = 5$，$y_2 = 4$ という整数条件を満たす解（$z = 415$）が得られる。しかし，$y_2 \geqq 5$ を条件とする子問題の最適な目的関数値（$z = 416.7$）の方がまだ大きいので，ただちにこれを最適解とすることはできない。とりあえず解の候補（**暫定解**と呼ばれる）として保存しておきつぎに進む。また，明らかにこの節以降の細分化も不用である。

一方，$y_2 \geqq 5$ を条件とする節は非整数である y_1 に着目して，さらに $y_1 \geqq 4$ および $y_1 \leqq 3$ を条件とする子問題に分割して，それぞれを求解する。このとき，前者には実行可能解が存在しないので以降の探索は停止できる。また，後者の場合にも目的関数値が先の暫定解のもの（暫定値）以下となったので，以降の子問題から最適解が得られる可能性はまったくない。以上より，② 以外の末端節の ◇3，◇4 は停止節となるので，② での解（5,4）がここでの最適解であると結論される。

前ページの例での結果のように

- 実行可能解が見つかった（暫定解より良い場合は，暫定解の置き換えをする）
- 実行不可能になった
- 目的関数値が暫定値より悪くなった

に対応する子問題の分割は不必要となる（**分枝停止**と呼ぶ）。そして，列挙木のそれぞれの末端の節のすべてが分枝停止となった時点での暫定解を最適解とすることができる。もしこのときまでに暫定解が求まっていない場合には，先の特性（1）より，原問題には解は存在しないことになる。

ところでもし，節 ④ が暫定解よりまだ大きな目的関数値を持つとすれば，さらに破線で示すような分枝が続けられていく。これらの生成された子問題のうち，暫定解よりすぐれた実行可能解が得られる可能性があるにもかかわらず未分枝の節は，**活性**と呼ばれる。このとき，つぎの探索をどの活性な節に選ぶかという考え方として，**奥行優先則**（depth-first rule）と，**広がり優先則**（breadth-first rule）とが代表的なものとして知られている。

前者は最も新しく生成された節につぎの探索を移すもので，列挙木は下方へ延びる。早い段階で実行可能解が見つかる可能性と同時に，見込みのない探索を深くまで調べ続ける危険性を併せ持っている。また，途中の記憶量は少なくてすむという利点もある。

一方，後者は最良の下界値を持つ節を選ぶもので，**下界値優先則**とも呼ばれ，列挙木は横に広がる傾向を持つ。平均的な求解性能を持つ探索が期待できるが，途中，多くの活性な節が残るため，多くの記憶量が必要となる。

先の例で，それぞれ枝の条件を付加した子問題の下界値（評価関数値）が ⑤，⑥，⑦，⑧，⑨，⑩，⑪ の順に良いとすれば，⑤，⑦，⑪ と探索していくのが奥行優先則で，⑤，⑥，⑦，⑧，⑨，⑩ と探索していくのが広がり優先則に従うものである。実際のプログラムでは，これらの中間則あるいは折衷則がとられている。

また，ある節から分枝した両方の節がともに分枝停止となったときに，どの節まで**逆戻り**（back track）して探索を続けるかという判断にも上述の考え方が利用される。

さらに整数条件を満足しない変数は複数個存在するのが通常であるので，そのうちどの変数（分枝変数）に着目して，子問題を生成するかという問題が残る。この基本的考え方としては，探索の進行とともに目的関数値の劣化率を情報として蓄積していく。そして，これを情報源として劣化率を最も大きくすると予想される変数を選ぶようにすれば，できるだけ早く停止節にできる可能性を高め，探索を効率化することが期待できる。

こうした分枝節や分枝変数の選び方は，最適解が得られるまでに要する労力に多大な影響を与えるため，求解上の重要なポイントとなる。

4.4.3 応　用　例

本項では，PSE においてよく見られるその他の応用例のいくつかを示すことにする。

【例 4.8】 固定費用付き配置問題の定式化

計画段階での重要な問題の一つとして施設の立地計画がある。施設は製造プラントの場合もあるし，中間製品や最終製品の配送センタや倉庫の場合も考えられる。いずれにしろ，どの地点に施設を建設するのが最も経済的かについて検討するものである。ここでは**図 4.16** に示すような n か所の需要地に対して，m か所の供給施設の立地を考えた施設配置問題を考える。簡単のため，それぞれの立地点の施設の規模は与えられているものとする。また経済性を評価するため，年間経費を構成する建設費に対応する固定コストと変動費である輸送コストの和を考えることにする。以上の仮定の下で問題はつぎのような 0-1 混合線形計画問題として定式化することができる。

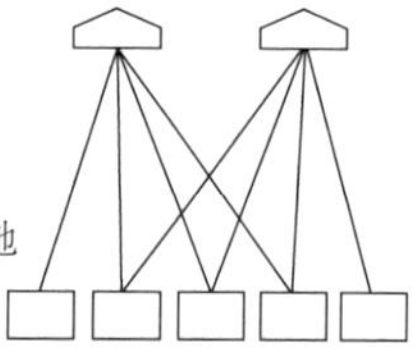

図 4.16　典型的な施設配置問題

$$\text{(p.4.22)} \qquad \min \sum_{i=1}^{m}\sum_{j=1}^{n} c_{ij}x_{ij} + \sum_{i=1}^{m} f_i y_i \ \text{ subject to } \begin{cases} \sum_{j=1} x_{ij} \leqq s_i y_i, & (i=1,\cdots,m) \\ \sum_{i=1} x_{ij} \leqq d_j, & (j=1,\cdots,n) \\ y_i \in \{0,1\}, & (i=1,\cdots,m) \end{cases}$$

ここで，x_{ij} は i 立地点から j 需要地への輸送量を，y_i は i 地点に立地する（$y_i=$

1）か，しない（$y_i=0$）かを表す 0-1 変数である。また，c_{ij} は i 地点から j 地点までの単位量当りの輸送コストを，f_i は i 地点での建設の固定コストを表す。さらに s_i は i 地点での立地規模を，d_j は j 地点の需要量を表すとする。したがって，1 番目の制約式は i 地点に建設したときの供給可能性を，2 番目は j 地点での需要が満足されるための条件式となる。

このような施設配置問題は，**固定費付き輸送問題**とも呼ばれ，整数条件を考えないときには，LP の中で特に効率的な解法の知られている輸送問題に帰着される。そしてこの特性を利用したラグランジュ緩和は，すでに述べた LP 緩和よりすぐれた下界値を与えられることが知られており，従来多くの研究が行われている。

また，このような基本的な施設配置問題を拡張して，種々の現実的条件を考慮したロジスティックス最適化問題としての取組みも行われている[31)~35)]。そこでは大規模問題に対して，メタ解法とグラフアルゴリズムのハイブリッド化を通じた解法の効果的な適用ときわめて高い求解効率の実現に成功している。

【例 4.9】　規模の経済性を考慮した固定費用付き問題

一般に装置や施設の建設コストは，いわゆる規模の経済性によって**図 4.17** に破線で示すような関係にあると考えられる。そこで，これを実線で示す直線のように近似することによって，より現実に近い表現ができる。このとき，規模対コストの関係は

$$c_i = b_i y_i + a_i u_i \qquad (4.119)$$

$$\underline{U}_i y_i \leqq u_i \leqq \overline{U}_i y_i, \quad y_i \in \{0,\ 1\} \qquad (4.120)$$

によって等価的に表せる。ただし，ここで $\underline{U}_i$，$\overline{U}_i$ はそれぞれ最小，最大規模を表す。

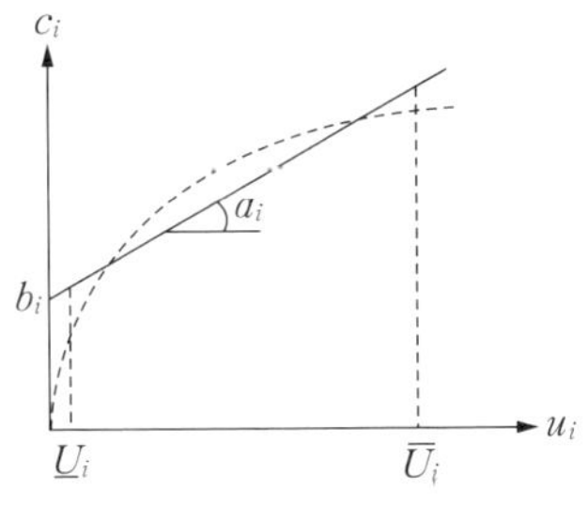

図 4.17　固定費用のモデル化の例

そして，先の施設配置問題の目的関数の第 2 項の $f_i y_i$ を c_i で，第 1 制約式の右辺 $s_i y_i$ を u_i で置き換え，これらの式を追加することによって，立地点の施設規模も考慮した問題を定式化できる。

与えられた構成の下で，プロセス要素のみの最適設計を行うだけでなく，要素間の接続をも含めて最適化を行う問題は**最適構成問題**と呼ばれる。所期の目標を達成するためにどのような要素を使用するかや，要素間の接続についての

組合せによって，一般には非常に多くの場合の数が考えられる。したがって，それぞれの構成についての最適化の結果の中で最良のものを選ぶという考え方は実際的とはいえない。

そこで考えられるすべての可能性を埋め込んで一つの構造として表現した**超構造**（super structure）と呼ばれる構成をまず考える。そしてある要素を使用するか，しないか，それぞれの要素間を接続するか，しないかを0-1変数を用いて表現した最適化問題に帰着させるものである。

【例 4.10】　超構造表現を用いたプロセス合成問題の定式化

図 4.18（a）に示すような三つの異なるフローシートから切り出したa-b間の接続の可能性は，図（b）に示す超構造によって統合的に表現できる。一方，各要素のサイズや温度や圧力などの運転条件を表す決定変数は通常連続変数となる。またプロセスの熱や物質の収支式，さらには設計仕様や物理的条件は，一般にこれらの非線形関数で与えられるので，けっきょく，MIPによって最適構成問題の一つの定式化が可能となる[36),37)]。

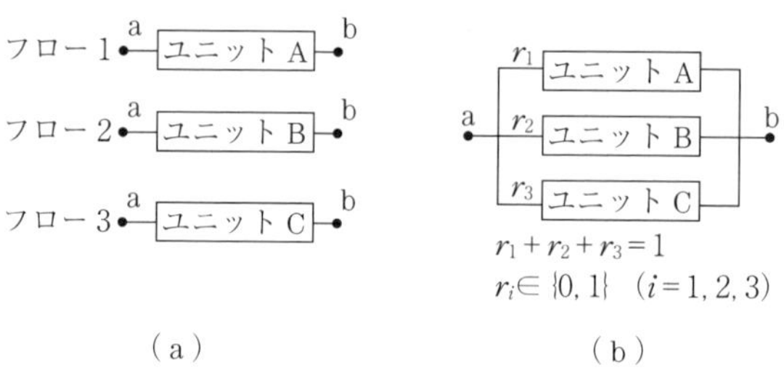

図 4.18　超構造への変換図

4.5　メタヒューリスティック最適化手法

本節では，メタヒューリスティック（メタ解法）として知られている新しい最適化手法のいくつかを紹介する。メタ解法とは，自然界での物理現象や生態学的挙動の合理性をヒントに，発見的なアイデアを活用した大局的（全体的）最適化のための確率的変動を伴う直接探索法の一種といえる。その一般的アルゴリズムは，**図 4.19** に示すように表現できる。現在の解（**暫定解**：tentative solution）に動揺を与え，その近傍に**候補解**（candidate solution）を生成して暫定解と比較する。候補解が暫定解より優れていたとき（最小化問題の場合，下りの移動）だけではなく，劣っていたとき（上りの移動）も，ある確率

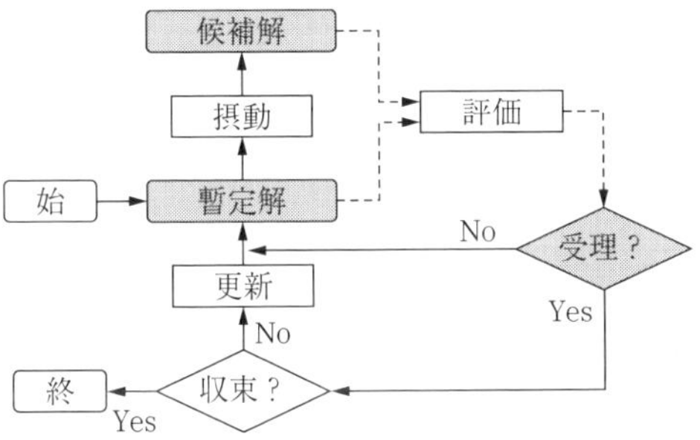

図 4.19 メタ解法の一般的流れ

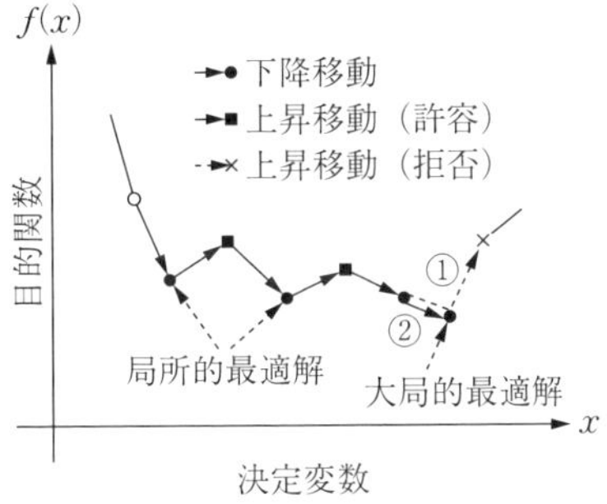

図 4.20 メタ解法の大局最適化原理

で新しい暫定解になることができる。このように時折，劣った（上りの）候補を受け入れることによって，局所的な最適状態から抜け出し，**図 4.20** に示すように大局的な最適解に至ることが期待される。

したがって，どのように候補解を選び，それをどのように更新して暫定解を得るのかという戦略性によってアルゴリズムは特徴付けられる。また，メタ解法は近年の産業応用上でよく現れる組合せ最適化問題に対しても有効であることが知られている。これらの有益な特性やコンピュータのハードウェアとソフトウェアの両者の著しい発展によって，PSE 分野において従来困難であった問題解決に広く応用されてきている。以下では，つぎに示すような一般的な最適化問題を取り上げて代表的なメタ解法について解説する。

$$\text{(p.4.23)} \qquad \max\ f(\boldsymbol{x}) \ \text{subject to} \begin{cases} \boldsymbol{g}(\boldsymbol{x}) \leqq \boldsymbol{0} \\ \boldsymbol{h}(\boldsymbol{x}) = \boldsymbol{0} \end{cases}$$

しかし，各手法とも直接的に制約条件を処理できないため，一般的にはペナルティ関数法を用いて，上の制約条件付き問題をつぎの制約条件なし問題に変換した上で適用される。

$$F(\boldsymbol{x}, P) = f(\boldsymbol{x}) - P\{\sum_i \max[g_i(\boldsymbol{x}), 0] + \sum_i h_i^2(\boldsymbol{x})\} \qquad (4.121)$$

ここで P は，ペナルティ係数で正の大数とする。

4.5.1 遺伝的アルゴリズム（GA）

自然界では生物は優れた親の性質を遺伝として子に伝えることによって，長い進化の歴史の中で予測不可能な環境変化に適応して生き延びてきた。**遺伝的アルゴリズム**（genetic algorithm，略して GA）はこうした生物の進化と遺伝のメカニズムを模擬した人工的な適応過程を説明するモデルである。ここでは，Holland ら[38]によって提唱された GA により最適化アルゴリズムを構成する手順を，遺伝のメカニズムと最適化アルゴリズムで用いられる用語を対比しながら示す。より一般的な説明は他の成書[39)~42)]を参照されたい。なお，表記の簡単化のため，以下では決定変数 x はスカラとする。

〔1〕 **遺伝子表現と適応度**

生物界の各個体は，固有の染色体を持ち，染色体は遺伝子の配列で構成されている。そこで，最適化問題を GA で解くには，決定変数 x を染色体に対応させて，次式のような記号列で表す。

$$x : A_1A_2\cdots A_i\cdots A_n \tag{4.122}$$

ここで，記号 A_i は遺伝子に対応し，遺伝子が置かれている位置を**遺伝子座**，各遺伝子が取り得る値を**対立遺伝子**と呼ぶ。その値は，0 または 1 のバイナリー数，整数，適当な記号，あるいは実数値でもよく，問題に応じて定義される（コーディング）。また，式（4.122）のような記号列の表現を**遺伝子型**と呼ぶ。これに対して，その遺伝子によって定まる個体の性質を**表現型**と呼び，最適化の場合，決定変数 x 自体がこれに当たる（デコーディング）。

自然界における生物の進化過程では，ある世代を形成している個体群の中で，環境への適応度（fitness）の高い個体が多く生き残るように淘汰（とうた）・選択（selection - reproduction）される。また，交さ（crossover）や突然変異（mutation）が生じて，つぎの世代が形成される。世代は最適化問題を解く繰返し過程に対応させることができる。まず，解の候補を複数個選んでおき，第 t 回目の繰返し計算における解集合 $P_{op}(t)$ を次式のように構成する。

$$P_{op}(t)=\{x(1,t),x(2,t),\cdots,x(N_p,t)\} \tag{4.123}$$

ここで，N_p は個体群のサイズを表し，$x(i,t)\,(i=1,2,\cdots,N_p)$ は遺伝子型で表現されているとする。以下，表記の簡単化のため，特に世代を意識する必要がない限り，$x(i,t)$ を x_i と表す。

適応度は個体の環境への適性を表し，適性が高いものの方がよく生き残る。最適化では，適応度は直接的に目的関数に対応させることができるが，つねに正の値となるように目的関数値 $f(x)$ を適当に変換して定義される。

〔2〕 **適応度のスケーリング**

個体 x_i に対する適応度を F_i と書くとき，この値をそのまま用いるよりは，何らかの変換を行って適応度の差異を適切に拡大あるいは縮小させる方がより効果的となるような状況がある。このような考えに基づいた適応度の**スケーリング**（scaling 法）が提案されてきている。いくつかを以下に示す。

線形スケーリング（linear scaling）は，i 個体の適応度 F_i を

$$F_i'=aF_i+b \tag{4.124}$$

により，線形変換するという最も一般的な方法である。また**シグマ切断**（sigma truncation）は

$$F_i'=F_i-(\overline{F}-c\sigma) \tag{4.125}$$

と定義される。ここで $\overline{F}$，σ はそれぞれ個体群の適応度の平均値と標準偏差を，また c は 1～3 の定数を表す。これに対して**べき乗スケーリング**（power law scaling）では次式のように変換される。

$$F_i'=(F_i)^k \qquad (k>1) \tag{4.126}$$

〔3〕 **遺　伝　演　算**

N_p 個の解の集合である個体群は，淘汰・選択，交さおよび突然変異という操作を受けて，次世代の個体群を生み出す。この操作を**遺伝演算**と呼び，以下のような規則が知られている。

（a） **淘汰・選択の規則**　「適応度の高い個体が次世代に子孫を多く残す」という自然淘汰の考えが最適化に利用できるのは，「良い解の近くにはもっと良い解が存在する」こと（スキマータ仮説）を想定している。その淘汰・選択の規則として，つぎのようなものがある。

1） **ルーレット方式**　個体群の適応度の総計 $F_T=\sum_{k=1}^{N_p}F_k$ を求めて，総計に対する各個体の適応度 F_i の割合を選択確率 $p_i=F_i/F_T$ として選択するとい

う考えに基づいている。これには以下の2通りの考え方がある。

i）　適応度比例選択　（0,1）の一様乱数 rand(　) を発生させ，$\sum_{i=1}^{k} F_i \geq$ rand(　)F_T となるような最小の k を求めて，k 番目の個体を次世代に生き残る個体とする。この手順を生き残る個体数が N_p となるまで繰り返す。

ii）　期待値選択　適応度比例選択では，個体数が十分に多くないと乱数の揺らぎによって適応度を正確に反映しない淘汰・選択がなされる可能性がある。このような問題点に対処するために，**期待値選択**（expected-value selection）では，個体 x_i の選択確率 p_i に対する期待値として選択する。すなわち，次世代に淘汰される個体数を N_D とするとき，個体 x_i は［$p_i N_D$］だけ増殖することになる。ここで［•］はガウス記号である（**図4.21** 参照）。

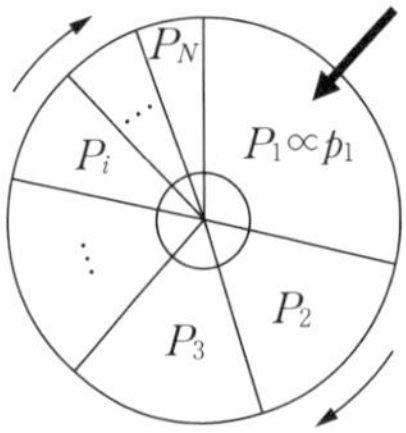

$$p_i = f(x_i) \Big/ \sum_{j=1}^{N_p} f(x_j)$$

図4.21　ルーレット選択法の概念図

このようなルーレット選択によれば，適応度の高い個体ほど次世代に選ばれる可能性が大きく，しかも適応度の低い個体でも次世代の個体として選ばれる可能性が残されている。このことにより，個体群の多様性を維持し，局所的な最適解に陥るのを防ぐことが期待できる。また原理も平明なため，GA の基本操作としてよく用いられる。

2）　ランキング方式　ルーレット選択では適応度の値そのものにより再生される個体が定められる。これは一見合理的に思われるが，必ずしもうまくいかない場合がある。例えば適応度の非常に高い個体が含まれるような場合，その個体だけが増殖したり，逆にほとんど適応度に差がないと，いつまでたってもよい個体が増えないといったりした問題が起こることがある。

ランキング選択（ranking selection）は，数値よりもその順序を重視する。まず適応度に基づいて，各個体を第1位から最下位までランクづけする。そして各個体のランク i（i=1,2,…）順にあらかじめ選択確率を定めておき，それに基づいて個体の選択を行うもので，バランスよく再生を行うことが期待できる。

なお，線形ランキング選択では，第 i ランクの個体を，選択確率 $p_i=a+b(i-1)$ で，非線形ランキング選択では，$p_i=c(1-c)^{i-1}$ で選択する。ここで，a，b，c は適当な値のパラメータを表す。

3） トーナメント選択　**トーナメント選択**（tournament selection）は，個体群の中から定められた個数の個体をランダムに選択して，その中で最も適応度の高い個体を（トーナメント方式で）次世代に残す。この手続きを，次世代に残したい数の個体が選択されるまで繰り返すというものである。

4） エリート選択　確率に従って個体を淘汰・選択して交さや突然変異を行う場合には，非常に良い個体が現れてもすぐに消滅してしまうことがある。このことは確率的な操作をする以上やむを得ないことであり，また局所解に陥ることを避けることにもつながるが，現実的な回数で良い解を得たい場合には好ましくない。そこで，個体群の中で最も適応度の高い個体は無条件でそのまま次世代に残すという方法を**エリート選択**（elitism）と呼ぶ。この方法を採用すれば，その時点での最良の個体は，交さや突然変異により破壊されることはないという利点がある。しかし，エリート個体の遺伝子が個体群の中に急速に広がる可能性が高まるので，局所的な解に陥る（初期収束）危険も含んでいる。したがって，エリート選択は，他の選択手法と組み合わせて使用されることが多い。なお，このようなエリート保存選択を用いた場合には，個体群の中の適応度の最大値は単調増加することは明らかである。

（b） 交さの規則　交さは，GA において最も重要な役割を果たす演算子である。個体群よりランダムにペア（親）を作り，個体間での染色体の組換えにより新しい個体（子）を生成する。したがって，交さでは，どのようにして親を選択するのか，選択した親をどのように交ささせるのか，交さにより生成された子をどのようにして個体群の中に組み入れるのかという，三つの点がポイントとなる。

交さの規則には，個体の表現の仕方に依存していくつかの提案がある。対立遺伝子が {0,1} のとき（バイナリーコード化）を例としていくつかの方法を以下に示す。

1）　一点交さ（one-point crossover）　染色体上でランダムに切れ目を一つ選び，切れ目の右側の部分列を入れ換える。

親1：01001|101　→　子1：01001|110
親2：01100|110　　　子2：01100|101
　　　　切れ目

2）　多点交さ（multi-point crossover）　染色体上で複数個ランダムに切れ目を入れて交さを行う。以下は二点交さの例である。

親1：010|011|01　→　子1：010|001|01
親2：011|001|10　　　子2：011|011|10

3）　一様交さ（uniform crossover）　まず $\{0,1\}$ を等確率で発生させたマスクパターンを作る。そしてこのマスクパターン上の1の遺伝子座には親1の形質を，0の遺伝子座には親2の形質を受け継ぐ子1と，その逆の受け継ぎ方をする子2を作る。例えば，マスクパターンを01101101とすると，以下のようになる。

親1：01001101　→　子1：01001111
親2：01100110　　　子2：01100100

このような交さのアルゴリズムは，以下のように与えられる。

ステップ1：$k=1$ とする。N_p 個の個体から成る個体群の中からランダムに二つの個体（親）を取り出す。

ステップ2：親の個体間で適当な方法で交さを行い，生成された新しい二つの個体（子）を元の個体群に戻す。

ステップ3：$k>[P_cN_p]$ ならば終了する。そうでなければ，$k:=k+1$ として，ステップ1へ戻る。ここで，P_c は**交さ率**（crossover rate）と呼ばれる割合を表す。

（c）　突然変異の規則　生物における遺伝子の突然変異は，放射線や化学物質などの作用によってDNAの鎖が切れたりDNAに傷がついたりしたとき，その修復の誤りにより塩基配列に乱れが生じる現象をいう。これに対して，GAでの突然変異は，各個体に対して定められた確率 P_m でランダムに選ばれた遺伝子座の遺伝子を他の対立遺伝子に置き換えることによって行われる。交さでは，親に依存する限られた範囲の子孫しか生まれないのに対して，突然変異はこれを補う役割を演じ，個体群の多様性を維持する働きをする。一例として，バイナリーコーディングにおいて第3遺伝子座が選ばれると以下のようになる。

01(1)01101 → 01(0)01101

突然変異としては，このほかにも転座，重複，逆位，挿入，欠失などの方法がある。

〔4〕 理論的背景と全体アルゴリズム

(a) ビルディングブロック仮説とグレイコード化

GAの有効性を理論的に検証できる唯一の考え方として**ビルディングブロック仮説**（building block hypothesis）がある。これは，最適解は適応度の高い解の部分が効率よく組み合わされて構成されていくという仮説である。潜在的に高い適応度を持つ染色体が形成されるためには，きわめて質が高くて（highly fit），短い遺伝子列（スキーマ）が抽出されて，再結合される必要がある。もしその結果，適応度がさらに高くなれば，さらにそこから高品質のスキーマを再抽出できる。また，こうした特定のスキーマを活用すること（ビルディングブロック）によって，解決手順の複雑さや非効率を低減できる。すなわち，遺伝子列のすべての組合せを一様に調べて全体を完成させる代わりに，過去の抽出で知り得た質の良い部品を優先的に組み合わせて使った方が，効率的に全体を形作ることができる。

したがって，この仮説が成立するには，表現型が近い個体は遺伝子型も類似していること，遺伝子座間での干渉が少ないこと，といった条件が求められる。このような要求に適合するという面から，グレイコード化（$g_{l-1}, g_{l-2}, \cdots, g_0$）はバイナリーコード化（$b_{l-1}, b_{l-2}, \cdots, b_0$）より有利である。例えば，4ビットのバイナリーコード化の7は0111と，8は1000と表される。一方，グレイコード化での7は0100と，8は1100となる。いま7の方が8より好ましいとするとき，グレイコードでは1回の突然変異だけで8を7に変えることができるが，同じことをするのにバイナリーコード化では4回連続の突然変異が必要となる。このようにグレイコード化では，連続した突然変異を適用することなしに遺伝子の変更を行うことができる（交さでも同様のことがいえる）。以下の式はこれらのコード化間の関係を表す。

$$g_k=\begin{cases} b_{l-1} & \text{if } k=l-1 \\ b_{k+1}\oplus b_k & \text{if } k\leqq l-2 \end{cases} \tag{4.127}$$

ここで，記号⊕は排他的論理和 XOR（表 3.2 参照）を表す。

（b） 実数コード化

実数変数のバイナリーコード化が法外に長くなるような場合，探索空間も莫大となるため，実数を直接的に扱う方が，より効率的でより高精度の求解が期待できる。このような実数コード化では，各実数変数は直接的に染色体上の遺伝子となる。このときの交さは，遺伝子列に対応する二つのベクトルの一次結合で定義される。いま，両親 P1 と P2 のベクトルをそれぞれ $\boldsymbol{v}_{P1}$，$\boldsymbol{v}_{P2}$ とするとき，子孫 O1，O2 のベクトルは，［0，1］のランダムなパラメータ a を使って，それぞれ以下のように与えられる。

$$\begin{cases} \boldsymbol{v}_{O1}=a\boldsymbol{v}_{P1}+(1-a)\,\boldsymbol{v}_{P2} \\ \boldsymbol{v}_{O2}=(1-a)\,\boldsymbol{v}_{P1}+a\boldsymbol{v}_{P2} \end{cases} \tag{4.128}$$

一方，突然変異は，まずランダムに個体を選び，以下の式を，単純な突然変異（simple mutation）では，ランダムに選んだ遺伝子座 k だけに，**一様突然変異**（uniform mutation）では，すべて遺伝子座に適用する。

$$v_k=v_k^L+\text{rand}(\ )\,(v_k^U-v_k^L),\quad \begin{cases} \exists k : \text{for simple mutation} \\ \forall k : \text{for uniform mutation} \end{cases} \tag{4.129}$$

ここで，v_k^U と v_k^L はそれぞれ上下界値を表す。また rand( ) は一様乱数である。なお，実際のアルゴリズムでは，これらの遺伝子操作の効率化のため，候補解近傍において適当なローカルサーチを伴うのが通常である。

（c） 全体アルゴリズムと留意点

GA の全体の求解手順は，つぎの四つのステップから構成される（**図 4.22** 参照）。

ステップ 1：世代を $t=0$ とする。N_p 個の個体をランダムに生成して，初期個体群

$P_{op}(0)$ を設定する。

ステップ2：各個体の適応度を計算し，適応度に依存した一定のルールで個体の淘汰・選択を行う。すなわち，適応度の低い個体は死滅させ，適応度の高い個体を増殖させる。

ステップ3：一定の確率で交さや突然変異を行い，新しい個体（子）を生成する。子はその生成に関与した古い個体（親）と置き換わる。この結果，新しい世代の個体群 $P_{op}(t+1)$ が生成される。

ステップ4：終了条件が満たされれば，現在の最良の個体を（準）最適解として終了する。そうでなければ，$t := t+1$ としてステップ2へ戻る。

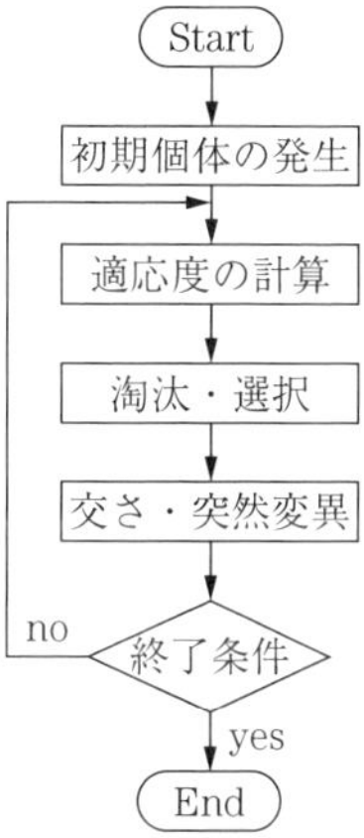

図4.22 GAの求解手順

以上の手順によって，探索点が大域的に分布するように初期個体群を与えたとき，遺伝演算によって世代を十分経た後，個体群は最適解に対応する個体に収束することが期待される。従来の最適化アルゴリズムでは，探索点は1個であったが，探索点を複数にして広く分布させること（多点スタートアルゴリズム）で，局所解に落ち込む危険性が少なくなる。このため，多峰性の最適化問題にも対応できるという特徴を持つ。

しかし，GAの主要な特徴はステップ2の淘汰・選択とステップ3の遺伝操作にある。淘汰・選択は良い解の近傍に集中した探索を，一方，交さと突然変異は確率的変動に基づく分散的な探索によって局所的解に補足されないようにする機能を果たす。探索における集中と分散が相補的となるよう，これらの割合をほどよく調整することによってGAは初めて効率的手法となり得る。

適切な交さ率，突然変異率，個体集団の大きさは問題固有となるため，問題ごとに調整する必要がある。突然変異率が小さすぎると局所解にとどまりやすくなる。反対に大きすぎると，これまでに生成された良い解が失われるため性能の劣化が起こる。また，突然変異は交さでつくられた**優れた遺伝子**（building block）を破壊することがある。したがって，両者の確率に関しては，$P_c > P_m$ のように設定する。さらに，P_m は世代が進むにつれて小さくするのがよい。

一般的にいって，遺伝演算の効果により，単に複数個の探索点をランダムに求める方法とは異なり，はるかに効率的に最適解を求めることができる。この利点が生かされるためには，探索中の多様性を保つことがGAにとってきわめて重要である。これは初期の母集団と収束条件の設定の善しあしにおおいに関連する。初期個体群を設定するときも，必要な個数より多い αN 個（$\alpha>1$）の個体を生成して，その中から適応度の高い N 個を選び出すのがよい。また，収束条件は一般的に以下のいずれかが適用される。

- 所定の世代数が経過したとき
- 最も高い適合度が一定期間に更新されないとき
- 母集団の平均適合度がほぼ飽和したとき
- 上記の条件の組合せ

4.5.2　擬似アニーリング法（SA）

擬似アニーリング法（simulated annealing，略してSA）[43]は金属の焼きなましとして知られている自然界のメカニズムにヒントを得ている。焼きなましは，加熱と徐冷によって金属の結晶サイズを大きくて構造上の欠陥を減らすためのよく知られた技術である。加熱によって原子の運動エネルギーは活性化するため，エネルギーが最初の局所的最小状態から高エネルギーの状態に遷移する。一方，徐冷することで最初の状態より低エネルギーの安定した位置に移りやすくなる。SAはこのような物理現象を模擬することによって，最適化問題を解決しようとするものである。探索空間のおのおのの探索点は物理システムの状態に対比でき，最小化される目的関数はシステムの内部エネルギー状態と解釈できる。そして，システムがエネルギー最小の状態に達成したとき，最適解が得られたものとみなす。その基本的な反復プロセスはつぎのように記述できる。

ステップ1：初期解を生成する（暫定解 $\boldsymbol{x}$ とする）。また，初期温度 T も設定する。

ステップ2：暫定解の近傍にいくつかの候補解を考え，その中からランダムに一つの解 $\boldsymbol{x}'$ を選ぶ。

ステップ3：$\boldsymbol{x}'$ へ遷移するか，もしくは $\boldsymbol{x}$ にとどまるかを確率的に決める。
ステップ4：収束条件を満足していれば，終了する。そうでなければ，温度を下げて，ステップ2へ戻る。

アルゴリズム全般では，T が高いときはほとんどランダム探索に近く，温度が低くなるに従って大方は改善方向に向かった探索となるように設計される。そしてステップ3での，現在の暫定解から近傍解への遷移確率は，それぞれの目的関数値間の差と時変パラメータとなる温度 T によって決められる。探索中で改悪方向への遷移も許していることが局所的最小点への膠（こう）着を防ぎ，図4.20に示すように大局的最適解の良い近似解に到達することを可能としている。以下ではSAの特徴を記述する。

〔1〕 近 傍 状 態

どのような近傍を定義し，ローカルサーチするかはアルゴリズムの性能に大きな影響を及ぼすが，それは問題固有であるため一般的な方策は知られていない。近傍の生成に関しては，対象とする問題ごとに種々の考え方がこれまで提案されている。例えば，巡回セールスマン問題での n-opt と or-opt 近傍やスケジューリング問題での挿入近傍やスワップ近傍が，さらに最大充足問題での λ-flip 近傍などがよく知られている[44]。

〔2〕 遷 移 確 率

現在の暫定解 $\boldsymbol{x}$ からつぎの候補解 $\boldsymbol{x}'$ への遷移は，関数 $p(e,e',T)$ で与えられる確率に従って行われる。ここで，$e=f(\boldsymbol{x})$ と $e'=f(\boldsymbol{x}')$ はそれぞれ二つの状態におけるエネルギー（SAでは目的関数値）を表す。この関数の与え方で原則的に満足されなければならない点は，$e' \geqq e$ であっても $p(e,e',T)$ は非負であることである。これは候補解が暫定解よりたとえ悪く（エネルギーが高く）なっても候補解を採用してもかまわないことを意味する。こうした改悪方向への遷移も許すことが，局所的最適点から抜け出せなくなることを防ぎ，大局的最適解に到達することを可能とさせている。

また，確率 $p(e,e',T)$ は，エネルギー差 $\Delta e=e'-e$ が増加するに従って，解の更新を受理する確率が減少するように決められる。さらに，解の挙動は

T が高いときは広い範囲で Δe に敏感に影響され，T が低いときにはごく限られた範囲で反応する必要がある。$e' \geqq e$ のときには温度 T が 0 に近づくにつれて，適正な正の値を維持しながら，p の値もまた 0 に近づくようにする。したがって，T が下がるに従って解の改悪は起こりにくく，もっぱら改善方向への更新が進みやすくなる。このことから探索の後半では，大きな改悪を伴う更新はなく，小さな改悪に限った更新が行われる。そして温度が 0 近傍では，解の改善が可能なときだけ更新されるような，よくばり法的な振舞いとなる。

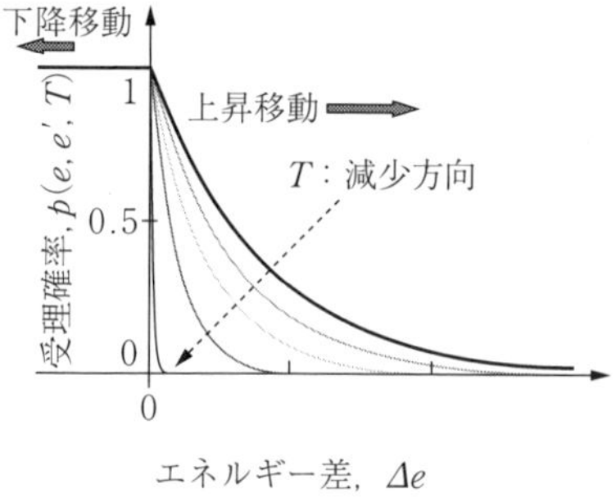

図 4.23　遷移確率関数の温度依存性

こうした要件を満足するものとして，気体中の分子エネルギー分布を支配するつぎの**マックスウェル・ボルツマン**（Maxwell-Boltzman）**分布関数**がよく用いられる（**図 4.23** 参照）。

$$p = \begin{cases} 1 & \text{if } \Delta e \leqq 0 \\ \exp(-\Delta eT) & \text{if } \Delta e > 0 \end{cases} \tag{4.130}$$

〔3〕　**冷却スケジュール**

SA を特徴付けるもう一つの重要な因子は，探索に従ってどのように温度を下げていくかということである。この手続きは**アニーリング**（徐冷方策）と呼ばれる。単純にいって，初期温度は改悪と改良方向への遷移確率がほぼ同じとなるように設定するのが望ましい。これを実現するには，ランダムに選んだ状態とその近傍の状態のエネルギー差 Δe を全探索空間に及んで推定する必要があるが，このためにかなりの予備実験が必要となる。もっと簡単でよく用いられる別の方法は，初期の探索時の受理確率がある所定値以上になるように設定するものである。

温度は，反復の終了時までに 0 に近い値までに減少させる必要がある。多くの方策が提案されている中で，**幾何関数的冷却**は単純ではあるが広く用いられている。これは，反復ごとに $T := \beta T\ (\beta < 1)$ のように一定の割合で温度を下げていくものである。また，**指数関数的冷却**と呼ばれるものは，$T =$

$T_0 \exp(-\alpha t)$ に従って変化させる。ここで，T_0 と t はそれぞれ初期温度と時間（反復回数）を，α は定数を表す。さらに，一定の探索期間中に解の改善がまったくなされないときにはいったん，温度を再び上げるような手順を含む方法もある。これは温度を上げることでランダム性を高め，探索の停滞を打破しようとするものである。

初期の探索では目的関数の多少の劣化には目をつぶり，良い解が存在しそうな範囲（高温度領域）をくまなく探し，次第に探索範囲を絞り込んでいきながら（低温度領域），最終的に最急降下則に従って最小点に到達しようとするSA の戦略は合理性にかなったものといえる。

〔4〕 **収束性の特質**

大局的最適解が SA によって求められる確率は，徐冷過程が無限に続くとすれば 1 になることが知られている。しかし，この理論的な事実は現実の探索終了条件を決める上での参考とはならない。徐冷で最終温度が 0 に近い値となるように計画されている場合，最も単純な収束条件は，所定数の反復後に探索を終了させるものである。暫定解の更新状況をよく観察することで適切な収束条件を与えることが望まれる。

また，つねに現在の解からつぎの探索を行うよりも過去の探索で好ましかった解に戻って始める方が良い場合もある。この手続きは**再スタート**と呼ばれる。再スタートするかどうかの判断は，一定のステップ数ごとあるいは現在の状態が，これまでの最良解に比べて著しく劣っているような場合に行われる。

ところで SA を特定の問題に適用する場合には，状態空間，近傍探索法，受理確率と徐冷方策を特定する必要がある。この選択の巧拙は有効性に大きな影響を与えるにもかかわらず，すべての問題に共通する最適な設定法も一般的にこれらの適切な値も知られていない。

4.5.3 タブーサーチ（TS）

タブーサーチ（tabu search，略して TS）[45),46)] は，**タブーリスト**と呼ばれる特別な探索履歴（記憶構造）を用いることで，探索効率を高めたローカルサーチ手法の一つということができる。その探索では，暫定解 $\boldsymbol{x}$ からその近傍

$N(\boldsymbol{x})$ の中の最も良い解 $\boldsymbol{x}'$ への遷移が繰り返し行われる。しかし，このような単純な手続きだけでは，不幸にして $\boldsymbol{x}$ から $\boldsymbol{x}'$ へ，そして $\boldsymbol{x}'$ から $\boldsymbol{x}$ といった解の循環が起こる場合が生じる。こうした循環を避けるために，TS では認知科学の分野での短期記憶に該当するタブーリストを利用する。タブーリストに含まれているすべての解への移動は，たとえそれによって解の改善が可能な場合でも一定の間は禁止される。このような制約の下で所定の収束条件が満足されるまでローカルサーチを繰り返す。この基本的な反復手順を以下に示す。

ステップ1：初期解 $\boldsymbol{x}$ を決め，これを暫定解とする。反復回数 k を 0 に，タブーリスト $T(k)$ を空にしてこれらの初期化を行う。

ステップ2：もし $N(\boldsymbol{x})-T(k)$ が空，すなわち $\boldsymbol{x}$ の近傍に探索点を選べなくなったら終了する。そうでなければ $k:=k+1$ として許容された移動先の中で最適のものをつぎの候補解 $\boldsymbol{x}'$ とする。すなわち $\boldsymbol{x}'=\min f(\boldsymbol{x})$ for $\forall \boldsymbol{x}\in N(\boldsymbol{x})-T(k)$ である。

ステップ3：もし候補解 $\boldsymbol{x}'$ が暫定解 $\boldsymbol{x}$ を凌駕（りょうが）するとき，すなわち $f(\boldsymbol{x}')\leqq f(\boldsymbol{x})$ なら，解の更新を行う。

ステップ4：全体として所定の反復回数に到達するか，一定期間以上更新が行われなかったような場合，探索を終了する。そうでなければ $T(k)$ を更新して，ステップ2へ戻る。

TS のアルゴリズムにおいてタブーリストの役割は最も重要である。それは未知の探索空間をくまなく探し，局所的最適状態からの脱出を可能にする。最も単純なタブーリストは直前の m 個の過去の探索履歴となる。このタブーリストを参照して，そこに記録されている解への移動は m 回の探索の間は禁止される。この期間は**タブー期間**と呼ばれる。換言すれば，禁止の有効性はタブー期間にしか及ばないことになるため，タブーリストの長さによって移動状況を左右させることが可能となる。タブーリストが長いと移動に大きな制約を受け，短いと反対となる。

このほかにも，問題固有の探索手法に関連する属性を利用してタブーリストを構成することができる。そうした属性を持った解は**タブー活性にある**といわれ，タブーとして取り扱われる。例えば，巡回セールスマン問題では，ある特定の弧はつぎの m 回の探索の間は除去できないといったタブーが用いられている。一般的にいって，属性を含むタブーリストは効果的といえるが，タブー活性な要素を含む解を禁止することは複数の解がタブーとして宣言されやすくなるため，未探索の優秀な候補解が排除される場合が生じる。この好ましくない状況は希求水準を設定して，希求水準を満たし現在の最良解より優れている解については，タブー状態を解除して許容リストに戻すようにすることで緩和できる。このほか，以下に示すような種々の工夫が行われている。

ローカルサーチの労力は，近傍全体を探索範囲とするより見込みのありそうな部分に限定した方が軽減できる。こうした考え方は**候補リスト戦略**（candidate list strategy）と呼ばれる。**確率的タブーサーチ**（probabilistic tabu search）は，k 番目までの優れた近傍解の一つを，目的関数値に依存して決まる選択確率で，現在の解とランダムに置き換える。このやり方は GA の淘汰・選択におけるルーレット戦略とよく似ている。

短期メモリーとしてのタブーリストに加えて，長期メモリーを利用することで探索効率を改善できる。長期メモリーは，探索履歴にかかわる継続的情報を利用して見込みのある探索を積極的に進めるだけでなく，大局的な探索のための多様性を高める作用も併せてもたらすことができる。例えば，頻度基準（frequency-based）のものは，変数の変更回数の履歴を利用し，居住基準（residence-based）のものは特定の値を採った回数の履歴を利用する。あまり頻度基準に頼りすぎると，長期的な探索サイクルを誘導することになるので，こうした選択には一定の制限がつけられることになる。一方，居住基準は，ある変数の出現頻度を制御することで，初期解の選択法としても利用できる。高い出現頻度の変数を適切に制限することは集中化を促しながら多様性を高める効果を与える。

4.5.4 差分進化法（DE）

差分進化法（differential evolution，略して DE）[47] は，GA の実数コード化手法の一つとみなすことができる。現実の応用において有力な最適化手法といってよい。種々の同属手法が提案されており，これらは DE/x/y/z/ という 3 組表記によって分類されている。ここで

- x は，**突然変異個体**（mutant）の基準となる親個体を選ぶ方法を示す。ランダムに選ぶ“rand”と現世代で最良のものを選ぶ“best”が代表的な方法である。
- y は，後述の式（4.131）で用いられる差分項の数を表す。
- z は，交さ法を指定する。二項交さ（“bin”）は，染色体上の遺伝子ごとに交さ則を適用する。一方，指数交さ（“exp”）は遺伝子全体に対して適用される。

以下ではおもにDE/rand/1/bin/の場合についてアルゴリズムの概要を示す。

ステップ1（発生）：標的（target）個体を各変数の定義域内にランダムに発生して初期解集合 $P_{op}(t)=\{\boldsymbol{x}_{i,t}\}$ $(t=1,\ i=1,2,\cdots,N_p)$ を求める。ここで t は世代を，N_p は集団サイズを表す。なお，各個体は n 次元ベクトルとする。

ステップ2（突然変異）：集団からランダムに選ばれた三つの個体 r_1，r_2，r_3 と，$[0,2]$ の定数である差分係数 F を使って，突然変異個体を次式に従って生成する。

$$\boldsymbol{v}_{i,t}=\boldsymbol{x}_{r_3,t}+F(\boldsymbol{x}_{r_2,t}-\boldsymbol{x}_{r_1,t}) \qquad (i=1,2,\cdots,N_p) \tag{4.131}$$

ステップ3（交さ）：標的個体 $\boldsymbol{x}_{i,t}$ と突然変異個体 $\boldsymbol{v}_{i,t}$ 間でいくつかの遺伝子の交換を行い，試行（trial）個体 $\boldsymbol{u}_{i,t+1}$ を生成する（**図4.24**参照）。

$$u_{i,t+1}(j)=\begin{cases} v_{i,t}(j) & \text{if rand( )} \leqq P_c \text{ or } j=\text{rand}(n) \\ x_{i,t}(j) & \text{if rand( )} > P_c \text{ and } j\neq\text{rand}(n) \end{cases} \qquad \begin{pmatrix} i=1,2,\cdots,N_p, \\ j=1,2,\cdots,n \end{pmatrix} \tag{4.132}$$

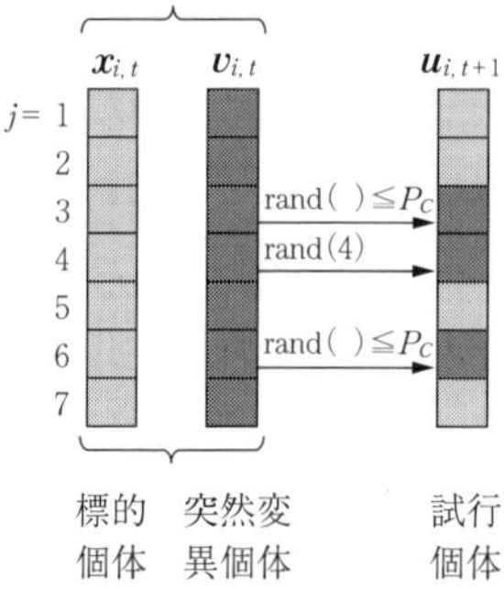

図4.24　DEの交さの例

ここで，$u(j)$ と $v(j)$ はそれぞれの j 番目の要素を，rand( ) は一様乱数の値を，P_c は $[0,1]$ の範囲の交さ確率を，そして rand(n) は $\{1,2,\cdots,n\}$ から任意に選ばれた数字を表す。この交さにより，試行個体は少なくとも一つの遺伝子を必ず突然変異個体から受け継ぐことになる。

ステップ4（淘汰・選択）：それぞれの個体の目的関数値を計算して，もし試行個体が標的個体を凌駕するときは，標的個体を試行個体と置き換える。そうでなければ試行個体を採用せず標的個体をそのまま集団内に残し，次世代の集団を構成する。

ステップ5（収束）：収束条件を調べ満足されていれば，集団内で最良の個体を最終解として終了する。さもなければ $t:=t+1$ としてステップ2へ戻る。

また，DE/best/2/bin の場合，ステップ2での突然変異個体は次式により導出される。

$$\boldsymbol{v}_{i,t}=\boldsymbol{x}_{\text{best},t}+F_1(\boldsymbol{x}_{r_1,t}-\boldsymbol{x}_{r_2,t})+F_2(\boldsymbol{x}_{r_3,t}-\boldsymbol{x}_{r_4,t}) \tag{4.133}$$

ここで $\boldsymbol{x}_{\text{best},t}$ は世代 t での最良個体である。さらに，ステップ3で指数交さを用いる場合は次式のように適用される。

$$u_{i,t+1}(j)=\begin{cases} v_{i,t}(j) & \text{if rand( )} \leqq P_c \\ x_{i,t}(j) & \text{if rand( )} > P_c \end{cases} \quad (\text{for } \forall j) \tag{4.134}$$

DEを効果的に用いるためには，いずれの方法においても問題ごとに個体数 N_p，差分係数 F および交さ確率 P_c を適切に設定する必要がある。パラメータ設定や調整に関して以下のような知見が知られている。

- 通常，集団サイズ N_p は決定変数の数の5～10倍に設定するのがよい。
- もし収束状態が悪いとき，たいていの場合は集団サイズを増やすか，F と P_c を［0.5,1］の間で調整すればよい。ただし，DEは P_c より F の値により影響されやすい。
- N_p を増やし，同時に F を減少させると収束しやすくできるが，収束までの時間は遅くなりがちとなる。
- P_c を大きくすれば収束は早くなるが，問題に依存しない結果を望むなら小さい P_c の方が好ましい。このことが示すように，収束速度とロバスト性間にはトレードオフの関係がある。
- 二項交さでの P_c は指数交さの値より通常大きな値に設定する。

4.5.5 粒子群最適化法（PSO）

粒子群最適化（particle swarm optimization，略してPSO）[48]は，人工知性研究における自律分散的な集団行動にかかわる群の知性の一形態を参考にした，実数コードを用いるメタ解法の一つである。その原理はC. Reynoldsのボイドに関する理論[49]から派生しているが，自然界での鳥の群や魚の集団行動を観察していて気付く合目的性にも着目したものである。群の中のある個体が餌の捕食や危険回避の面などから好ましい進行方向を見つけたら，残りの個体はたとえそれが当初の進行方向と反対であっても，すばやくその方向に変更して進んでいく。

PSOのアルゴリズムは，こうした目標を目指す行動は合理的であり，それは離脱，整列，結集と呼ばれる三つだけの動作によって模擬できることを拠り所としている。ここで離脱は，隣のボイドとの距離をおき衝突を防ぐ行動である。このため前を行くボイドは加速する一方，後方のものは減速しなければならない。さらに進行方向の障害を避ける方向変更も必要となる。整列によってすべてのボイドは自己の行動を他のボイドに追従させようとする。はるか先を行く先頭のホイドは減速し，遅れているボイドは前に追いつこうとするため加速を行う。結集は集団全体としての形を崩さないようにする求心的な行動である。各ボイドはこの実現のため集団の中心方向に向かって進行するようになる。

これらの三つの行動に応じて各ボイドに位置と速度を与えることで，PSOのアルゴリズムは展開される。ボイドは決定変数の超次元空間を漂いながら，それまでで最も良かった位置を記憶している。そして自己最良位置（local best）と全体最良位置（global best）に関する情報を交換し合って，おのおのの位置や速度を調整する。実際には，ボイド i の速度 $\boldsymbol{v}_i$ と位置 $\boldsymbol{x}_i$ の更新は次式に従って行われる。

$$\boldsymbol{v}_{i,t+1}=w\cdot\boldsymbol{v}_{i,t}+r_1 b(\boldsymbol{p}_i-\boldsymbol{x}_{i,t})+r_2 c(\boldsymbol{y}_n-\boldsymbol{x}_{i,t}) \quad (i=1,2,\cdots,N_p) \qquad (4.135)$$

$$\boldsymbol{x}_{i,t+1}=\boldsymbol{x}_{i,t}+\boldsymbol{v}_{i,t+1} \qquad (4.136)$$

ここで t は世代，N_p は集団サイズ（ボイドの数），w は慣性係数（通常，わずかに1より小さい），b と c は自己と全体の最良位置からのずれのどちらを優先するかを調整する定数（通常1），r_1 と r_2 は［0,1］の乱数，$\boldsymbol{p}_i$ はボイド i の現在までの最良位置，そして $\boldsymbol{y}_n$ は現在までの群全体の最良位置を表す。アルゴリズムは以下に要約するようにごく簡単である。

ステップ1：$t=1$ とする。各ボイドの $\boldsymbol{x}_{i,t}$ と $\boldsymbol{v}_{i,t}$ の初期値をこれらの値のとり得る範囲内でランダムに与える。各 $\boldsymbol{p}_i$ を現在位置とする。$\boldsymbol{y}_n$ として $\boldsymbol{p}_i$ の中の最良値を選ぶ。

ステップ2：ボイドごとに式（4.135）より $\boldsymbol{v}_{i,t+1}$ を決め，式（4.136）より $\boldsymbol{x}_{i,t+1}$ を決める。そして新しい位置での評価を行う。もし，それが $\boldsymbol{p}_i$ を凌駕していればそれを更新する。さらに $\boldsymbol{y}_n$ を凌駕していればそれを更新する。

ステップ3：収束条件が満足されれば終了する。そうでなければ $t:=t+1$ としてステップ2へ戻る。

4.5.6 その他の方法

ここでは，その他の有力なメタ解法を紹介する。一般的にいって，これらの方法はある特定の種類の問題に限っていえば，すでに説明した方法よりも良い性能を与えることが少なくない。また統計的変動，多峰性，集団ベースや多点スタートといった概念で特徴付けられる性質を使って，多様なハイブリッド手法を構成するためにも用いることができる。

アントコロニー法（ACO）[50]は，巣から餌への経路を見い出す蟻（あり）の行動を模擬した探索法である。自然界で蟻は餌を求めてあちこち徘徊（はいかい）し，餌を見つけた後，巣へ戻る道程でフェロモンを残していく。もし，他の蟻がフェロモンの置かれた軌跡に行き当たれば，その跡をたどってよりたやすく餌までたどり着くことが可能となる。もし，ある蟻が巣から餌までの別のより短い距離の経路を見つけられたら，他の蟻たちはその軌跡をより多く利用するようになる。しかしフェロモンは時間とともに蒸発するので，時間が長くなればなるほどフェロモンの蒸発量は多くなり，その効果は薄れていく。短い経路ほどより早く到達できるので，フェロモン密度は高く保たれたままで容易に発見されやすくなることになる。こうした正の効果の連鎖によって，最終的にすべての蟻は1本の最短経路を通るようになる。フェロモンが蒸発することは，局所的な最適解に停滞してしまうことを防ぐことができるという効果をもたらす。ACO は変化に対してとぎれることなく対応可能なため，目標となる餌（目的関数）が動的に変化するようなときに SA や GA と比較してより有利といえる。

さらに別のメタヒューリスティック手法において，多点スタート技法を適用しようとする際に ACO の考え方を容易に利用することができる。

Memetic アルゴリズム[51]は，GA から派生した方法である。交さの操作とローカルサーチを組み合わせることで，GA と比べてオーダ単位で収束性が高くなる場合もあるといわれている。このことから，この方法は遺伝的ローカルサーチとかハイブリッド GA とか呼ばれる。さらに，このアルゴリズムのローカルサーチ部分を分散化するだけで並列計算法が直接的に実現できる。

散布探索法（scatter サーチ）[52]は，他のメタ解法とかなり趣を異にする手法である。他の手法が新しい解を生成するときにランダム性に頼るのに対して，この方法は戦略的な生成機構を用いる。例えばGAでは集団から二つの解がランダムに選ばれて交さ（組換え）が行われてつぎの子孫が生み出される。これに対してscatterサーチでは，参照集合と呼ばれる解集合を基準として**一般経路生成**（generalized path construction）と呼ばれる方法に基づいて新しい解を生成する。この参照集合自体も異なる解の凸および非凸結合の両方によって漸次更新されていく（参照集合の更新）。**図4.25**での初期の参照集合をⒶ，Ⓑ，Ⓒとすると，ⒶとⒷを結ぶ線分上にⒶとⒷの凸結合（解の合成）によっていくつもの解を生成できる（部分集合の生成）。これらのうち適当な（帰属）条件を満足する解①のみを新しく参照集合に含める。同じようにして，元のメンバや新メンバの間の凸および非凸結合によって解②，③，④が生成されていく。この例では最終的に七つのメンバが選ばれている。参照解が探索を牽（けん）引していることに注目すれば，他のメタ解法における多スタート技法として適用が可能である。

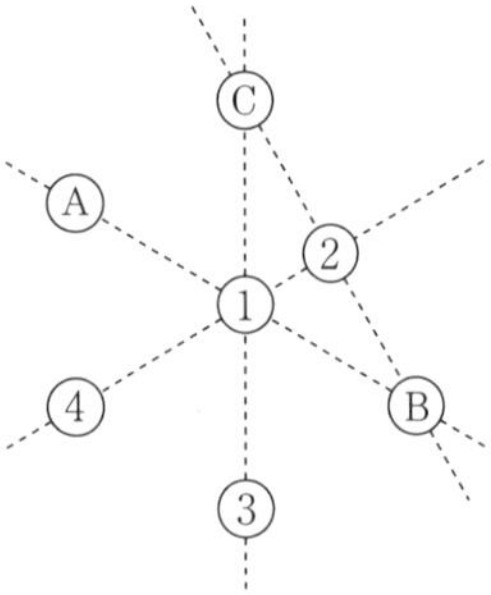

図4.25　一般経路生成法による候補解の生成法

以上のようなメタ解法とは独立して研究された**遺伝的プログラミング**（genetic programming，略してGP）[53]もGAの一つの拡張で，アルゴリズム自体は基本的に同じである。ただし，GAにおける遺伝子型の表現がおもに配列であるのに対し，GPでは木構造を用いる。このため，遺伝的アルゴリズムでは表現できなかった数式やプログラムのコードなど，構造を持ったデータを表現することができる。製品部品リサイクルのための分解順序の最適設計へのGPの適用例[54]は，この特徴に着目したものである。

4.6 発展的適用

4.6.1 ハイブリッド解法

「ハイブリッド」という言葉は広く多様な意味で使われており，最適化手法という範囲に限定してもいくつかのハイブリッド手法を挙げることができる。以下では，伝統的な数理計画法（MP）と近年の手法であるメタ解法（meta）を組み合わせた三つの型のハイブリッド解法に言及する。

第一のものは，伝統的な数理計画手法を組み合わせたもの（MP-MP と表記する）に分類される。多次元最適化におけるたいていの傾斜法では，反復過程において選択した探索方向のステップ幅の最適化が行われる。この探索に黄金分割法やフィボナッチ法といった一次元探索法が使われる。これは，この分類のハイブリッド化の一例といえる。また非線形最適化問題において，LP で近似した問題の解を初期解として，次段階で NLP を適用するような解法ももう一つの例である。

第二のクラス（meta-meta）は，メタ解法の本来のアルゴリズムを拡張したり，洗練化したりしようとする場でよく出現する。ACO 法を別のメタ手法の再スタート法として用いるような場合がこれに該当する。GA の 2 進化コードと他の実数値コードのメタ解法を組み合わせて適用することによって，混合整数計画問題（MIP）を合理的に取り扱える。おのおのの手法単独で MIP の求解にあたるより，このようなハイブリッド化は解空間（染色体長さ）を縮小しながら併せて求解精度（量子化のサイズ）の改善を可能とする。

実際的なハイブリッド化法の多くは第三のクラスである meta-MP 型である。memetic アルゴリズムの別名ローカルサーチ GA から想像できるように，メタ解法を単独で使うよりローカルサーチと併用することによって探索効率の向上が望める。ローカルサーチに MP を用いるすべてのメタ解法は，このクラスのハイブリッド解法といえる。

とりわけこのクラスのハイブリッド化は，MIP（p.4.24）を（p.4.25）のように階層的に求解しようとするときに特別な効果を持つ。

（p.4.24）

$$\min_{\boldsymbol{x},\boldsymbol{z}} f(\boldsymbol{x},\boldsymbol{z}) \text{ subject to } \begin{cases} \boldsymbol{g}(\boldsymbol{x},\boldsymbol{z}) \leqq \boldsymbol{0} \\ \boldsymbol{h}(\boldsymbol{x},\boldsymbol{z}) = \boldsymbol{0} \qquad (\boldsymbol{x}：\text{real}；\boldsymbol{z}：\text{integer}) \end{cases}$$

(p.4.25)

$$\min_{z:\text{integer}} f(\boldsymbol{x},\boldsymbol{z}) \text{ subject to}$$

$$\min_{x:\text{real}} f(\boldsymbol{x},\boldsymbol{z}) \text{ subject to} \begin{cases} \boldsymbol{g}(\boldsymbol{x},\boldsymbol{z}) \leqq \boldsymbol{0} \\ \boldsymbol{h}(\boldsymbol{x},\boldsymbol{z}) = \boldsymbol{0} \end{cases}$$

この方法は，上位と下位レベルのサブ問題に分割することで問題規模を縮小できるということだけでなく，おのおののサブ問題の求解に相性の良い方法を採用できるという利点を持つ。MIP を解くときの最も深刻な困難さは整数条件に由来する解の組合せ的性質にあるといっても過言でない。上位レベルで整数変数を決めてしまった後の下位レベルの問題は通常の（組合せでない）問題となり，一般に MP によって効率的に求解される。一方，上位レベルは制約条件を持たない整数計画問題となり，メタ解法に適するものとなる。

整数変数のみからなる制約条件がある場合には，ペナルティ関数法を用いて上位レベルの問題を以下のように変換すればよい。

$$\min_{z:\text{integer}} f(\boldsymbol{x},\boldsymbol{z}) + P\{\sum_i \max[0, g_i(\boldsymbol{z})] + \sum_i h_i(\boldsymbol{z})^2\} \tag{4.137}$$

さらに上述の定式化による求解法とマスタワーカ型 PC クラスタの並列化構造（**図 4.26** 参照）との類似性に着目することによって，MIP の容易な並列化計算法が実現される[55)]。PSE 分野のあらゆる段階の最適化の多くは，IP や MIP によって定式化される。ここで示した求解の枠組みは，具体的な適用の効果が求められる実用的な最適化との密接なつながりを持っている。

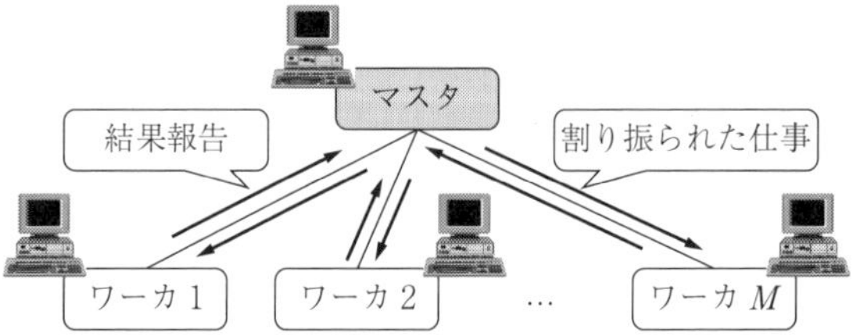

図 4.26　マスタワーカ型 PC クラスタの並列化構造

4.6.2 最適制御問題の解法

最適制御の原点となる自動制御の歴史は，ワットの蒸気機関の制御に始まるといわれている。自動制御は，次世代の発展に向けた工学的アプローチの一つの成功例であったといえる。これまでさまざまな取組みがなされてきており，古典制御理論に基づく単一プラントを対象とした **SISO**（single input/single output）範囲内での考察から，現代制御理論に代表されるアドバンスト制御を駆使し，複数プラントにおいて **MIMO**（multiple inputs/multiple outputs）に拡張した制御システムへと変遷してきている。制御系の構成形態も，効率化の面からいったんは大規模集中化へと進んでいったが，単に無機的な統合化の効果は薄いとの反省から，有機的な機能を重視して階層化・分散化の傾向にある。こうした展開は，技術社会の高度化・多様化の要請に基づくものであるが，マイクロエレクトロニクス応用の制御要素技術や情報通信技術の目覚ましい発展がその背景にある。

ところで最適制御とは，時間あるいは距離を独立変数とする関数として記述されたシステムを対象として，一定の条件の下で所与の目的を最も効果的に達成できる制御量の（独立変数に関する）変遷履歴といえる。具体的には微分方程式または差分方程式で記述されるシステムに対して，与えられた汎関数（目的関数）を最大（最小）にするような制御量を求める問題といえる。したがって，これまでに説明してきた代数方程式系の関数の最適化を扱う最適化問題とは異なる。

当初，最適制御はプロセス制御の発展の歴史の中で数学的にも洗練された理論背景を持つものとして多大な興味をひくところであった。しかし現実には，それまでの古典制御にとって代わることにはならなかった。これは適用にはシステムの数学モデルが必要であること，しかも実際に役立つためには正確かつ簡潔なモデル化が要求されたのに対して，実際には種々の複雑な化学的・物理的現象の産物である現実のシステムにおいては，この要求は達成不可能な場合が多かったことによる。また所与の目的をいかに設定し，それを関数表現するかについての知見にも乏しかった。このほかにも，たとえこうした障害を乗り越えて定式化し求解できたとしても，実際に実現化することは，当時の貧弱な制御用ハードウェアでは一般に容易ではなかった。しかし近年では，制御則の実現のための3要素，“コンピュータ＝頭脳”，“センサ＝感覚器”，“アクチュエータ＝手足”を安価に高性能なものを入手できるようになっている。このように実装段階でのハードルは低くなってきており，最適制御を容易に現場で利用できる状況に近づいているといえる。こうした現状から，最適制御問題への最適化手法の適用を改めて問いかけてみることは，自動制御の今後の展開にとって非常に有意義といえる。

〔1〕 微分方程式を拘束条件とする最適制御問題

微分方程式を拘束条件とする最適制御問題は，古典的には変分法[56]を用いて解かれていた。しかし，現実の最適制御問題では，操作量がしばしばシステム方程式中に線形で現れ，また操作量にはある最大値と最小値の間でしか変更できないような範囲が必ず存在する。また，それがリレーの場合のように不連続に跳躍することも初期の変分法にとっては難点と考えられていた。こうした変分法の弱点を克服する試みの最大の成果がポントリャギンの最大原理[57]であり，今日でも最適制御理論の中核をなすものとして広く知られている。

まず最適制御問題を以下のように定式化する。なお，簡単のため状態量には拘束条件がつかないものとする。

(p.4.26)
$$\min\ J=g(t_f,\boldsymbol{x}(t_f))+\int_{t_0}^{t_f} f_0(t,\boldsymbol{x}(t),\boldsymbol{u}(t))\,dt$$

$$\text{subject to}\begin{cases}\dot{\boldsymbol{x}}(t)=\boldsymbol{f}(t,\boldsymbol{x}(t),\boldsymbol{u}(t)) & (4.138)\\ \boldsymbol{x}(t_0)=\boldsymbol{x}_0 & (4.139)\\ \underline{\boldsymbol{u}}\leqq\boldsymbol{u}(t)\leqq\overline{\boldsymbol{u}} & (4.140)\end{cases}$$

ここで，$\boldsymbol{x}(t)$ と $\boldsymbol{u}(t)$ は，それぞれ n 次元と r 次元の状態変数と制御変数ベクトルを，$\underline{\boldsymbol{u}}$，$\overline{\boldsymbol{u}}$ は $\boldsymbol{u}(t)$ の上下限値ベクトルをそれぞれ表す。また，t_0 と t_f は，それぞれ初期と終端の時間を表す。

この最適軌道 $\boldsymbol{x}^*(t)$，$\boldsymbol{u}^*(t)$ を求めるための必要条件は，次ページのように与えられる。まず，ハミルトン関数を式（4.141）で定義する。

$$H = -f_0(t, \boldsymbol{x}, \boldsymbol{u}) + \boldsymbol{p}^T(t)\boldsymbol{f}(t, \boldsymbol{x}, \boldsymbol{u}) \tag{4.141}$$

ここで，$\boldsymbol{p}(t) = [p_1(t), p_2(t), \cdots, p_n(t)]^T$ は**随伴ベクトル**と呼ばれる。そして，この横断性条件は

$$\dot{\boldsymbol{p}}(t)^T = -\frac{\partial H(t, \boldsymbol{x}, \boldsymbol{p}, \boldsymbol{u})}{\partial \boldsymbol{x}} \tag{4.142}$$

$$\boldsymbol{p}(t_f)^T = -\frac{\partial g(t_f, \boldsymbol{x}(t_f))}{\partial \boldsymbol{x}(t_f)} \tag{4.143}$$

で与えられる。

また，$\boldsymbol{u}$ についての制約条件がないか，$\partial H/\partial \boldsymbol{u} = \boldsymbol{0}^T$ で決まる $\boldsymbol{u}(t)$ が制約条件式（4.140）を満たすときは，この H の $\boldsymbol{u}$ に関する停留条件より，そうでないときは，「$\boldsymbol{u}$ が H を最大化する」という最大原理の条件より，最適操作量が $\boldsymbol{u}^*(t) = h(t, \boldsymbol{x}(t), \boldsymbol{p}(t))$ のように与えられる。

この $\boldsymbol{u}^*(t)$ を式(4.138)，(4.142)の右辺に代入すると，これらの式は $\boldsymbol{x}(t)$ と $\boldsymbol{p}(t)$ についての連立微分方程式となる。そして，式（4.139）で $\boldsymbol{x}$ の初期値が，式（4.143）で $\boldsymbol{p}$ の終端値が与えられた2点境界値問題となり，これを解くことにより最適軌道や最適操作量が求められる。2点境界値問題を解く方法として，これまで種々の数値解法，例えば感度係数を利用する方法，空間での勾配法などが用いられているが，大規模問題では多くの場合非常に困難となる。

〔2〕 **最適化手法による最適制御問題の解法**

システムの動的挙動は，これまでは連続的な表現，すなわち微分方程式系で表されるとして考察を加えてきた。アナログ制御が盛んであった頃には，そうした連続系をベースとした取扱いが便利であった。しかし，ディジタル計装が主流の時代にあっては，システムの表現もサンプリング周期に合わせた離散的な，差分方程式に基づく表現が求められるようになってきた。これによって，最適化手法による最適制御問題の解法への関心が高まってきている。

いま，線形の動的システムが式（4.144）で表されるとき，それに対応する離散時間モデルは式（4.145）のように与えられる。そして，両者が等価であ

るとき係数行列間には式（4.146）の関係が成り立つ。

$$\frac{d\boldsymbol{x}(t)}{dt}=\boldsymbol{A}\boldsymbol{x}(t)+\boldsymbol{B}\boldsymbol{u}(t),\quad \boldsymbol{x}(0)=\boldsymbol{x}_0 \tag{4.144}$$

$$\boldsymbol{x}(k+1)=\boldsymbol{A}_d\boldsymbol{x}(k)+\boldsymbol{B}_d\boldsymbol{u}(k),\quad \boldsymbol{x}(0)=\boldsymbol{x}_0 \tag{4.145}$$

$$\boldsymbol{A}_d=\exp(\boldsymbol{A}T_s),\quad \boldsymbol{B}_d=\int_0^{T_s}\exp(\boldsymbol{A}t)\,dt\,\boldsymbol{B} \tag{4.146}$$

ここで，T_s はサンプリング周期である。また式（4.144）の解は

$$\boldsymbol{x}(t)=\exp(\boldsymbol{A}t)\boldsymbol{x}_0+\int_0^t\exp(\boldsymbol{A}(t-\tau))\boldsymbol{B}\boldsymbol{u}(\tau)\,d\tau\quad(0\leqq t\leqq T) \tag{4.147}$$

と表される。一方，これに対応する式（4.145）の解は

$$\boldsymbol{x}(k)=\boldsymbol{A}_d^k\boldsymbol{x}_0+\sum_{\tau=1}^{k}\boldsymbol{A}_d^{\tau-1}\boldsymbol{B}_d\boldsymbol{u}(k-\tau)\qquad(k=1,\cdots,N) \tag{4.148}$$

で与えられる。これを目的関数に代入すれば，最終的に問題は $\boldsymbol{u}(0),\boldsymbol{u}(1),\cdots,\boldsymbol{u}(N-1)$ に関する制約なしの最適化問題となる。

さらに上の議論を拡張すれば，一般の（非線形の）離散システムにおける最適制御問題は，つぎの**微分・代数方程式系**（differential-algebraic equation，略して DAE）の最適化問題で与えられる。

(p.4.27)　$\min\ J=f(\boldsymbol{x}(k),\boldsymbol{u}(k-1);\ k=1,\cdots,N)$

$$\text{subject to}\begin{cases}\boldsymbol{x}(k+1)=\boldsymbol{\phi}(\boldsymbol{x}(k),\boldsymbol{u}(k)) & (k=0,\cdots,N-1)\\ g_i(\boldsymbol{x}(k),\boldsymbol{u}(k))\geqq 0 & (i=1,\cdots,m)\end{cases} \tag{4.149}$$

ここで，$\boldsymbol{x}:=[\boldsymbol{x}^T(1),\boldsymbol{u}^T(0),\boldsymbol{x}^T(2),\cdots,\boldsymbol{u}^T(N-1),\boldsymbol{x}^T(N)]^T\in R^{N(n+r)}$ と再定義すれば，(p.4.27) は，$\boldsymbol{x}$ に関する nN 個の等式条件と mN の不等式条件の下での非線形計画問題とみなすことができる。

(p.4.28)　$\min\ J=f(\boldsymbol{x})$ subject to $\begin{cases}\phi_i(\boldsymbol{x})=0 & (i=1,\cdots,nN)\\ g_i(\boldsymbol{x})\geqq 0 & (i=1,\cdots,mN)\end{cases}$

この定式化は状態変数と制御変数を併せて離散化するため，**同時法**（simultaneous strategy）と呼ばれる。しかし容易に想像できるように，こうした定式化によれば現実での問題規模は莫大となり，一般に求解が不可能となる。こ

れに対して，制御変数のみを離散化する方法は**逐次法**（sequential strategy）と呼ばれ，この一つの適用例を以下に述べる。

図 4.27 に示す**区分的一定制御**（piece-wise constant control）のように，ある一定の時間幅の間は一定値をとる制御は実現の操作としてもよく見られる。こうした制御則をいったん与えてしまえば，状態変数の変遷履歴は微分方程式を直接解くことで求めることができる。この結果，所与の汎関数で与えられた目的関数を計算できるようになる。けっきょく，与えるべき制御則を最適にするような探索を行えばよいことになる。換言すれば，$[t_0, t_f]$ を N 区間に分割したとき，N 個の制御量の値と $N-1$ 個の区間幅の最適化を図ればよい。これによれば，先の同時法に比べて問題規模はきわめて小さくてすむ。ただし，代数方程式で与えられる制約式は満足されるとは限らないため，別途考察する必要が生じる。しかし，現実的な応用においてはほかに考慮すべき代数形の制約式を含めて，便宜的にペナルティ関数法によって対応可能である。また，制御量を決めれば評価量が決まるという構図より，微分情報を必要としない直接的な探索法が採用しやすいという利点もある。

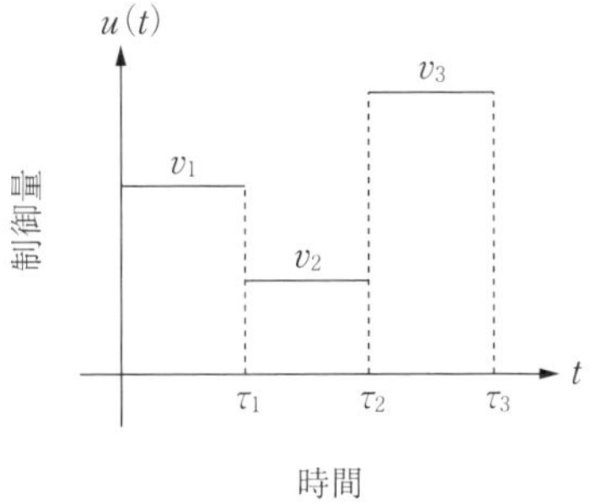

図 4.27　区別的一定制御の形態

いま一般性を失うことなく，表記の簡単のため制御量がスカラ，目的関数がメイヤー型，終端時間は固定を仮定して以下に適用法を示す。問題は

(p.4.29)
$$\max_{v,\tau}\ J = K(\boldsymbol{x}(\tau_N),\ \tau_N)$$

$$\text{subject to}\begin{cases}\dot{\boldsymbol{x}} = f(\boldsymbol{x}(t),\ v_i) & (\tau_{i-1} \leqq t < \tau_i)\\ \boldsymbol{x}(\tau_{i-1}^{+}) = \boldsymbol{x}(\tau_{i-1}^{-}) & \\ \underline{u}_i \leqq v_i \leqq \overline{u}_i & (i=1,\cdots,N)\end{cases}$$

のように与えられる。ここで N は区分数を，τ_i は i 番目の切替え点を表す。また区間を等分するときは $\tau_j - \tau_{j-1} = \tau_{j+1} - \tau_j$（$i=1,2,\cdots,N-1$）であり，探

索は制御量の大きさのみに限られる。明らかに $\tau_0=t_0$ であり $\tau_N=t_f$ である。また，各 τ_i は1から N_T の範囲で変化し，$\tau_j>\tau_{j-1}$ $(j=1,\cdots,N)$ でなければならない。ここで，h_d を微分方程式の数値解法の刻み幅とするとき，$N_T=(t_f-t_0)/h_d$ である。

すでに述べたように，制御量が決まれば探索可能なため，NLPや直接探索法やある種の傾斜法[58]の適用も可能である。しかし古典的方法では大規模問題において性能が発揮されないのに対して，メタ解法は有望であると考えられる。実際，DEを用いて効果的な求解ができたとの報告がある[59]。そこでは現実に実装するときには

- 制御切替え速度には上限が存在する

$$\frac{|v_{i+1}-v_i|}{T_{\text{setup}}}\leqq v_{\text{speed}} \qquad (i=1,\cdots,N-1) \tag{4.150}$$

- 一定時間は保持しなければならない下限が存在する

$$\tau_j-\tau_{j-1}\geqq D, \qquad (i=1,2,\cdots,N) \tag{4.151}$$

といった実現的な条件を含めて対応可能な解法が与えられている。ここで，v_{speed} は制御切替え速度の上限値を，T_{setup} は切替えに要する時間を，また D は保持時間を表す。さらにシステムパラメータの変動に対しても，感度方程式と連立させた合成系としての定式化によりロバストな制御則の導出や，終端時間 t_f が自由な場合の求解にも成功している。なおコーディングは区間を等分する場合は操作量の大きさに対応する前半部分のみでよい。またDEは実数型探索であるため，z_i の端数は丸める必要がある。

4.7　数理計画法のソルバ

4.7.1　各種ソルバの所在

線形計画系のフリーソフトとして，lp_solve[60]がよく知られている。この入力ファイルは，専用フォーマットに加え，MPSフォーマットにも対応している。また，Cプログラムに組み込んでの使用やMatlabやOctaveとのインタフェースも有する。一方，GLPK（Gnu Linear Programming Kit）[61]もよく用いられる。Linux版が主流であるがWindows版もある。コマンドラインか

ら呼び出して，単体で動作し，LP と MIP に対応している。入力ファイルは，専用フォーマットに加え，MPS フォーマットにも対応している。シンプレックス法では，このほかにもいくつかのフリーソフトが入手できる。また，LIPSOL（with matlab，lipsolWin 32）[62]，BPMPD[63]，HOPDM[64] は内点法によるものである。

一方，非線形計画問題に対しては，Opt directory on Netlib[65] から問題ごとに各種のフリーソフトが入手できる。さらに，最適化ソフトではないが，Matlab や Mathematica のパッケージソフトにはコンポーネントとして最適化機能が用意されている。商用ソフトを以下の**表 4.9** に示す。

表 4.9　商用ソフト一覧

商品名	参照 HP	特徴
ILOG Optimization Suite (CPLEX)	http://www.ilog.com/products/cplex/	S-B-I-N-Q
LINDO API	http://www.haverly.com/	S-B-I
SOPT	http://support.sas.com/rnd/app/or.html	S-B-I-Q-G
Xpress-MP	http://www.saitech-inc.com/	S-I-Q-G
NUOPT	http://www.sunsetsoft.com/	S-B-I-Q-G
DICOPT	http://www.gams.com/solvers/	MINLP
MINOS	http://www.sbsi-sol-optimize.com/	S, NLP

〔注〕 S＝Simplex 法，B＝内点法，I＝整数計画法，N＝ネットワーク問題，Q＝2 次計画問題，G＝General Nonlinear，NLP＝非線形計画法，MINLP＝混合非線形計画法（2009 年 10 月現在）

このほか，NEOS server[66] には，ユーザが問題定義に関する最小限の入力をするだけで問題クラスに対するソルバが自動的に選択されて，求解結果を提供する環境が用意されている。また，メタ解法の Web サイトについてはより詳しい解法の説明を含めて成書[67] を参照されたい。

4.7.2 Excel ソルバの使用法

手軽に最適化問題を解きたいときには，Excel からも利用できるので[68),69]，利用方法を以下に簡単に述べる。Excel に組み込まれているソルバは，LP，IP，MIP，NLP に対応している。ただし標準ではインストールされず，メニューバーの，［ツール（T)］→［アドイン（I)］→［ソルバアドイン］と進み，チェックボックスをオンにしてインストールした後に使用可能になる。

【例 4.11】 以下の制約付きローゼンブロック問題を具体例として説明する。

目的関数　$\min f(x_1,\ x_2)=100(x_2-x_1{}^2)^2+(1-x_1)^2$

subject to　$x_1+x_2\leqq 1$

ここでの目的関数は，**ローゼンブロック関数**（Rosenbrock function）と呼ばれる。制約条件を持たないローゼンブロック問題では，$x_1=x_2=1$ で最小値 0 をとることは明らかである。適用手順は以下のようになる。

ステップ 1（データの入力）変数　（変化させるセル）の設定，目的関数および制約条件の式の記述法を以下に示す（**図 4.28** 参照)。

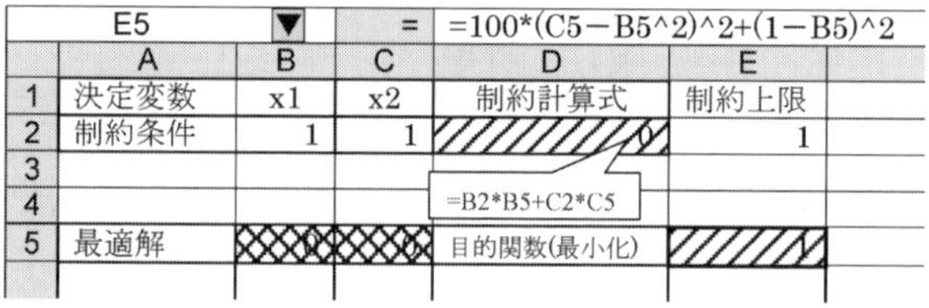

図 4.28　Excel ソルバでのシート設計例

- x_1，x_2 の最適値が記入されるセル（B 5，C 5）に x_1，x_2 の初期値を入力する。
- 制約条件の左辺係数をセル（B 2，C 2）に，右辺の上限値をセル E 2 に入力する。
- 目的関数を設定するセルに関数形を入力する（セル E 5：=100*(C 5−B 5^2)^2+(1−B 5)^2)。
- 制約条件の左辺の計算式も同様に入力する（セル D 2：=B 2*B 5+C 2*C 5)。

ステップ 2（ソルバの起動と設定)

データを入力後にソルバを起動して，目的セルなどを設定する。

① 目的セル（E)：目的関数のセルを指定するボタンをクリックし，入力ウィンドウにおいて目的関数値を表示するワークシートのセル（E 5）をクリックするか直接指定する。

② 目標値：最適化問題の種類を設定する。例えば，最小化問題なら［最小値(N)］を選択する。

③ 変化させるセル（B)：決定変数の値を表示するように指示したセル（B 5，C 5 をドラッグして）を指定する。

④ 制約条件（U）：制約条件の［追加］ボタンをクリックし，制約条件（「D2 <=E2」）を設定する。

ステップ3（非線形計画問題の設定）

［オプション］ボタンをクリックして，各種のオプションを設定するためのダイアログボックスを開き

① ［線形モデルで計算］のチェックボックスは，オフを選択，（②以降は一例）

② 近似方法は，［二次式］を選択

③ 微分係数は，［中央］を選択

④ 探索方法は，［準ニュートン法］を選択し

［OK］ボタンをクリックする。

ステップ4（ソルバの実行）

- ［実行］ボタンをクリックする。
- 「最適解が見つかりました」のダイアログが出るので，［OK］ボタンをクリックする
- セル（B 5，C 5）に x_1，x_2 の最適解が，セル E 5 に目的関数の最小値が記入される。

最適解は，$x_1=0.6188$，$x_2-0.3812$，目的関数の最小値 0.145 607 となり，それぞれの初期値と置き換えられる。

4.8 ま と め

すでに述べたように，LP はけっして新しい最適化手法とはいえないが，また同時に現在も陳腐なものでもない。それは唯一といっていいほどの実用的な最適化手法であるがゆえに，多くの分野での問題解決に広く応用されてきたためといえる。ここでは触れなかったが，**潜在価値**（shadow price）として知られているシンプレックス乗数の経済学的解釈，非線形モデルへの対応のための**区分線形計画**（separable programming）や**反復線形計画**（sequential programming）に加えて，輸送問題や最小費用流問題などに代表される，ある種の問題に対するグラフ理論との等価性などについての研究も行われている。また，テイラーメイドな手法といえる PROLP も時と場合によって利用価値の高い手法である。さらに内点法の更なる展開も期待できる。こうした LP の応用性の広さや深さを頼りにして，今後も引き続き LP と付き合っていくことは

たいへん有為といえる。

一方，NLP に対しては，LP におけるシンプレックス法や内点法のような真に実用的解法（大規模問題の大局的最適解を有限回数で解ける）は，いまだ存在していない。最適化技術の役割が今後ますます増えていくことが予想される中で，現実のほとんどのシステムは非線形であることを考えれば，非線形システムの最適化手法の新しい開発が望まれる。こうした中で，コンピュータ性能の飛躍的発展と，それに伴う有限要素法に代表されるようなシミュレーション技術をはじめとする周辺技術の著しい進展の中で，開発と応用が近年盛んな種々のメタ解法は，NLP に対しても適用の容易さや大局的最適化の面から今後より広範な応用が期待されている。

ついで，整数条件を持つ変数を導入することによって PSE における応用上有用な最適化問題を定式化できることを例を中心として示した。現在，MILP に限っていえば，市販の汎用ソフトウェアを用いてかなり大規模な問題も求解できるようになっている。また，今後とも固定費付き輸送問題に対するラグランジュ緩和のような問題固有の有効な緩和問題が見い出される可能性や，メタ解法の応用によるアルゴリズムの効率化も期待できる。しかし，一般に整数変数の増大が求解を飛躍的に困難にするという事実は変わらないため，問題ごと

コーヒーブレイク

「メタ思考」

メタとは多面的とか多義的といった接頭語として使われる。近年，これを使った専門用語が増えてきている。メタ工学，メタモデル，メタヒューリスティック，メタアプローチなどなど。こうしたカタカナの枕詞（まくらことば）がつくだけで一見，なぜかしら斬新でとび抜けて秀れているかの印象を持ってしまう。しかし過剰信仰は禁物である。皮肉にとれば理路整然とした理論的展開ができないから，とりあえず何とかしたいという魂胆がみえなくないでもない。小器用な場当たり的な生き方がもてはやされるのでは淋しい限りである。願わくは，メタのつかない一本道の世界が拓（ひら）かれんことを望んでいる人も少なくないのではないだろうか。

に工夫を凝らし，必要最小限の整数変数の導入でシステムの表現を行う努力が最適化工学の視点からは肝要である。

さらに，近年種々の分野で適用が盛んなメタ解法と総称される手法のうち，パイオニア的存在である遺伝的アルゴリズムにまず着目して最適化問題の解法としての適用法を示した。さらに代表的なその他の手法についても解説を加えた。一般に，こうした手法の計算負荷は必ずしも少なくないことなどから，従来は効果的な最適化手法とはみなされていなかった。しかしコンピュータ性能の飛躍的な向上に伴って，理論的背景に深くとらわれず，シミュレーションベースで手軽に最適化ができることは応用上の大きな利点である。また，多くの手法が集団ベースの手法であることから，不確定性を含むシステムにおけるロバスト解の導出にも有利である[70)]。ハイブリッド化や最適制御の解法としても利用できることを示したように，対象に応じて種々の工夫が比較的容易に盛り込めることなどから，今後ますますの展開や広範囲な応用が期待されている。

ところで定式化された問題を単に解くだけであれば，4.7節で紹介したように，種々の発展に支えられた優れたソフトウェアを利用すればよい。しかし問題を定式化する過程において，学んできた基礎知識は必須であると同時に新しい工夫を生み出す源になることをしっかりと認識しておいてほしい。

演　習　問　題

4.1　線形計画問題 max $\boldsymbol{c}^T\boldsymbol{x}$ subject to $A\boldsymbol{x} \leqq \boldsymbol{b}$ において，m 行 n 列の行列 $\boldsymbol{A}$ の階数が m であるとする。このとき，この問題の基底解は幾通りあるか。

4.2　変数 $\boldsymbol{x}$ に関して非負条件（$\boldsymbol{x} \geqq \boldsymbol{0}$）が付かない問題を標準形に直す工夫を示せ。

4.3　本文中の（p.4.8）をペナルティ法により求解せよ。

4.4　2段階法とペナルティ法の特徴を比較せよ。

4.5　つぎの線形計画問題について以下の問いに答えよ。

$$\min\ 3x_1+2x_2 \text{ subject to } \begin{cases} 2x_1+x_2 \geqq 2 \\ x_1+3x_2 \geqq 3 \\ 3x_1+4x_2 \leqq 12 \\ x_1,\ x_2 \geqq 0 \end{cases}$$

① 実行可能領域の端点をすべて挙げよ。

② 最適解とそのときの目的関数値を示せ。

③ この問題の双対問題を与えよ。

④ 双対問題の最適解は $\boldsymbol{\pi}^* = (\square\ \ 0.2\ \ 0.0)^T$ となる。このとき空欄に値を入れよ。

4.6　つぎの主問題に対する双対問題を与え，それぞれを図解法で解くことによって［定理 4.6］（1）の意味を確認せよ。

$$\text{（主問題）}\qquad \max\ x_1 + x_2 \ \text{subject to} \begin{cases} x_1 - x_2 \leqq 1 \\ -x_1 + x_2 \leqq 1 \\ x_1,\ x_2 \geqq 0 \end{cases}$$

4.7　本文中の［例 4.4］において，右辺係数を摂動させたときの目的関数値は，$z = 428 + 1.36\varepsilon_2 + 0.52\varepsilon_3$ と計算された。この結果から z 行のスラック変数の部分の係数が何を意味するかについて考えよ。

4.8　LP が現在でも多くの現実的な問題解決に利用されている背景にある特徴について述べよ。また，適用上の限界についても言及せよ。

4.9　$p_i > 0$ のとき，$\sum_{i=1}^{n} p_i((x - x_i)^2 + (y - y_i)^2 + (z - z_i)^2)$ を最小とする x，y，z を求めよ。

4.10　総生産費用 $f(x)$ が生産量 x に関して，$f(x) = a + bx^k$　（$k > 1$，定数）のように与えられているとき，単位生産費用を最小とする最適生産規模を求めよ。

4.11　駅 P，Q の間に新たに新駅 R を立地させることになった。PQ 間の路線は，**図 4.29** に示すように直線 $Ax + By + C = 0$ で表されるとする。また，大半の利用が見込まれる地域を点 E$(a,\ b)$ で表すとき，E から最短距離の点にこの駅を立地させようとするとき，立地点 R の座標 $(p,\ q)$ を求めよ。

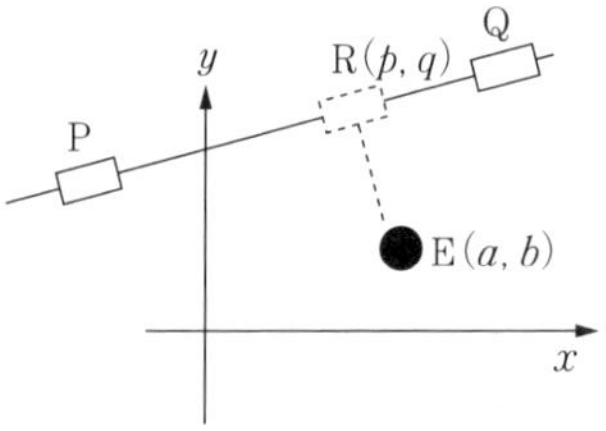

図 4.29

4.12　以下の問題について答えよ。

$$\min\ f(x_1, x_2) = (x_1 - 2)^2 + (x_2 - 2)^2 \ \text{subject to} \begin{cases} g_1 = x_1 \geqq 0 \\ g_2 = x_2 \geqq 0 \\ g_3 = x_1 + x_2 \leqq 1 \end{cases}$$

（1）　許容領域を図示せよ。

（2）　$f(x_1, x_2) = 2$，$f(x_1, x_2) = 4$ を表す図形を（1）での図中に重ねて描け。

（3）　最適解を求めよ。

（4）　最適点におけるラグランジュ乗数を求めよ。

4.13　$x_1x_2\cdots x_n=a$（一定），$x_i>0$（$i=1,\cdots,n$）のとき，$f(\boldsymbol{x})=x_1+x_2+\cdots+x_n$ を最小とする $x_1,x_2,\cdots,x_n$ と，そのときの最小値を求めよ。

4.14　長さが決められたロープで囲まれる面積を最大とする矩形は正方形であることを示せ。

4.15　A〜D の 4 種類の食品の重さとカロリーが**表 4.10** のように与えられているとする。いまナップザックに詰められる食品の総重量の上限を 50 kg とするとき，カロリーの総和が最大になるように詰めたい。この問題について，以下の問いに答えよ。

表 4.10

食品種類	A	B	C	D
カロリー〔kcal〕	24	2	30	60
重さ〔kg〕	20	10	15	20

（1）　詰めるときは 1，詰めないときは 0 の値をとる変数を用いて問題を定式化せよ。

（2）　単位重さ当りのカロリー（原単位）を計算して，この高い順に食品を並べよ。

（3）　上で求めた順に，重さが許容されるまで詰めていけばよいことがわかる。では，最適解を求めよ（このように欲張り法と呼ばれる解法を使えば，特に組合せ最適化問題を意識することなく求解できる場合もある）。

4.16　最小点が［0.0，10.0］の範囲にある単峰の $f(x)$ の最適値を黄金分割法により求めるとき以下の問いに答えよ。

（1）　最初 2 回の探索点を示せ。ただし $x_1<x_2$ とする。

（2）　$f(x_1^{(1)})>f(x_2^{(1)})$ であったとき，つぎの探索点 $x_1^{(2)}$ と $x_2^{(2)}$ を求めよ。

（3）　上の探索の結果，$f(x_1^{(2)})<f(x_2^{(2)})$ であったとき，最小値の存在範囲を求めよ。

4.17　フィボナッチ法を用いて，6 回の探索で〔0,21〕の間に存在する単峰関数 $f(x)$ の最大値を求めたい。このとき以下の問いに答えよ。

（1）　最初 2 回の探索点を示せ。ただし $x_1<x_2$ とする。

（2）　$f(x_1)<f(x_2)$ であったとするとき，つぎの探索点 x_3 はどこになるか。

（3）　最終的に最大値が含まれる区間は，最初の区間に対してどれだけの割合になるか。

4.18　n 元 n 次の連立方程式 $f_i(x)=0$（$i=1,\cdots,n$）に解が存在すると仮定するとき，最適化手法を用いてこの根を求める工夫を示せ。

4.19　最大化問題のある段階のシンプレックスが以下のように与えられていると

する。鏡像係数が 1.1 のときの鏡像点を求めよ。

$$x_1=\begin{pmatrix}1\\2\end{pmatrix},\ x_2=\begin{pmatrix}5\\4\end{pmatrix},\ x_3=\begin{pmatrix}3\\8\end{pmatrix},\ f(x_1)=2,\ f(x_2)=6,\ f(x_3)=8$$

4.20　2 次形式 $f(\boldsymbol{x})=2x_1^2+3x_2^2-4x_1x_2+x_1-5x_2+2$ について，以下の問に答えよ。

（1）　停留条件より，$f(\boldsymbol{x})$ を最小とする点 $\boldsymbol{x}^*$ を求めよ。

（2）　$f(\boldsymbol{x})$ のヘッセ行列 $\boldsymbol{H}$ を求めよ。

（3）　上のヘッセ行列は正定か負定か理由を示して答えよ。

（4）　点 $\boldsymbol{x}_0(1,\ 1)$ における $f(\boldsymbol{x})$ の最大降下方向ベクトル $\boldsymbol{g}$ と $\boldsymbol{H}$ に関して互いに共役（$\boldsymbol{g}^T\boldsymbol{H}\boldsymbol{v}=0$）となる方向ベクトル $\boldsymbol{v}$ を求めよ。

（5）　点 $\boldsymbol{x}_0(1,\ 1)$ から $\boldsymbol{g}$ と $\boldsymbol{v}$ 方向に探していけば，（1）での最適点 $\boldsymbol{x}^*$ に到達できる（$\boldsymbol{x}^*=\boldsymbol{x}_0+t_1\boldsymbol{g}+t_2\boldsymbol{v}$，$t_1, t_2$ はステップ幅）。この探索におけるそれぞれのステップ幅を求めよ。

4.21　2 次形式 $F(\boldsymbol{x})=\dfrac{1}{2}\boldsymbol{x}^T\boldsymbol{A}\boldsymbol{x}+\boldsymbol{b}^T\boldsymbol{x}+c$ において，相異なる 2 点 $\boldsymbol{x}, \boldsymbol{y}$ からある方向 $\boldsymbol{u}$ への最小点をそれぞれ $\boldsymbol{x}^*, \boldsymbol{y}^*$ とする。このとき $\boldsymbol{x}^*$ と $\boldsymbol{y}^*$ を結ぶベクトル $\boldsymbol{v}$ は $\boldsymbol{A}$ に関して $\boldsymbol{u}$ と共役となることを示せ。

4.22　メタヒューリスティックス手法（1）～（5）の説明として正しいものを（a）～（e）より選べ。

（1）　遺伝的アルゴリズム	（a）　鳥や魚の挙動からヒントを得た実数変数の最適化に適した手法である。
（2）　擬似焼きなまし法	（b）　SA と略され，近傍解の受理判定にマックスウェル・ボルツマン関数を使う。
（3）　粒子群最適化手法	（c）　近傍解の受理判定に短期記憶構造を使う。
（4）　タブーサーチ	（d）　GA と略され，進化論の考え方を模擬した手法である。
（5）　差分進化法	（e）　DE と略され，GA を特に実数変数の最適化に適するように展開した手法である。

4.23　Excel ソルバを使って NLP で問題 4.13 を解いてみよ。

5 多目的計画法による実行支援

5.1 多目的最適化の基礎概念

計画や設計の概要決定段階で与えられる条件や設計の基礎となるシステムモデルには，不確定な要因が種々含まれているのが通常である。このため，もしこの段階で不確定性に対する補償について十分に検討しておかないと，概要決定に従ってハードウェアができ上がってしまった後では，最適化どころか制御や操作をどのように変えてみても必要な性能を発揮できなくなるような事態が起こる。従来こうした事態への対応は，以下のように行われていたといえる。

（1） 概要決定段階での検討結果を具体的決定や詳細決定段階に受け渡す。

（2） 上での運用経験を，次回の概要決定にフィードバックする。

（3） （1），（2）の手順を繰り返す中で蓄積されてきたノウハウやヒューリスティックスを拠り所とする。

しかし，概要決定段階での考察対象をそこでの範囲に固定して考えずに，より広い範囲で問題解決を行った方が，より合理的となる場合が少なくない。このとき，概要決定上の評価自体も，総合的に評価することの重要性が認識されるようになってきている。具体的には経済性だけにとどまらず，リスクや安全性にかかわる**信頼性**（reliability），**柔軟性**（flexibility），**頑強性**（robustness）や**操作性**（operability）にも関心が寄せられている。さらには環境汚染に関しても，単に法的規制を満足するだけにとどまらず，できるだけ環境負荷物質を出さない努力が要求されるようになってきている。このとき，経済性と安全性だけをとってみても，一般に**共通の評価尺度を持たない**うえに**競合関係**が見られ，両方を同時に最適にすることは不可能である。

このように，システムをとりまく環境の変化やシステム境界の拡大に伴って評価の観点が多様になれば，ほぼ必然的に互いに競合を起こす評価が含まれるため，それらの間の調整を図って全体として最も望ましい方向に導く努力が求められるようになる。こうした複数の評価を同時に満たすことが求められる**多目的最適化問題**（multi-objective optimization problem，略して MOP）は，一般的に（p.5.1）のように定式化される。

(p.5.1)　　$\min \boldsymbol{f}(\boldsymbol{x})=\{f_1(\boldsymbol{x}), f_2(\boldsymbol{x}), \cdots, f_N(\boldsymbol{x})\}$ subject to $\boldsymbol{x}\in X$

ここで，$f_1(\boldsymbol{x}), f_2(\boldsymbol{x}), \cdots, f_N(\boldsymbol{x})$ は N 個の目的関数である。また，$\boldsymbol{x}$ は決定変数を表し，それらの存在範囲には制限 X がある。もしすべての目的関数を同時に最適にするような実行可能解が存在するとすれば，問題として有意とならないので，多目的最適化では，目的の中にはどれかを良くしようとすれば，他のどれかが悪くなるような組が必ず含まれるものとする。また，評価自体においても共通の尺度を持たないものとする。したがって，最適化の過程において達成に関して目的間の調整を図り，**意思決定者**（decision maker，略して DM）の選好基準を柔軟かつ容易に反映させることができる解法が必要となる。ところで応用上の MOP においては，$\boldsymbol{x}$ の次元$=n>\boldsymbol{f}(\boldsymbol{x})$ の次元$=N$ である場合が多いため，また，選好に関しても決定変数を基準とするより目的関数値基準による判断の方が DM には容易なため，目的空間 Z^N での考察の方が一般的となる。

まず，MOP においてよく用いられる二三の用語の簡単な説明をしておく。

定義 5.1　選好関係：集合 X の任意の 2 要素 $\boldsymbol{x}$，$\boldsymbol{y}(\in X)$ 間における DM の選好を表す二項関係を**選好関係**と呼び，$\boldsymbol{xPy}$ のように表す。このとき，目的空間 Z^N での選好関係 P は以下の三つに分類される。

1. $(Z^N, >)$：強選好関係（要素間で選好上の順序がつけられる）
2. $(Z^N, \sim)$：無差別関係（要素間で選好上の差がない）
3. $(Z^N, <)$：選好関係（$(Z^N, >)$ と $(Z^N, \sim)$ の和集合）

そして，$\exists \boldsymbol{f}^i$，$\boldsymbol{f}^j\in Z^N$ に対して，$\boldsymbol{f}^i$ は $\boldsymbol{f}^j$ より好ましいとき $\boldsymbol{f}^i>\boldsymbol{f}^j$ と表す。

定義 5.2　$\exists\, \hat{\boldsymbol{x}}^*\in X$ に対して，$\boldsymbol{f}(\hat{\boldsymbol{x}}^*)\geq\boldsymbol{f}(\boldsymbol{x})$ となるような $\boldsymbol{x}\in X$ が存

在しないとき，$\hat{x}^*$ はパレート最適解† と呼ばれ，それらの解集合を**パレート最適解集合**（pareto optimal solution set，略して POS），あるいは**非劣解集合**と呼ぶ。ここで記号$\geq$は，$\boldsymbol{f}(\boldsymbol{x})$ のすべての要素について$\geqq$であって，かつ少なくともどれか一つについては厳密な不等号関係が($>$)成立することを表す。

定義 5.3　$\exists\, \underline{\hat{x}}^* \in X$ に対して，$\boldsymbol{f}(\underline{\hat{x}}^*) > \boldsymbol{f}(\boldsymbol{x})$ となるような $\boldsymbol{x} \in X$ が存在しないとき，$\underline{\hat{x}}^*$ は**弱パレート最適**であるといい，それらの解集合を**弱パレート解集合**と呼ぶ。

定義 5.4　$\forall\, \boldsymbol{x} \in X$ に対して，$\boldsymbol{f}(\boldsymbol{x}^*) \leqq \boldsymbol{f}(\boldsymbol{x})$，$\boldsymbol{x}^* \in X$ が成立するとき，$\boldsymbol{x}^*$ を**完全最適解**と呼ぶ。

これらの例を**図 5.1** に示す。また，POS の目的空間への写像およびこの接平面の傾きをそれぞれ**トレードオフ曲面**，**トレードオフ比**と呼ぶ。

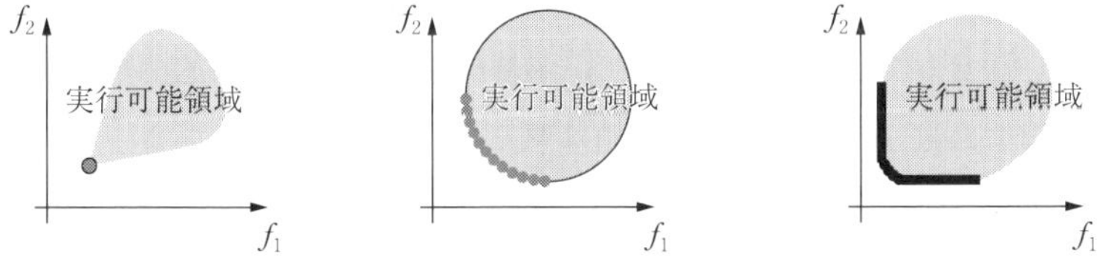

（a） 完全解が存在　　（b） パレート解のみ　　（c） 弱パレート解を含む

図 5.1　目的関数空間での解集合

パレート最適性は多目的最適化の重要な基礎概念となるので，2 目的 2 変数の例を用いて決定変数空間においてもう少し説明を加える。**図 5.2** 中の 2 組みの楕円群は，それぞれ f_1，f_2 の目的関数の等高線を表している。例えば，いま f_1 は，ある食事での味の良さを表し，f_2 は値段の評価で安いほど高いとすると，f_1，f_2 のそれぞれの頂点 p，q で，最もおいしい，または最も安い決定が行われることになる。

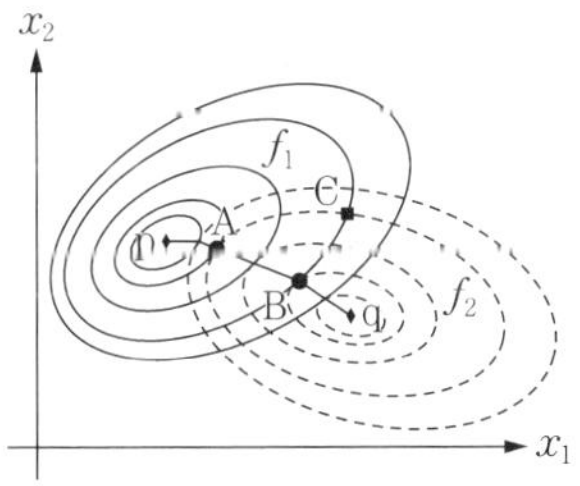

図 5.2　決定変数空間でのパレート解集合

† パレート解と略されたり，ほかに**非劣解**（non-inferior solution），**非優越解**（non-dominated solution）などと呼ばれたりする。

ここでA，B，Cで表される三つの別々の選択肢を考える。このときAとCを比較すると，$f_1(A)>f_1(C)$，$f_2(A)=f_2(C)$ であり，値段は同じでAの方がおいしいので，CよりAの方が好まれる。一方，BとCを比べたときは，$f_1(B)=f_1(C)$，$f_2(B)>f_2(C)$ であり，味は同じだがBの方が安いので，Bの方が好まれる。このような選択肢間の比較では好ましさに関して順序付けが可能である。しかし，AとBを比べた場合，$f_1(A)>f_1(B)$，$f_2(A)<f_2(B)$ であり，AはBよりおいしいが高い。またBはAより安いがまずい，というねじれの構図となっており，値の大小からはAとBどちらが好ましいかの判断はつかない。こうした順序付け不可能な範囲にある点はAとB以外にも無数にあって，いまの場合，これらは二つの等高線の接線が一致する点の軌跡，山にたとえれば二つのピークpとqを結ぶ稜線上に位置する。これが決定変数の空間で描いたPOSである。この線上からどちら側にはずれても，必ずそれより良い決定ができる。したがって，最終的な解は，ある目的関数の値を良くしようとすれば，どれか他の関数値は悪くしなければならないような限界の集合であるPOSの中から選ぶのが合理的となることは，ここでの説明からよく理解されるものと思う。

さて問題の成立上，完全最適解は存在しないことを前提とするとき，上で述べたようにパレート最適解どうしは，おのおのの目的関数値だけでは順序付けが不可能なため，DMの好みを反映する別の決定規範（価値システム）が必要となる。換言すれば，多目的最適化は，個々の目的に関する最適化ではなく，競合する目的間のトレードオフを考慮して，DMにとって最も好ましい妥協解を選好上の最適解として求める決定問題といえる。このような意味で得られる解は**選好最適解**（preferentially optimal solution），あるいは**最良妥協解**（best compromise solution）と呼ばれる。

5.2　多目的解析手法

MOPの基礎となるPOSをまず求め，つぎにそれに基づいてトレードオフ関係を分析して，最終的な意思決定につながる知見を得ようとする試みは**多目

的解析と呼ばれる。以下では従来からの解析法と近年盛んに研究が進められている進化型手法の代表的手法について説明する。前者の方法は，複数の目的を何らかの形で単一目的の問題に変換してから処理する手順を与える。一方，後者の方法では複数の目的を変換せずにそのまま取り扱う。

5.2.1 従　　来　　法

パレート最適解を求める方法としては，従来 ε-制約法と重み付け法がよく用いられてきた。また，重み付け min-max 法も同様に便宜的に利用できる。(p.5.1) に対して，これらはそれぞれ以下の〔1〕～〔3〕のように定式化される。

〔1〕 ε-制約法

(p.5.2)
$$\min\ f_p(\boldsymbol{x})\ \text{subject to}\ \begin{cases} \boldsymbol{x}\in X=\{\boldsymbol{x}\,|\,g_i(\boldsymbol{x})\leqq 0 \quad (i=1,\cdots,m)\} \\ f_k(\boldsymbol{x})\leqq f_k^*+\varepsilon_k \quad (k=1,\cdots,N,k\neq p) \end{cases}$$

ここで，$f_p(\boldsymbol{x})$ は主眼とする目的関数で，残りの目的関数は制約条件として取り扱う。ここで f_k^* と $\varepsilon_k(>0)$ は，それぞれ第 k 目的の理想（最適）値とそれからの劣化（ε-制約）量を表す。

〔2〕 重 み 付 け 法

(p.5.3)
$$\min\ \sum_{k=1}^{N} w_k f_k(\boldsymbol{x})\ \text{subject to}\ \boldsymbol{x}\in X \quad \left(\sum_{k=1}^{N} w_k=1,\ \ w_k\geqq 0\right)$$

目的間の相対的重要度を与える重み係数 w_k を用いて総和をとった目的関数を用いる。

〔3〕 重み付け min-max 法

L_∞ 距離で測って理想値から最も離れている目的関数値に基づく手法である。

(p.5.4)
$$\min_{x}\max_{i}\ w_i(f_i(x)-f_i^*)\ \text{subject to}\ \boldsymbol{x}\in X$$

ここで，f_k^* と w_k は，それぞれ理想値（図 5.5 では原点）と目的間の相対的重要度を与える重み係数である。また実際に，数理計画法を適用して解く場合には，これを (p.5.5) のように変換するのが便利である。

$$\text{(p.5.5)} \qquad \min\ \lambda \ \text{subject to} \begin{cases} \boldsymbol{x} \in X \\ w_k(f_k - f_k{}^*) \leqq \lambda \quad (k=1,\cdots,N) \end{cases}$$

いずれの方法も，最終的に問題は単一目的の最適化問題となる。したがって，通常の最適化手法を適用して，〔1〕では劣化量の組を，〔2〕と〔3〕では重み係数の組を，いろいろ $(1,2,\cdots,n)$ 変えて求解することによって，目的空間での POS をそれぞれ**図 5.3**～**図 5.5** に示すように求めることができる。特に目的関数の数が高々 3 個までの場合には，2 目的問題の場合に図示したように，一方を少し良く（悪く）すれば他方はどれだけ悪く（良く）なるかといった目的間の競合関係を視覚的にとらえることができる。また，これらの方法の適用は単純であるため，トレードオフ解析を行う上で非常に有用である。中

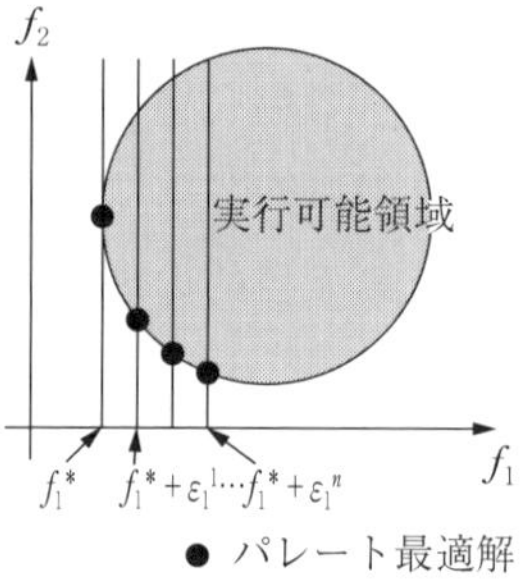

図 5.3　ε-制約法の図式表現例

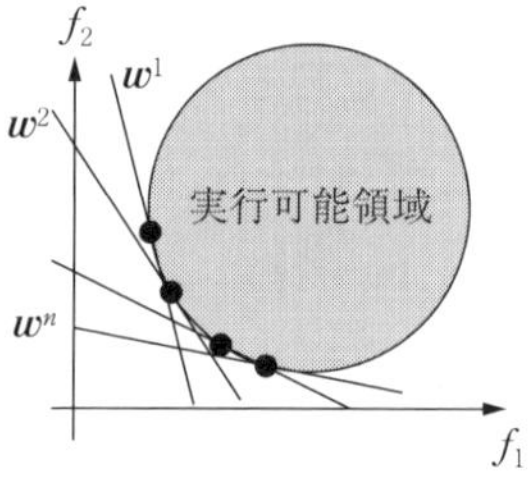

図 5.4　重み付け法の図式表現例

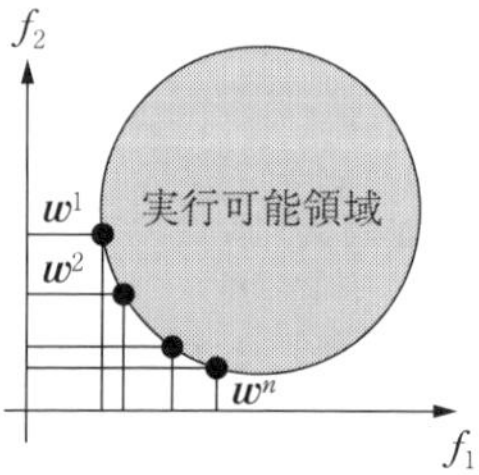

図 5.5　重み付け min-max 法の図式表現例

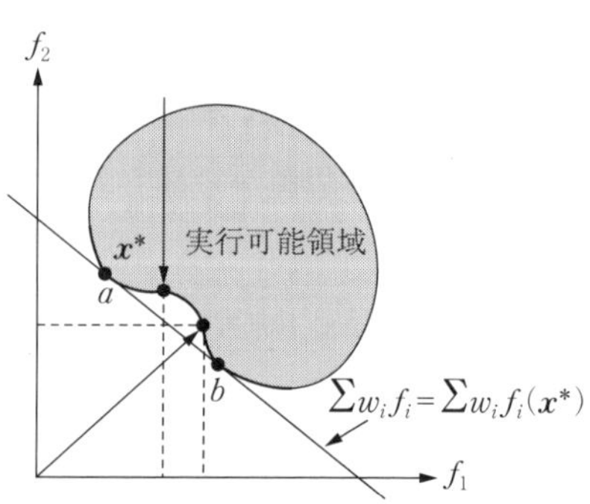

図 5.6　重み付け法の適用限界

でも〔2〕の方法は直観的で理解されやすいが，工学システムに応用する場合には，適用上の数学的条件の弱い〔1〕や〔3〕の方法を用いた方が確実である。これは**図5.6**に示すように，解集合が凸集合でない場合には，〔2〕の方法では曲線 ab に対応する部分のパレート最適解は求められない。これに対して，〔1〕や〔3〕の方法では対応できるためである。

5.2.2 多目的進化法

価値の多様化の進んだ近年における多目的最適化への意義の高まりと相伴って，**進化アルゴリズム**（evolutionary algorithm，略してEA）のこの分野への拡張が盛んとなっている。しかし厳密にいえば，これらの方法は唯一の選好最適解の導出を目指すものではなく，前項の方法と同様，競合する目的間のトレードオフ関係（パレートフロント）を明らかにしようとする多目的解析法とみなすのが妥当である。このような**多目的進化法**（multi-objective EA，略してMOEA）は，以下の二つの観点を考慮した通常（単一目的）の進化手法からの拡張であるといえる。

- POSに属する個体の選択方法
- さまざまな個体がPOSを形成できるようにするための多様性を維持する方法

ところで ε-制約法での劣化量や重み付け法や重み付けmin-max法での重みを，どのように設定すれば，広い範囲に分散したトレードオフ曲面を形成できるかについての答は用意されていない。これに対してMOEAは，多数の候補解を同時に考慮すること（集団ベースの方法）から，上述の拡張が成功する限りにおいて，アルゴリズムを1回用いるだけで広範囲に分布したPOSを得ることができるという特徴を持つ。加えてMOEAは，パレートフロントの形状や連続性にあまり影響されることはない（特別なことをしなくてもパレートフロントの不連続性や非凸性に対応できる）。これらの点は，現実問題を取り扱う場合に従来法に比べて有利といえる。ただし，従来法でも重み係数や ε-制約の設定量をパラメトリックに変化させた問題を，直前の解を初期解として繰り返し求解するようにアルゴリズムを構成しておけば，1回の試行で効率的に解集合を求めることができるため，上述のような主張の根拠の一部は薄れる。

これまでさまざまな手法が提案されているが，ここでは最も研究が進んでいる**多目的遺伝的アルゴリズム**（multi objective GA，略してMOGA）について，それぞれの代表的な方法の概要を以下の分類[1]に従って示すにとどめる。

- 集積関数による方法
- 集団指向の方法
- パレート基準による方法

〔1〕 集積関数による方法

これに分類される方法では，5.2.1項で述べた従来法による定式化が利用できる。このほかに目標計画法や目標到達法もまたパレートフロント導出のために利用可能である。すべての定式化は単一目的の最適化問題となることから，この解法に（通常の）進化法を用いることができる。

〔2〕 集団指向の方法

ここでの方法は，探索の多様性を維持するために集団ベースの探索の利点を積極的に生かそうとするものである。

Schafferによって提案された**VEGA**（vector evaluated genetic algorithm[2]）は，ここに分類される方法のパイオニアとなる方法である。VEGAは，通常（単一目的）のGAにおける淘汰・選択ルールのみの修正を行ったものである。いま全個体数をN_pとするとき，N目的の問題では個体数がN_p/NとなるN個のサブ集団をまず作る。つぎに例えば，k番目のサブ集団中の個体では，第k番目の目的関数だけを考慮して決めた適応度を使って（サブ集団ごとに）淘汰・選択を行う。このとき，サブ集団の淘汰・選択は特定の目的関数だけに影響されるので，それぞれが評価される目的がそこでの決定に関して支配的となる。一方，次世代の集団を作るための交さや突然変異といった遺伝操作は，サブ集団を混ぜ合わせて一つにした後に通常のGAと同様に行われる。

この方法は実装しやすい反面，いくつかの欠点が指摘されている。一つ目は，パレート最適性の概念が淘汰・選択の機構中に直接的に入っていないため，いわゆる「分離」現象が生じることである。これはすべての目的に対してほど良い妥協（中庸）となる解は，いずれの目的に対してもサブ集団での最良解とはならない。したがって，そのような解は妥協解の一つとして非常に有望であるにもかかわらず，いずれのサブ集団でも生き残れずに淘汰されることになる。

さらにすべてのサブ集団を混ぜ合わせて一つにまとめることは，適応度を全目的にわたって平均化することと同一とみなせるため，これから得られる適応度は目的関数値の線形和と実質的に変わらない。このためパレートフロントが非凸となる場合には，この非凸部分は導出できないことになる。ただし多少工夫すれば，この問題はある程度，解消することは不可能ではないが†，淘汰・選択則に起因するVEGAの本質的な問題点は残ることになる。このほかにもいくつかの手法が提案されている[3)~7)]。

〔3〕 パレート基準による方法

この分類に属する方法では，パレート最適性の概念は淘汰・選択の機構に反映されている。この数年来，数多くの方法が提案されており，現在の主流となっている。以下では代表的な手法のみを紹介する。

（a） MOGA (non-dominated sorting and the multi-objective genetic algorithm)　この方法における淘汰・選択は，順位の高い個体を優先しようとする基準に従う。順位付けは，非優越性の概念に基づいて集団がパレートフロントに素早く移動できるように行われる。いったん，順位が決定された後，それは適当な関数によって適応度に変換される。同じ順位を持つ個体は，すべて同じ確率で次世代に選択されるよう同一の適応度とする。Goldbergの順位付け法[8)]は，集団中で他の個体によって優越されることのない解集合を分離することから始められる。こうして分類された解集合中の個体に第1位の順位を与え，その後の順位付け対象からははずされる。残りの個体群に対して同じように優越されることのないものを探し出して，これらに順位2を与える。すべての個体に順位が決まるまで同じ手順を繰り返す（**図5.7**参照）。また，

† 例えば，本来の目的関数にいくつかの異なる重み係数の組によって線形結合された新しい目的関数，i.e., $f_{N+j}(\boldsymbol{x})=\sum_i w_i^j f_i(\boldsymbol{x})$ $(j=1,2,\cdots)$ を追加して適用することで，分離現象を起こりにくくすることができる。

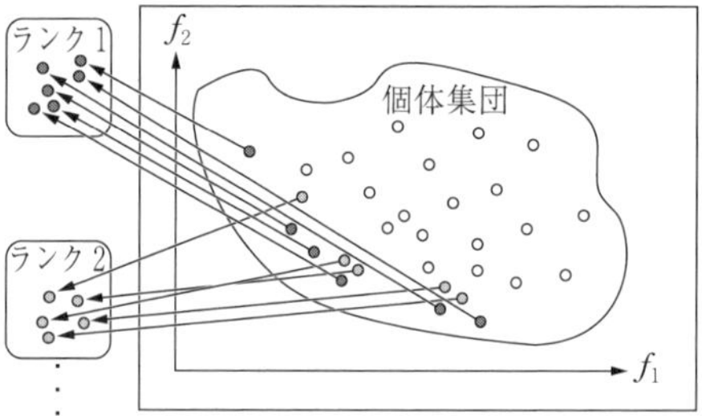

図 5.7　MOGA でのランキング法の図的表現

Goldberg はパレートフロントが広範囲に広がるようにするため，**すみわけ関数**（sharing function）を用いて，互いに近づきすぎないようにする，**すき間化技法**（niching）の提案も行っている[9)]。

一方，Fonseca と Fleming の順位付け法[10)]では，対象とする個体が他の個体によって優越される個数によって順位が決まる。現世代 t で個体 $\boldsymbol{x}^i$ が $p_i(t)$ 個の個体によって優越されるようなとき，$\boldsymbol{x}^i$ の順位は

$$\mathrm{rank}(\boldsymbol{x}^i)=1+p_i(t) \tag{5.1}$$

と決定される。ここでも生成する解の分散化のため，すき間化技法を使う。この方法は Goldberg の方法と比べて計算量を抑え，実装も比較的容易となるが，性能はすき間のとり方を調整するすみわけ関数中のパラメータの σ_{share} の選び方に依存するといわれている。容易に想像できるように，これらのアルゴリズムの性能は，集団サイズや目的関数の数が増大するに従って急速に低下する。

（b） NSGA（non-dominated sorting genetic algorithm）　淘汰・選択をする前に，NSGA[11)]では**図 5.8** に示すように，非優越性の概念に基づいて互いに共通部分を持たない解集合として形成されるフロント層ごとに順位付けを行う。もし，各サブ集団の個数を p_i とするとき $N_p=\bigcup_{i=1}^{k}p_i$ となる。ここで k は，このようなフロント層（サブ集合）の数を表す。そして適応度が最も好ましいものから最後のものまで順番通りに適応度が決められる。例えば，フロント 1 の個体には，すべてが同じ選択確率となるように集団サイズの N_p を仮の

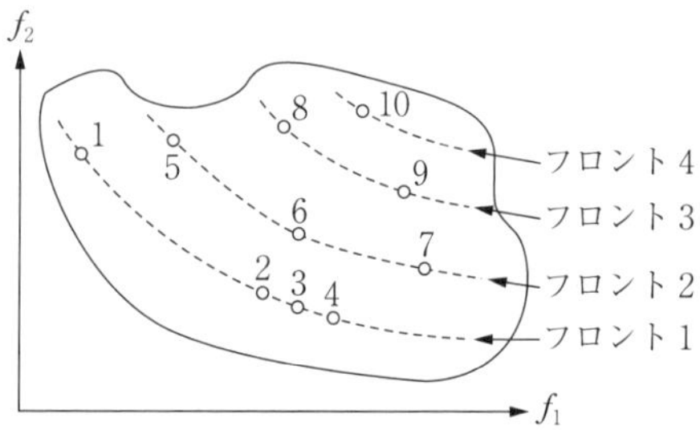

図 5.8　NSGA でのランキング法の図的表現

適応度として与える。すなわち，$F_i=N_p$（$\forall i\in$ フロント1）とする。さらにパレートフロント面での解の分散化を図るため，すみわけルール（近隣解の数）によって上述で決められた適応度を調整する。このため決定変数空間で，同一フロント面上の別の解からのユークリッド距離を計算して基準化する。そしてこの値をすみわけ関数に反映させて，近隣度数（混雑しているほど大きな値を持つ）nc_i を求めて，すみわけ補正適応度 F_i を F_i/nc_i のように与える。

つぎに，第2のフロント面上のすべての個体に対して，第1フロント面での最小の適応度より少しだけ劣る値 $\min\{f_i \mid i\in \mathrm{front}\ 1\}-\varepsilon$ を与える。そして上述と同様にして，ここでのすみわけ補正適応度を決定する。この手続きをすべてのフロント面に対して行う。優先度の高い面での個体は，それに劣る面の個体より必ず大きな適応度となるため，より低いレベル集団に属する個体よりは，より高い確率で選択されることになる。

（c） **NPGA**（niched pareto genetic algorithm）　この方法[12]では，パレート優越トーナメントと呼ばれる選択則が用いられる。最初に集団中から任意の対（i,j）が選ばれる。そしてこれとは別に，t_{dom} のサイズの比較用の部分集団（比較標本）を決める。そして比較標本のすべての個体と対（i,j）を非優越性概念によって比較する。もし比較標本によって j は優越されるが，i は優越されないとき，i は勝者となり反対であれば敗者となる（**図5.9**参照）。もし，どちらも優越されるかあるいは優越されずに決着がつかないときは，すみわけルールによって勝者を決める（この手順は最初の探索では行われず，i か j のどちらかを同じ確率（0.5）で勝者とする）。すなわち，i または j と子孫集団中の個体（$k\in Q$）間の目的関数空間での基準化されたユークリッド距離に基づいて，近隣度数 nc_i と nc_j を求める。そして $nc_i\leqq nc_j$ なら i が勝者となり，反対の場合は敗者となる。勝者のみが次世代の親となり，交

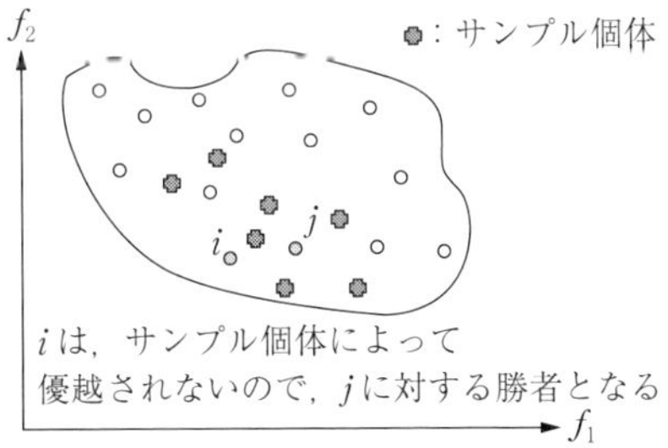

図5.9 NPGAでのパレート優越トーナメントの図的表現

さや突然変異といった遺伝操作によって子孫を作ることができる。この手続きは子孫の数が N_p となるまで繰り返される。

この方法では，限られた部分集団に対してのみ非優越性の判断を行い，近隣性も探索の進行に応じて適時評価されるため，長期にわたって非優越解となり続ける良い解を非常に早く発見することができる。さらに適応度という特別な値を設定する必要もない。しかしこの方法の性能は，すみわけの基準を与える近隣度数の決定法に加えて標本サイズ t_{dom} の設定にも大きく左右される。

（d）　NSGA-Ⅱ（the elitist non-dominated sorting genetic algorithm）

NSGA-Ⅱ[13] は，NSGA を発展させたもので，既存の優れた解が淘汰されることを防ぐためにエリート主義を用いる。また，多様性を保ち解の密集を防ぐための工夫も加えられている。この方法では，親 P_t と子孫 Q_t の両方の集合のすべての個体（したがって，全体としての $2M$ の個体）に対して非優越分類が行われる。N_p の大きさの親個体集合を次世代に生成する必要があるため，選好順に各フロントからこの大きさになるまで選ばれた集団を加えていく。一般的に，最後のクラスではすべての個体を含めることはできないため，混雑度による評価によって集団に入ることのできる個体が決められる（**図 5.10** 参照）。混雑度は特定の解に隣接する解の密集度の推定値である。次世代の子孫の集団 Q_{t+1} は混雑度トーナメント，交さおよび突然変異によって生成される。

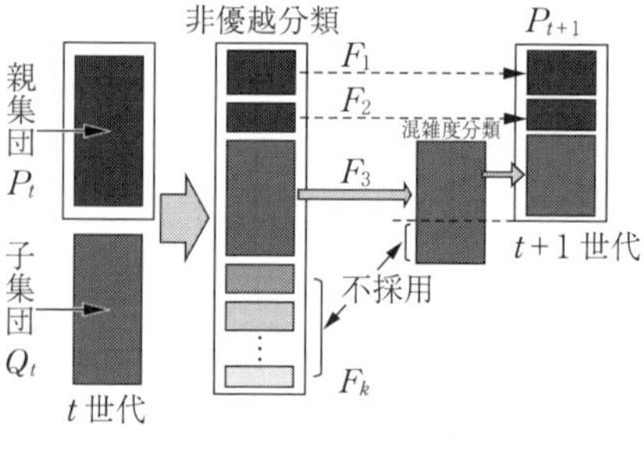

図 5.10　NSGA-Ⅱでの選択操作の図的表現

混雑度トーナメントの基準では，非優越順位と局所的な混雑距離によって，解 i は以下のいずれかの条件が満足されるときに解 j に対しての勝者となる。

- 解 i は解 j より，上位のランクに属する解である。
- ランクが同じときは，解 i の混雑距離が j より長い。

多くの事例において，NSGA-Ⅱは元の NSGA より高い収束性と良好な性能を発揮するといわれている。

（e） **その他の方法と MOEA の問題点** 上述の方法以外にもこれまで多数の方法が提案されているが，一般的に多目的進化アルゴリズム（MOEA）の方法を比較してみて，エリート主義は探索の効率化にとって重要な役割を果たすことがわかっている[14)]。

また，GA 以外のメタ解法の多目的への拡張も行われている。例えば，SA の場合の PSA[15)] や，非優越分類とすき間化ルールを用いる TS[16)] や，DE[17)] での拡張が知られている。さらに，サプライチェーンの発注・在庫問題への多目的 DE の適用[18)] や混合品種組立ラインの製品投入問題に対して，PSA と従来法との比較[19)] や多目的 scatter サーチが用いられた応用例[20)] もある。

既述のように，これらの方法はすべてパレート解集合を求める解析法であり，現実の応用で求められる選好最適解を導くものではない。MOEA では DM の持つ選好情報については無関心であり，多目的解析法として健全な（広がりと分散）パレートフロント面の導出に焦点を当てている。しかしたとえ多目的解析であっても，応用上からは DM の選好に関する関心をもっと反映した対応の方が望ましい。換言すれば，DM の暗黙に持ち合わせている価値関数 $V(\boldsymbol{f}(\boldsymbol{x}))$ の存在を意識するときの多目的解析は必ずしも全般的に行う必要はなく，ある特別な範囲に限定して行えば十分である。このことを多目的解析法の一つである ε-制約問題に基づいて示す。

$$\text{(p.5.6)} \qquad \min\ f_p(\boldsymbol{x})$$
$$\text{subject to } f_i(\boldsymbol{x}) \leqq f_i^* + \varepsilon_i \quad (i=1,2,\cdots,N,\ i \neq p), \quad \boldsymbol{x} \in X$$

ここで，価値関数の改善（最小化問題では，$\partial V/\partial f_i \leqq 0$ とする）は維持するという条件を加えて，上述の問題を書き直してみると，(p.5.6) は以下のように表現できる。

$$\text{(p.5.7)} \qquad \min\ f_p(\boldsymbol{x})$$
$$\text{subject to} \begin{cases} f_i(\boldsymbol{x}) \leqq f_i^* + \varepsilon_i \quad (i=1,2,\cdots,N,\ i \neq p), \quad \boldsymbol{x} \in X \\ \dfrac{\partial V}{\partial f_i} \leqq 0 \quad (i=1,\cdots,N,\ i \neq p) \end{cases}$$

このとき，**図5.11**（a）の場合のようにパレートフロント全体で価値関数の改善方向が達成されるときには，全体にフロントの広がりを求めることは有意義である。しかし同図（b）のような場合，フロントで改善方向となる領域が部分的（三角形の網掛けした）なときには，この部分のフロントに限定した解析で十分である。これ以外の領域では，フロント上の解よりもより好ましい解が集合内部に存在するためである。

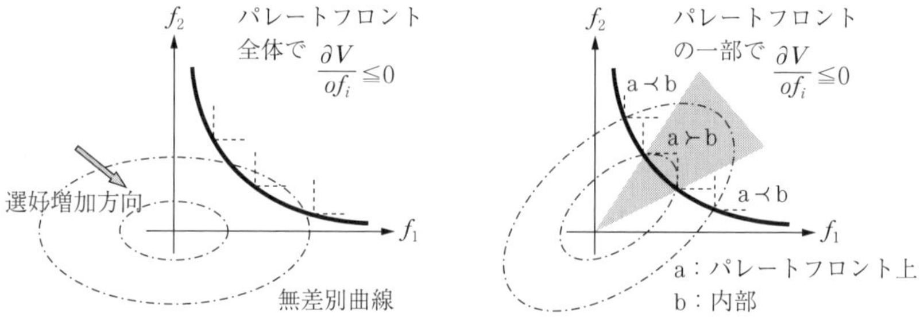

（a）　全体の場合　　　　（b）　部分的な場合

図5.11　求められるPOSの範囲

多目的解析における別の課題は，目的関数の数が3以上になったときの可視化技術である。容易に想像されるように，$N>3$ では，パレートフロント面をわかりやすく視覚的に表現するのはきわめて困難となる。

5.3　多目的最適化手法

5.3.1　選好最適性の必要条件

（p.5.2）の ε-制約問題の最適解はパレート最適解の一つを与える。この問題自体は通常の不等号制約条件付きの最適化問題であるので，よく知られているようにその最適性の必要条件は，関数の滑らかさに関する適当な仮定の下でKKT条件から導かれる。すなわち，ラグランジュ関数を

$$L(\boldsymbol{x}, \boldsymbol{\eta}, \lambda) = f_p(\boldsymbol{x}) + \sum_{j=1, j \neq p}^{N} \eta_j (f_j(\boldsymbol{x}) - f_j^* - \varepsilon_j) + \sum_{j=1}^{m} \lambda_j g_j \tag{5.2}$$

で定義するとき，（p.5.2）の最適解が満たすべき必要条件は

$$\frac{\partial L}{\partial \boldsymbol{x}}=\frac{\partial f_p}{\partial \boldsymbol{x}}+\sum_{j=1,j\neq p}^{N}\eta_j\left(\frac{\partial f_j}{\partial \boldsymbol{x}}\right)+\sum_{j=1}^{m}\lambda_j\left(\frac{\partial g_j}{\partial \boldsymbol{x}}\right)=\boldsymbol{0}^T \tag{5.3}$$

$$\eta_j(f_j(\boldsymbol{x})-f_j{}^*-\varepsilon_j)=0,\quad \eta_j\geqq 0\qquad (j=1,\cdots,N,\ j\neq p) \tag{5.4}$$

$$\lambda_j g_j=0,\quad \lambda_j\geqq 0\qquad (j=1,\cdots,m) \tag{5.5}$$

のように与えられる。ここで η_j および λ_j はそれぞれ ε-制約式，本来の制約式に対応するラグランジュ乗数である。

この条件を満足する最適な組（$\boldsymbol{x}^*,\boldsymbol{\eta}^*,\boldsymbol{\lambda}^*$）に対して，$\varepsilon$-制約式が活性なものについて

$$\frac{\partial f_p(\boldsymbol{x}^*)}{\partial \varepsilon_j}=-\eta_j^*\qquad (j=1,\cdots,N,\ j\neq p) \tag{5.6}$$

が成立する。この関係は，トレードオフ曲面上の点において，評価 j の劣化に対して評価 p の改善される比率（トレードオフ比）がラグランジュ乗数として与えられることを示している。これは式（5.3）の両辺に右側から，$\partial \boldsymbol{x}/\partial \varepsilon_j$ を乗じて

$$\frac{\partial f_i}{\partial \varepsilon_j}=\begin{cases}0 & (\text{if}\quad i\neq j)\\ 1 & (\text{if}\quad i=j\ \text{で活性})\end{cases}$$ および $\dfrac{\partial g_j}{\partial \varepsilon_j}=0$ を適用すれば導かれる。

ところで，目的空間 Z^N において，評価レベル間の無差別な選好関係によって規定される同値な集合，$U(\boldsymbol{f})=c$ は**無差別曲面**と呼ばれる。Z^N 空間中でこの無差別曲面をトレードオフ曲面，$T(\boldsymbol{f})=0$ と重ねて描けば，無差別曲面とトレードオフ曲面との交わりはトレードオフ曲面上の各点を同値類に分割することができる。したがって，選好最適解はこのうちから最も選好度の高いものを選べばよく，これは両曲面の接点で与えられることがわかる（**図 5.12** 参照）。

したがって，この点ではつぎの関係が成立している。

$$\left(\frac{\partial T(\boldsymbol{f}^*)}{\partial f_j}\right)_U=\left(\frac{\partial U(\boldsymbol{f}^*)}{\partial f_j}\right)_T\qquad (j=1,\cdots,N) \tag{5.7}$$

この式の左辺は問題の数学的条件として与えられるので，もしトレードオフ曲面上で無差別曲面を陽的に表現できれば右辺量も計算でき，純粋に数学的条件から選好最適解が得られることを示している。ところで右辺の目的 j の改善により効用の増加する割合，$(\partial U/\partial f_j)$ は**限界効用**と呼ばれる。

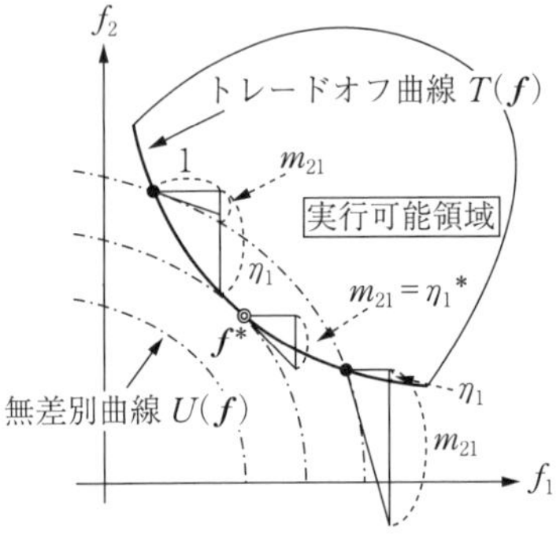

図 5.12　選好最適性の必要条件の説明図

さて，トレードオフ曲面上の任意の点で，他の評価レベルは一定のままにして，評価 p と評価 j 間のみに微妙な変化があった場合を考えることにする。この点で評価 p を Δf_p 良くするとき，選好レベルが変わらないようにするためには，評価 j を Δf_j だけ悪くしなければならないとする。この両者の比 $\Delta f_p/\Delta f_j = m_{pj}$ は**限界代替率**と呼ばれ，これを負にした値は式（5.7）の右辺に相当する。一方，このときの左辺は式（5.6）にほかならないので，けっきょく，選好最適解は次式を満足する必要がある。

$$\eta_j{}^* = m_{pj} \qquad (j=1,\cdots,N,\ \ j\neq p) \tag{5.8}$$

この条件は，もはや無差別曲面の陽的表現を必要としていないことに注意してほしい。探索過程において，トレードオフ曲面上にある解に対する DM の選好が限界代替率 m_{pj} として与えられれば，選好最適化問題を通常の最適化問題として取り扱える。別の見方をすれば，問題の構造から数学的に決まる量である $\eta_j{}^*$ と，人間の主観的基準による量である m_{pj} が一致することが，選好最適の必要条件であることを意味している。

しかし，上での議論は，あくまである基準点の近傍という条件の下で展開されてきた。一般に，探索は選好最適解の近傍から始められることはまれなため，最適化の通常の勾配法のように，最終解にたどりつくまでには繰り返し探索が必要となる。これらのことは，式（5.8）の条件が満たされるまで，人間-機械間で多数の情報のやり取りが必要となることを意味する。そこでいかに効果的に人間の整合的な選好上の判断を引き出すかが，多目的最適化問題の解法の最大のポイントとなる。なお，多目的最適化の理論的詳細については他の成書を参考にしていただきたい[21)~25)]。

5.3.2　多目的最適化手法の分類

多目的最適化にかかわる手法は，すでに述べたようにPOSを導出してトレードオフ分析を行う多目的解析と，選好最適化を目指す多目的最適化に大別される。このうち，選好最適化手法は，さらにDMの価値観を選好過程とは独立させて決めるものと，選好化過程の中で同時または逐次に決められるものに大別される。これらの分類を**表 5.1** に示す。

表 5.1　多目的最適化手法の分類

	選好順序の設定	選好情報の取得	おもな解法
多目的最適化	過程と独立	効用関数の確立	効用関数の最適化
	過程と同時 （一体）	非対話的情報	最適重み付け法 階層的最適化法 目標計画法
		対話的情報	最適化アルゴリズムの拡張 （試行錯誤法，ランダム探索法，IFW，SWT，軸方向探索法，傾斜法，一対比較法，シンプレックス法，…） 対話的目標計画法 （STEM，RESTEM，満足化トレードオフ法，…）
	過程と逐次 （並行）	一対比較情報	AHP MOON^2，MOON^{2R}（NNによる価値関数の同定）
多目的解析		視覚情報	ε-制約法，重み付け法，多目的進化法

選好過程と独立した方法の代表的なものとして**効用関数法**[26)]がある。そこでは多属性な効用を統合する効用関数 $U(f_1(\boldsymbol{x}), f_2(\boldsymbol{x}), \cdots, f_N(\boldsymbol{x}))$ の陽的な表現が最大の目的となる。そして，いったんこうした効用関数が求められた後は，通常（単一目的）の最適化問題に帰着させて取り扱われる。従来，社会経済学の分野で応用されてきたが，実用的な形で効用関数を表現するためには，かなり限定的な数学的条件[†]が必要であることや，意思決定状況の変化に対する適応性や柔軟性に欠けるため，工学システム向きではないといえる。

† 効用独立：ある属性の効用は，その他の属性の効用に依存しない。
選好独立：ある属性と別の属性間の選好関係は，その他の属性の選好レベルに依存しない。

一方，選好過程と一体的な方法は，さらに求解過程において対話的な情報を用いるものと，あらかじめ用意された情報に基づく非対話的方法に分けられる。非対話的方法では，よほど目的間の選好関係が明確でない場合を除いて，競合する目的間の満足のいく調整は難しく実用的とはいえない。これに対して対話的方法は，逐次的なトレードオフ分析に基づいた求解が可能で，工学システムでの多くの問題の解法に適すると考えられる。

また，選好最適解を導出するとき，非対話的解法のように選好情報の抽出が硬直的でなく，また対話的解法のように求解過程の中で応答が求められる煩わしさもない新しい解法である MOON^2（Multi-Objective Optimizer in terms of Neural Network）[27),28)] や MOON^{2R}（MOON^2 of Radial basis function）[29),30)] の提案もされている。AHP（analytic hiearchy process）[31)] を含めて，選好情報の取得過程と求解過程を分離したこれらの手法での選好情報の取得は一対比較を用いて行われる。

以下では，これらのうちいくつかの代表的な方法を取り上げて解説する。

5.3.3 非対話的解法

DM の選好関係を，例えば効用関数のように適当な総合的なスカラ目的関数として与えることが可能な場合には，通常の最適化問題から選好最適解を求められる。例えば，目的ごとの理想値からの選好上の最適な劣化量や，相対的重要度を表す重み係数が既知であれば，それらをそれぞれ，(p.5.2) の第 2 制約式中の各 ε_k，または (p.5.3) や (p.5.4) の目的関数中の各 w_k に代入して，問題を解けば選好最適解を得ることが可能となる。基本的にこうした考え方に基づく方法を以下に示す。

〔1〕 最適重み付け法

何らかの方法で（例えば，5.4.2 項の AHP など）目的間の相対的重要度を表す最適な重み係数 $\boldsymbol{w}^*$ を決め，(p.5.3) や (p.5.4) に帰着させるものである。

〔2〕 階層的（辞書式ルールに従う）方法

まず，目的を優先度の高い順番に並べて（$f_1 \rightarrow f_2 \rightarrow \cdots \rightarrow f_N$ とする），第 1 段階の最適（最小）化を最優先の目的 f_1 だけを取り上げて行う。つぎに第 2

の優先順位の目的 f_2 についての最適化を，制約条件 $f_1(x) \leqq (1+\varepsilon_1) f_1^*$ を新たに付け加えて行う。ここで f_1^* は第 1 段階での最適な目的関数値を，ε_1 は 2 番目以下の目的の達成のために許容できる f_1^* からの劣化量を表す。ついで第 3 順位の目的 f_3 についての最適化を条件 $f_1(\boldsymbol{x}) \leqq (1+\varepsilon_1) f_1^*$ および $f_2(\boldsymbol{x}) \leqq (1+\varepsilon_2) f_2^*$ を付加して行う，といった手順を繰り返し，最終段階で

$$\text{(p.5.8)} \quad \min f_N(\boldsymbol{x}) \quad \text{subject to } f_i(\boldsymbol{x}) \leqq (1+\varepsilon_i) f_1^* \quad (i=1,\cdots,N-1) \ \& \ \boldsymbol{x} \in X$$

の求解結果を選好最適解とする。

本手法は，多目的最適化手法の化学プロセスへの最初の適用例として，原油分解精製プロセスの経済性と操業上の安定性を考慮した最適設計へ応用されている[32]。ところで，実質的に（p.5.8）は，ε-制約問題と等価であり，これより一つのパレート解が得られるが，具体的に ε をどのように与えるかについては触れられていない。しかし，同一尺度で比較不可能な二つの指標を評価するのに，「利益をいくら犠牲にして操業上の安定性を向上させるか」という直接的な形で選好を問えるので，重み付け法での重みの調整のように間接的にしかできない場合に比べて，調整は格段に容易といえる。

〔3〕 **理想値からの最短点に求める方法**

適当な一つの理想点 $\boldsymbol{f}^*$ を設定し，これに最も近い点を選好最適解とする方法である。決定規範として一般重み付き距離関数† d を導入して以下のように定式化される。

$$\text{(p.5.9)} \quad \min d(\boldsymbol{f}(\boldsymbol{x}), \boldsymbol{f}^*) = \{ \sum_{k=1}^{N} w_k | f_k^* - f_k(\boldsymbol{x}) |^p \}^{1/p} \text{ subject to } \boldsymbol{x} \in X$$

ここで，重み係数 w_k は既知とする。

（p.5.9）では p を変えることで種々の距離概念に対応できる。例えば $p=1$ のときには，**目標計画法**（goal programming）[33] の一形態とみなすことができる。ただしこの場合には，（p.5.3）に帰着されることから，必ずしも非劣解

† 平面上の同一直線上にない相異なる 3 点 x, y, z に対して，$d(\boldsymbol{x}, \boldsymbol{y})$，$d(\boldsymbol{y}, \boldsymbol{z})$，$d(\boldsymbol{x}, \boldsymbol{z}) \geqq 0$ で $d(\boldsymbol{x}, \boldsymbol{y}) + d(\boldsymbol{y}, \boldsymbol{z}) > d(\boldsymbol{x}, \boldsymbol{z})$ が成立するような d を距離関数と定義する。

集合の中から選好最適解が得られるとは限らない点に注意しておく必要がある。また $p=\infty$ のときには，(p.5.4) に該当するいわゆる最大不平最小化（min-max）戦略となる。

ここで示した方法の手法自体は平明で理解されやすい反面，選好構造を特定していることや，設定した重み係数や劣化量とその結果得られる選好解との関係が直接的でないという弱点を持っている。試行錯誤によらずにDMの選好を正確に反映するこれらの値の設定が可能であるかどうかは疑わしいにもかかわらず，設定が不適切な場合への対応についてはまったく考えられていない。こうした点から，現実での有効性は限定して考えられるべきである。

5.3.4 対話的解法

前項での考え方や効用関数法では，何らかの形で総括的な選好関数 $U(f_1(\boldsymbol{x}),\cdots,f_N(\boldsymbol{x}))$ を陽的に表現する必要があったが，これを現実に行うためには一般に求解前に種々の仮定と多くの労力を要するため，応用には不向きな場合が多い。以下の方法は，U の存在を暗に想定するものの，それを陽的に用いることを前提としない。代わりに選好化過程中の探索点近傍の局所的情報に基づいて，DMの選好構造を順次明らかにしながら解を求めようとするものである。したがって，一般的な求解手順としては，**図 5.13** にも示すように

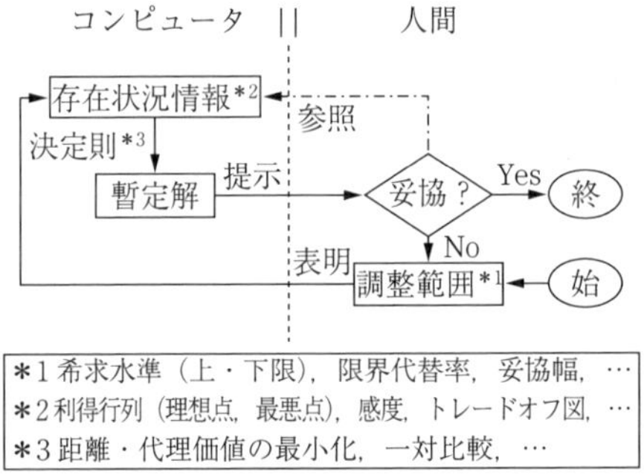

図 5.13　対話的解法のパラダイム

ステップ 1：非劣解の中から候補解を決め，その近傍での選好情報をDMに提示する（コンピュータ）。

ステップ 2：候補解に対する（DMの）選好を表明する（DM）。

ステップ 3：ステップ 2 での応答結果を反映させ，（より選好度の高い）つぎの候補解を導出する（コンピュータ）。

ステップ 4：選好上の満足が得られたかどうかを判断し，満足なら終了し，不満足

な場合はステップ2へ戻る（DM）。

という手順となる。こうしたあたかもコンピュータとDMの間で対話しているごとく見えるところが，対話的解法と呼ばれる由縁となっている。そして，現実の工学上の問題解決に対して優れた適応性を持つため，これまでに種々の解法が開発され，また応用されてきている。

しかし，DMは選好に関して局所的な判断しか行わないため，全般としては選好関係が不整合であったり，循環的になっていたりする恐れがある。このため手法の開発にあたっては，計算結果としての情報はできるだけわかりやすくDMに提示するとともに，そこで要求する返答もできるだけ答えやすい最小限のものに限定する工夫が求められる。今後の発展においても，コンピュータグラフィックスや知識工学の利用を通じた対話時の負担の軽減や応答の信頼性の向上のためのマンマシンインタフェースの設計開発が重要な課題になるといえる。以下では，これまでおもに工学システムに応用されてきた手法を中心にいくつかの対話的解法の概説を行う。

〔1〕 IFW 法

Geoffrionらは，選好関数，$U(f_1(\boldsymbol{x}), f_2(\boldsymbol{x}), \cdots, f_N(\boldsymbol{x}))$ の存在を暗に仮定して，単一目的下での最適化アルゴリズム Frank-Wolfe 法を拡張した **IFW 法**（Interactive Frank-Wolfe Method）[34]を開発している。

ある実行可能解 $\boldsymbol{x}^0$ に対して，選好関数 $U(\boldsymbol{f}(\boldsymbol{x}))$ の $\boldsymbol{x}^0$ 近傍における一次近似は

$$U(\boldsymbol{f}(\boldsymbol{x})) = U(\boldsymbol{f}(\boldsymbol{x}^0)) + \nabla_x U(\boldsymbol{f}(\boldsymbol{x}^0))(\boldsymbol{x} - \boldsymbol{x}^0) \tag{5.9}$$

となる。これから $\boldsymbol{x}^0$ において U を最も効率的に増加させる方向は，つぎの方向発見問題によって与えられる。

$$\text{(p.5.10)} \qquad \max \ \nabla_x U(\boldsymbol{f}(\boldsymbol{x}^0))\boldsymbol{x} \quad \text{subject to} \quad \boldsymbol{x} \in X$$

ここで通常，U は $\boldsymbol{f}$ に関する単調増加関数と考えてよいので，$(\partial U/\partial f_i)$ はつねに正となることに留意し，限界代替率 m_{ij} を用いれば，上と等価な問題を（p.5.11）のように与えることができる。

$$\text{(p.5.11)} \quad \max \left[\sum_{j=1}^{N} m_{ij} \nabla_X f_j(\boldsymbol{x}^0)\right]\boldsymbol{x} \quad \text{subject to} \quad \boldsymbol{x} \in X$$

この最適解を $\boldsymbol{x}^*$ とすれば，点 $\boldsymbol{x}^0$ における探索方向は，$\boldsymbol{d}=(\boldsymbol{x}^*-\boldsymbol{x}^0)$ と決められる。そこで，選好関数 $U(\boldsymbol{f}(\boldsymbol{x}^0+t\boldsymbol{d}))$ が最大となるステップ幅 t を一次元探索によって求めてつぎの探索点を決める。ここでまた，方向発見問題に戻り，同様の手順を繰り返すことによって選好最適点が求められる。しかしIFW 法には

- 探索中の解のパレート最適性については配慮されていない
- 一般に限界代替率 m_{ij} を直接的に答えるのは困難である
- 一次元探索における選好に関する判断が多数回必要となる

といった問題点が指摘されている。

〔2〕 **SWT 法**

IFW 法の問題点を解決するため，Haimes ら[35]はSWT 法（surrogate worth tradeoff method）を提案している。式（5.8）で示したように，選好最適点でのみ限界代替率とトレードオフ比は一致し，それ以外では互いに異なる。この事実は，トレードオフ比が限界代替率と等しくなる点を見つけ出せばよいことを示しているが，限界代替率を直接与えるのは困難なため，そのままでは利用し難い。そこで，トレードオフ比と限界代替率の差を**代理価値**（surrogate worth），$W_{pj}=(T_j/T_p)-m_{pj}$（$j=1,\cdots,N$，$j\neq p$）として定義し，これに基づく選好上の判断をDM に求める。実際には，ε-制約量を変化させることでトレードオフ曲面上のいくつかの点（$k=1,\cdots,K$）でラグランジュ乗数を導出し，これを参考にして各点での $W_{pj}(\varepsilon_k)$ の評価を－10～10 の得点として答えてもらう。これから，W_{pj} と ε_k の関係を曲線の当てはめや回帰分析によりモデル化して，最終的に $W_{pj}(\varepsilon)=0$（$j=1,\cdots,N$，$j\neq p$）となる点を選好最適点として求めるものである。

SWT の改良法がいくつか提案されているが，総じてこれらの方法は本質的に限界代替率のような微分量の決定を，直接的にせよ間接的にせよ，人間の判断にゆだねている点に応用上の問題点がある。

〔3〕 STEM 法

Benayoun らは，多目的線形計画問題に特に言及して **STEM**（STEp Method）[36] と呼ばれる手法を開発している。そこではまず，おのおのの目的関数だけに着目した単一目的最適化を目的関数の数だけ繰り返すことによって利得行列（**図 5.14** 参照）を作成する。その i-j 要素は，第 i 目的関数だけに着目した単一目的の最適化から得られた最適解 $\boldsymbol{x}_i{}^*$ で，第 j 目的関数を評価したときの値となる。したがって，その対角要素から成るベクトル $(f_1(\boldsymbol{x}_1{}^*), f_2(\boldsymbol{x}_2{}^*), \cdots, f_N(\boldsymbol{x}_N{}^*))$ は，一般には達成不可能な一つの理想点とみなすことができる。

$$
\begin{bmatrix}
f_1(\boldsymbol{x}_1{}^*) & f_2(\boldsymbol{x}_1{}^*) & \cdots\cdots & f_N(\boldsymbol{x}_1{}^*) \\
f_1(\boldsymbol{x}_2{}^*) & f_2(\boldsymbol{x}_2{}^*) & \cdots\cdots & f_N(\boldsymbol{x}_2{}^*) \\
\vdots & \vdots & & \vdots \\
\vdots & \vdots & & \vdots \\
f_1(\boldsymbol{x}_N{}^*) & f_2(\boldsymbol{x}_N{}^*) & \cdots\cdots & f_N(\boldsymbol{x}_N{}^*)
\end{bmatrix}
$$

図 5.14　利得行列

つぎに，min-max 基準で，この理想点に最短の点を暫定の選好解とする。すなわち，$p=\infty$ に対応する（p.5.9）を解く。この結果には，各目的の達成度を相互に比較したときに，満足なものと不満足なものが含まれているため，DM に各目的の達成度を判断してどちらかに分類してもらう。

さらに，満足と判断された目的 i（$\in I_{\mathrm{sat}}$）に対しては，不満足な目的の改善のために許容できる妥協の限界 Δf_i も答えてもらう。そして，以降の探索においては，目的関数とはせずに，応答結果を制約条件 $f_i(\boldsymbol{x}) \leqq f_i{}^* + \Delta f_i$ として反映させる。一方，不満足とされた目的は目的関数として残し，改めて目的関数間の利得行列を作製する。

そして，新しい理想点の設定，min-max 基準に基づく選好解の更新，という手順をすべての目的について DM によって達成が満足と判断されるまで繰り返す。

この手法では，理想点は利得行列の対角要素により設定されているが，これが探索に従って不適当となる傾向がある。また，DM の応答が不適当であった場合にも，調整機能を持たないため選好基準に則した解がうまく求められなくなるという弱点を持つ。しかし対話時に要求される判断は，先述の方法のように選好に関して微分量の判断を必要とせず，ふだん人間が価値判断をする場合にもよく用いられるものである。このため，後に参考点法と総称され，現実への適用性の高さの認められている手法の開発につなげた基本法といえる。

〔4〕 対話型シンプレックス法

非対話型手法での最適重み付け法や階層的方法において，最適な重み係数や劣化量が決まれば選好最適解が得られる。このことに着目して，最適化手法の直接探索型のアルゴリズムである4.3.2項で述べたシンプレックス法を対話型手法として拡張したもの[37]である（**図5.15**参照）。パレート解導出法として重み付け法を用いるか，ε-制約法にするかによって探索は，$\boldsymbol{w}$ 空間となるか，$\boldsymbol{\varepsilon}$ 空間となるか，の違いとなる。

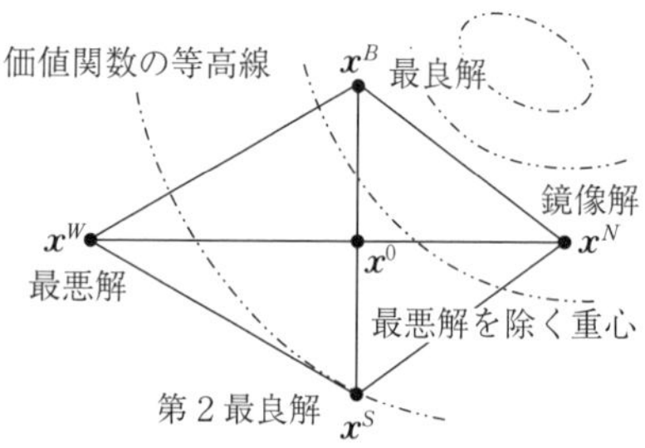

図5.15　対話型シンプレックス法

$\boldsymbol{\varepsilon}$ 空間での手順は以下のように要約される。

ステップ1：探索空間上で $N+1$ 個の端点（$\boldsymbol{\varepsilon}^1, \cdots, \boldsymbol{\varepsilon}^{N+1}$）を与え，初期シンプレックスを決める。

ステップ2：各端点に対応する ε-制約問題から非劣解を導出する。これらを $\boldsymbol{x}^k$（$k=1, \cdots, N+1$）で表す。

ステップ3：$f(\boldsymbol{x}^k)$（$k=1, \cdots, N+1$）をDMに示し，暗に想定された選好関数値 $U(\boldsymbol{f}(\boldsymbol{x}))$ の下での選好上の順序付けを要求する。

ステップ4：一定の収束条件が満たされていれば終了する。そうでなければ，ステップ3で決められた選好順序に従って，通常のシンプレックスの生成手順（鏡像，拡張，収縮）によって新しい端点を求め，その点に対応する非劣解を（p. 5.2）より導出してステップ3へ戻る。

上では，非劣解の導出に ε-制約法を用いたが，$\boldsymbol{w}$ 空間では重み付け法（p. 5.3）を用いればよい。原報では，後者の方が $\sum_i w_i=1$（$w_i \geqq 0$）より探索空間を明確に規定できるためより適切としている。しかし前者の場合でも，目的ごとの満足水準 $\underline{f}_i$ を与えれば，$0 \leqq \varepsilon_i \leqq \underline{f}_i - f_i^*$（$i=1, \cdots, N$）によって探索空間を限定できる。さらに，得られる解は満足水準であることをつねに保証できるうえに，目的関数の凸性の条件によらず非劣解を導出できるため，この方が応用上はむしろ好ましいと考えられる。

また，ステップ3では一見，選好関数の陽的な表現が必要かのように見えるが，単に各 $\boldsymbol{f}(\boldsymbol{x}^k)$ に対しての選好上の順序付けだけが必要となるので実際には不要である。一般に，順序付けは各 $\boldsymbol{f}(\boldsymbol{x}^k)$ 間での一対比較によって行われる。これに併合挿入法を用いれば，N 個の順序を決めるときの比較回数は最大 $\sum_{k=1}^{N} \lceil \log_2(3k/4) \rceil$ であるといわれている。

この方法の対話時における DM の負担は必ずしも少なくない。特に，目的関数の数が増えるに従って，負担は一対比較における整合性の悪化とともに飛躍的に大きくなる。しかし，目的関数の数が高々，数個までであるような工学システムの設計においては，そうした労力も許容限度内に抑えられる。従来の最適化技法になじみのある者にとっては，理解の容易な手法といえる。

〔5〕 参考点法

一般に，理想点は達成不可能な究極の目標として設定され，既述の STEM 法でも選好情報とし利用されている。これに対してより現実性の高い目標として，希求水準を与えることも可能である。実際，DM は意思決定に際して，目標ごとに希望する達成レベルの上下限値を想定していることが少なくない。こうした希求水準や理想点など，総称して参考点と呼ばれる基準は DM にとってトレードオフ分析上の情報として非常に利用価値の高いものである。これらの参考点を利用した解法は広く**参考点法**と呼ばれ，RESTEM（REvised STEM[38]），理想点調整法[39]，満足化トレードオフ法[40] などいくつかの手法が開発されている。大概的にいって，これらの手法間の差は，トレードオフの調整時における参考点の利用の仕方の違いにあるといえる。

これらの求解手順の概要は，一般的に以下のように表現できる。なお，ここで上添字 k は反復回数を表す。

ステップ1：各目的の最適化の結果などから参考点を設定する（理想点を $\boldsymbol{f}^{*k}$，上下限希求水準をそれぞれ $\overline{\boldsymbol{f}}^k$，$\underline{\boldsymbol{f}}^k$ で表す）。

ステップ2：参考点や利得行列を利用して，目的間の重み係数 $\boldsymbol{w}^k$ を決める。例えば，$w_i^k=1/(\underline{f}_i^k-f_i^{*k})$ とすればよい。

ステップ3：下限希求水準を満たすものの中から，理想点からの距離（未到達度）を最小とする解を求める。求解には，L_∞ 距離（min-max 基準）が多くの手法で採用されており，L_∞ 最適化問題と等価な問題は

$$\text{(p.5.12)}\quad \min \lambda \quad \text{subject to} \begin{cases} \lambda \geqq w_i^k(f_i(\boldsymbol{x})-f_i^{*k}) \quad (i=1,\cdots,N) \\ \overline{\boldsymbol{f}}^k \leqq \boldsymbol{f}(\boldsymbol{x}) \leqq \underline{\boldsymbol{f}}^k \\ \boldsymbol{x} \in X \end{cases}$$

で与えられる。ここで STEM の場合と比べて，希求水準にかかわる制約式が追加されている点に注意してほしい。この解を $\boldsymbol{x}^k$ で表す。

ステップ4：ここで適当な収束判定を満たせば終了する。そうでなければ $\boldsymbol{f}(\boldsymbol{x}^k)$ についての選好を DM に問う。例えば，「上限希求水準以下，下限希求水準以上，どちらでもないもの」の三つに分類してもらい，前二つに対して新しい希求水準を問う。それに基づいて参考点の更新を行い，ステップ2に戻る。

DM はここでの応答の際，(p.5.12) 求解時に希求水準に関する制約式から得られるトレードオフ比や利得行列から得られる選好情報を利用することができる。なお，ステップ4での参考点の更新は，満足化トレードオフ法，理想点調整法ではそれぞれ希求水準，または理想点だけを対象としている。これに対し，RESTEM では希求水準の調整とともに理想点も固定せず，探索の進展に応じてより実現性の高い理想点へ移す工夫が行われている。以下に **RESTEM** (REvised STEp Method) 適用例を示す。

【例 5.1】 放射性廃棄物管理システムの運用計画への応用例[41)]

対象とするシステムのモデル化にあたっては，(1) 廃棄物の発生量と発生割合，(2) プラントごとの処理条件や運用条件，(3) 放出の際の放射能濃度や保管中の放射線量に対する規制条件などが，線形表現されるだけでなく，(1) 処理性能と処理条件，(2) 処理コストと処理条件の間の関係が有意に線形表現され，運用条件の違いがシステム評価に適切に反映されている。さらに，システムパラメータ等の設定には，過去の実データや文献値が利用されている。また評価項目としては，原子力の社会性を意識し，**表 5.2** に示す 4 項目を設定し，最終的に運用計画モデルは 4 目的，17 変数，30 不等式から成る多目的線形計画法として定式化されている。

RESTEM を適用したときの対話過程と選好最適解を**表 5.3** に示す。表中の利得行列には目的の達成に関する相互関係の一端が集約されている。DM は，ここでの情

表 5.2 放射性廃棄物管理システムの評価項目

評価項目(表 5.3 での略語)	反映する側面	最適化	備 考
用水使用量 (WATR)	地域社会性	最小化	地域的水資源の節約利用が望まれる。
経常管理コスト (MAN¥)	経済性	最小化	運用条件・処理条件に対する可変分のみを勘定した。
放出放射能量 (CURY)	安全性	最小化	排出濃度規制を満足すると同時に総量も下げる。
処理余裕量 (AMNT)	信頼性	最大化	予想外の廃棄物への対応の可能性を配慮する。

表 5.3 RESTEM の対話過程と選好最適解

<table>
<tr><td>反復回数</td><td colspan="5">1</td><td colspan="4">2</td><td colspan="3">3</td></tr>
<tr><td rowspan="5">利得行列</td><td></td><td>WATR</td><td>MAN¥</td><td>CURY</td><td>AMNT</td><td colspan="4"></td><td colspan="3"></td></tr>
<tr><td>WATR</td><td>2360</td><td>856.7</td><td>80.50</td><td>1.00</td><td></td><td>WATR</td><td>MAN¥</td><td>CURY</td><td colspan="3"></td></tr>
<tr><td>MAN¥</td><td>6198</td><td>443.5</td><td>592.8</td><td>1.00</td><td>WATR</td><td>3702</td><td>921.4</td><td>191.7</td><td></td><td>WATR</td><td>CURY</td></tr>
<tr><td>CURY</td><td>2754</td><td>880.3</td><td>78.74</td><td>1.00</td><td>MAN¥</td><td>4183</td><td>708.7</td><td>272.3</td><td>WATR</td><td>3708</td><td>193.6</td></tr>
<tr><td>AMNT</td><td>1.84 E 4</td><td>1319</td><td>1762</td><td>2.98</td><td>CURY</td><td>3731</td><td>921.4</td><td>187.0</td><td>CURY</td><td>3727</td><td>190.0</td></tr>
<tr><td>理想点</td><td colspan="5">(2360*, 443.5*, 78.74*, 2.93*)</td><td colspan="4">(3702*, 708.7*, 187.0*, <u>1.83</u>)</td><td colspan="3">(3708*, <u>793.3</u>, 190.0*, <u>1.50</u>)</td></tr>
<tr><td>選好解</td><td colspan="5">(4674, 921.4, 272.3, <u>1.83</u>)</td><td colspan="4">(3745, <u>793.3</u>, 206.5, <u>1.50</u>)</td><td colspan="3">(<u>3727</u>, <u>897.2</u>, 190.4, <u>1.50</u>)</td></tr>
<tr><td>[満足・不満足の判定 / トレードオフの許容限度]</td><td colspan="5">[unsat. unsat. unsaat. sat. / — — — (1.50)]</td><td colspan="4">[unsat. sat. unsaat. sat. / — 900.0 — (1.50)]</td><td colspan="3">[sat. sat. unsaat. sat. / 3727.0 (900.0) — (1.50)]</td></tr>
<tr><td>選好最適解</td><td colspan="11">(WATR$^{\dagger 1}$, MAN¥$^{\dagger 2}$, CURY$^{\dagger 3}$, AMNT$^{\dagger 4}$) = (3727.0, 900.0, 190.0, 1.5)</td></tr>
<tr><td colspan="12">*利得行列の対角要素；$^{\dagger 1}$〔m^3/yr〕, $^{\dagger 2}$〔¥10000/yr〕, $^{\dagger 3}$〔μC_i/yr〕, $^{\dagger 4}$標準値に対する比〔−〕</td></tr>
</table>

報を基にパレート解集合の状況，換言すれば，目的間のトレードオフ関係や理想点を考慮して，計算された選好解に対する評価を行う。なお，k-段階での選好解および重み係数は以下のように計算される（なお，表記の簡潔性からすべて目的の最小化として表現している）。

$$
\min \lambda \quad \text{subject to} \quad \begin{cases} \lambda \geqq w_i^k (f_i(\boldsymbol{x}) - f_i^{*k}) & (i=1,\cdots,4) \\ f_j(\boldsymbol{x}) \leqq \hat{f}_j^{k-1} + \Delta f_j^k & (\forall j \in I_s^{k-1}) \\ f_j(\boldsymbol{x}) \leqq \hat{f}_j^{k-1} & (\forall j \in I_u^{k-1}) \\ \boldsymbol{x} \in X \end{cases}
$$

ここで，f_i^*，$\hat{f}_j$，Δf_j は，それぞれ j 目的の理想値，選好解，妥協量を，また，I_s，I_u はそれぞれ満足，不満足と判断された目的を表す添字集合を表す。また，以下の μ は DM のトレードオフ関与度を表すパラメータである。

$$
w_i^k = \frac{\alpha_i^k}{\sum_{j=1}^{4} \alpha_j^k} \qquad (i=1,\cdots,4)
$$

$$ここで，\alpha_j^k=\begin{cases}(1-\mu)\left(\dfrac{\hat{f}_j^{k-1}-f_j^{*k}}{\hat{f}_j^{k-1}}\right)\Big/\hat{f}_j^{k-1} & (\forall j\in I_u^{k-1})\\ \mu\left(\dfrac{\Delta f_j^{k-1}}{\hat{f}_j^{k-1}}\right)\Big/\hat{f}_j^{k-1} & (\forall j\in I_s^{k-1})\end{cases}$$

いまの場合，第1段階では処理余裕量の達成については満足（$I_s^1=\{4\}$）であり，他の達成の不満足とした目的の改善のためには，その評価値を最大限1.50（$\Delta f_4^1=1.83-1.50$）までなら妥協してもよいとしている。ついで，こうした条件の下で，不満足であった目的のみ（$I_u^1=\{1,2,3\}$）を対象として利得行列を再計算し，その対角要素と満足とした目的の前段階の選好値（$\hat{f}_4^1=1.83$）を新しい理想点として同様の手順を繰り返し，第2段階の選好解を得ている。この選好解に対して，DMは社会性・安全性からの評価に対する強い選好性から，これらの改善のためにはコストをさらに犠牲にしてもよいと考え，同様の手続きを進めて第4段階で選好最適解に至っている。このように少ない反復回数で得られた結果は，基本的には放射能除染に効果的な運用条件が優先的に選ばれており，対象施設での大方の実情に通じたものとなっているとしている。

ところで所与の条件の下で機能していたシステムが，環境の変化によって変更なしには運用できなくなるような事態にしばしば遭遇する。こうした状況を取り扱う一例として増設計画問題がある。上述の管理システムに対する増設計画問題では，問題を線形不等式モデルにおける右辺係数の緩和量の決定問題とみなし，段階的にシステムの規模を広げていくような展開が行われている[42]。この求解には，RESTEMにLPの感度解析が補完的に利用されている。

〔6〕 **MOON^{2R}/MOON^2**

一般にDMにとっては，直接的な価値判断より相対的な判断の方がはるかに容易である。これらの手法はこの点に着目し，一対の解候補（以後，代替案）間での選好に関する比較からDMの選好に関する情報を収集し，これをニューラルネットワーク(NN)の教師データとして用いて価値関数を同定して，最終的には単一の最適化問題に帰着させようとするものである。価値関数の同定のためのNNとして，MOON^2 [27),28)]ではBPネットワークが，MOON^{2R} [29),30)]では意思決定環境場の変化により適応可能なRBFネットワークが使われている。価値関数の同定手順の概要はどちらの場合もつぎのようである。

ステップ1：目的空間における理想点 $\boldsymbol{F}^{utopia}$ と最悪点 $\boldsymbol{F}^{nadir}$ を決める。そして，

理想点と最悪点で囲まれる空間に適度に分散した適当個数（k）の代替案 $\boldsymbol{F}^i=(f_1{}^i, f_2{}^i, \cdots, f_N{}^i)^T$（$i=1, \cdots, k$）を与える。

ステップ 2：代替案の任意の組に対する DM の好みを **AHP**（analytic hierarchy process；5.4.2 項参照）と同様の自然言語の修飾語（**表 5.4** 参照）を用いて一対比較し，一対比較行列（**表 5.5** 参照）を作成する。なお，この i-j 要素 a_{ij} は，代替案 i の代替案 j に対する DM の好みを数量化したものといえる。

表 5.4　修飾辞と一対比較値

要素 i は要素 j と比べて	a_{ij}
同じように重要	1
やや重要	3
かなり重要	5
非常に重要	7
きわめて重要	9
上記の中間程度	2,4,6,8

表 5.5　価値関数のモデル化のための一対比較行列

	$\boldsymbol{F}^1$	$\boldsymbol{F}^2$	$\boldsymbol{F}^3$	$\cdots$	$\boldsymbol{F}^k$
$\boldsymbol{F}^1$	1	a_{12}	a_{13}	$\cdots$	a_{1k}
$\boldsymbol{F}^2$		1	a_{23}	$\cdots$	a_{2k}
$\boldsymbol{F}^3$			1	$\cdots$	$\vdots$
$\vdots$	$a_{ij}=1/a_{ji}$			$\ddots$	$\vdots$
$\boldsymbol{F}^k$					1

ステップ 3：得られた一対比較値行列に整合性があるかどうかを AHP の理論（式(5.23) 参照）を援用して調べる。整合性がなければステップ 2 に戻り，一対比較をやり直す。

ステップ 4：一対の代替案（入力）と一対比較値（出力）の正規化を行った後，これらを教師データ（最大 k^2 個）として NN の学習を行う。

ここで DM に求められる判断は自然で相対的であり，少ない負担といえる。そして，NN の学習後は以下の関係を与える価値関数が同定されたことになる（**図 5.16** 参照）。

$$V_{RBF}：\{\boldsymbol{F}^i,\ \boldsymbol{F}^j\} \in R^{2N} \rightarrow a_{ij} \in R^1 \tag{5.10}$$

そして，式 (5.11) のように，入力層の片方の代替案をつねにある一定の基準値 $\boldsymbol{F}^R$ に固定することで，任意の代替案間の順序付けを NN の出力値の大小に基づいて行うことができる。

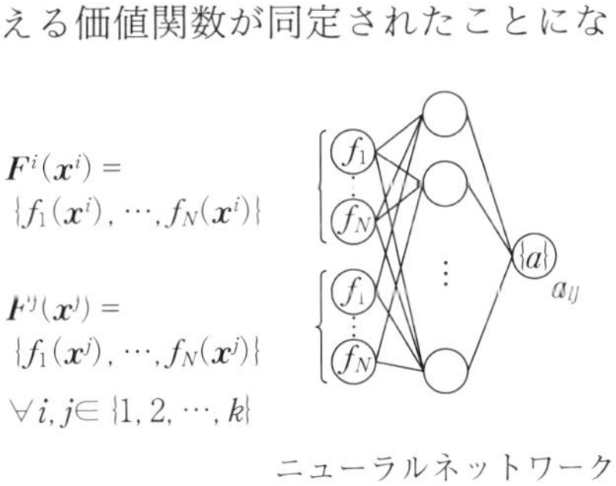

図 5.16　価値関数同定のための NN 構造

$$V_{RBF}(\boldsymbol{F}^i,\ \boldsymbol{F}^R)=a_{iR} > V_{RBF}(\boldsymbol{F}^j,\ \boldsymbol{F}^R)=a_{jR} \Leftrightarrow \boldsymbol{F}^i > \boldsymbol{F}^j \tag{5.11}$$

DM は選好過程とは独立して自己のペースで選好に関する十分な判断が行え便利である。価値関数の同定後には，元の多目的最適化問題はつぎのように表現し直される。

(p.5.13)　　max　$V_{RBF}(\boldsymbol{f}(\boldsymbol{x})\,;\boldsymbol{F}^R)$　subject to　$\boldsymbol{x}\in X$

ここでいったん，決定変数 $\boldsymbol{x}$ が与えられれば，それに対する多目的評価が可能となるため，対話的手法では煩雑さから適用困難であった GA，SA などのメタ解法を含めた種々の最適化手法が適用可能となる。ただし，NN で同定された価値関数 V_{NN} は，陽に表現された関数型を持たないため，微分情報を必要とする場合は

$$\frac{\partial V_{NN}(\boldsymbol{f}(\boldsymbol{x}))}{\partial \boldsymbol{x}}=\left(\frac{\partial V_{NN}(\boldsymbol{f}(\boldsymbol{x}))}{\partial \boldsymbol{f}(\boldsymbol{x})}\right)\left(\frac{\partial \boldsymbol{f}(\boldsymbol{x})}{\partial \boldsymbol{x}}\right) \tag{5.12}$$

と展開し，上式の右辺の第 1 項については数値微分を用いる必要がある。

さて，軽くて丈夫な製品を作るということは工業的には重要課題であり，このような観点からの問題解決は実際の人工システムに数多く存在する。以下ではこうした一つの設計問題を取り上げ MOON^2 の適用例を示す。

【例 5.2】　片持ちはりの設計問題への適用例[27)]

図 5.17 に示す中空の丸軸の片持ちはりの設計条件として，「許容曲げ応力 σ_g＝180〔N/mm〕，最大荷重 $F_{\max}$＝12 000〔N〕，丸棒の内径 x_2 は 40〔mm〕以上，先端部の長さ x_1 は x_2 の 5 倍とする。」が与えられているとする。この条件下で，重量（ボリューム）が小さく（f_1），かつ静的コンプライアンスも小さく（f_2）なるように設計変数 x_1 と x_2 を決定せよ。ただし，ヤング率は E＝206〔kN/mm^2〕とする。

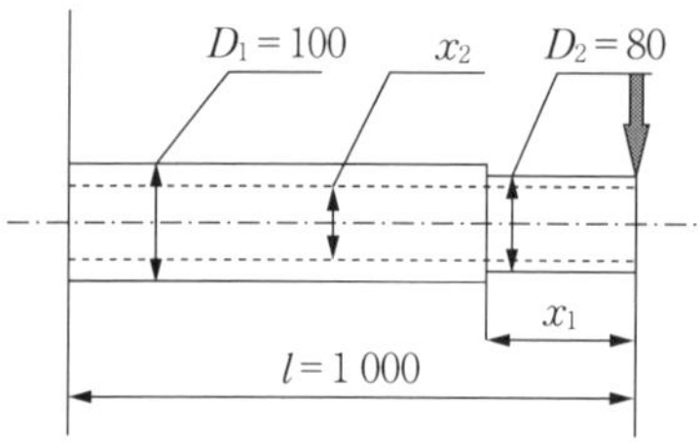

図 5.17　例題の片持はり

解　解法には DM の選好上の判断を必要とするため，仮想的な DM の価値関数を式（5.13）のように想定する。そして，この価値関数を直接的に用いて求めた参照解と，これに従う自然な判断とみなせる式（5.14）より作成した一対比較行列に基づき，MOON^2 を適用して求めた選好最適解との比較を通じて本手法の有効性を検証する。

$$U(\boldsymbol{f}(\boldsymbol{x}))=\{\sum_{i=1}^{N}w_i(f_i(\boldsymbol{x})-f_i{}^*)^p\}^{1/p} \qquad (N=2\,;\,p=1,2,\infty) \tag{5.13}$$

ここで，$f_i{}^*$ は各目的関数の最適値を表す。

$$\begin{cases} a_{ij}=1+\left[\dfrac{8(U(\boldsymbol{F}^i)-U(\boldsymbol{F}^j))}{U(\boldsymbol{F}^{utopia})-U(\boldsymbol{F}^{nadir})}+0.5\right] & \text{if } U(\boldsymbol{F}^i)\geqq U(\boldsymbol{F}^j) \\ a_{ij}=\dfrac{1}{a_{ji}} & \text{otherwise} \end{cases} \tag{5.14}$$

式（5.13）で $p=1$，$w_1=0.3$，$w_2=0.7$ の場合に，**図 5.18** に示す 6 個の代替案に対して式（5.14）で計算される値に基づいた一対比較行列を**表 5.6** に示す。ここで例えば，$a_{utopia,F1}=3.67$ と計算されており，これは，utopia 案が代替案 $\boldsymbol{F}^1$ に比べて“やや”と“かなり”の中間程度に好ましいことを意味する。しかし，本来の適用では既述の手順により DM の判断により決められるものである。一対比較行列のうちの一部（灰色の部分）を検証データに，残りを学習データとして BP ネットワークにより学習を行った結果，良好な価値関数 V_{NN} のモデル化が行えていることが確認されている。これより，ここでの問題は最終的につぎのように表現される。

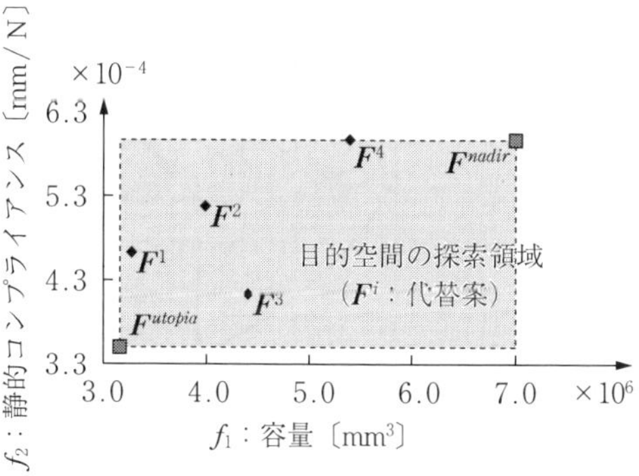

図 5.18 一対比較用に生成された代替案

表 5.6 式（5.14）に基づく一対比較行列

	$\boldsymbol{F}^{utopia}$	$\boldsymbol{F}^{nadir}$	$\boldsymbol{F}^1$	$\boldsymbol{F}^2$	$\boldsymbol{F}^3$	$\boldsymbol{F}^4$
$\boldsymbol{F}^{utopia}$	1	9.0	3.67	5.32	3.28	7.82
$\boldsymbol{F}^{nadir}$	0.11	1	0.16	0.21	0.15	0.46
$\boldsymbol{F}^1$	0.27	6.33	1	2.65	0.72	5.14
$\boldsymbol{F}^2$	0.19	4.68	0.38	1	0.33	3.49
$\boldsymbol{F}^3$	0.3	6.72	1.39	3.04	1	5.53
$\boldsymbol{F}^4$	0.13	2.18	0.19	0.29	0.18	1

(p.5.14) $\max \ V_{NN}(f_1(\boldsymbol{x}),\ f_2(\boldsymbol{x})\,;\,\boldsymbol{F}^R)$

$$\text{subject to} \begin{cases} g_1(\boldsymbol{x})=180-\dfrac{9.78\times10^6x_1}{4.096\times10^7-x_2{}^4}\geqq0 \\ g_2(\boldsymbol{x})=75.2-x_2\geqq0 \\ g_3(\boldsymbol{x})=x_2-40\geqq0 \\ g_4(\boldsymbol{x})=x_1\geqq0 \\ h_1(\boldsymbol{x})=x_1-5x_2=0 \end{cases}$$

ここで

$$f_1(\boldsymbol{x}) = \frac{\pi}{4}[x_1(D_2{}^2 - x_2{}^2) + (l - x_1)(D_1{}^2 - x_2{}^2)]$$

$$f_2(\boldsymbol{x}) = \frac{64}{3\pi E}\left[\left(\frac{1}{D_2{}^4 - x_2{}^4} - \frac{1}{D_1{}^4 - x_1{}^4}\right)x_1{}^3 + \frac{l^3}{D_1{}^4 - x_1{}^4}\right]$$

$\boldsymbol{F}^R$：f_1，f_2 の適当な基準値を表す。

なお，価値関数 V_{NN} は陽に表現された関数型を持たないため，解法として採用されたNLPのSQPにおける微分計算では式（5.12）が用いられている。

（p.5.14）を解いた結果と，想定した価値関数式（5.13）の下で直接解いたときの結果を**表5.7**と**図5.19**に示す。同図中のパレート最適解は別途 ε-制約法によって求めたもので，等高線は V_{NN} を表現したものである。これらより，想定した価値関数の同定の良好性（直線の等高線）とその下で選好解とほぼ同等の選好解が得られていることが確認できる。またその点が，価値の最も高いパレート最適解となっていることもわかる。さらに，式（5.13）で $p=2$，∞ とした場合においても同様に良好な結果が得られている。

表5.7　探索結果の比較

		価値関数	本手法
繰返し数		14	14
選好最適解	f_1	5.15E+06	5.11E+06
	f_2	3.62E−04	3.63E−04
	x_1	251.4	253.6
	x_2	50.3	50.7
$\boldsymbol{F}^R$	$F_1{}^R$		0.5
	$F_2{}^R$		0.5
中間層のノード数			10

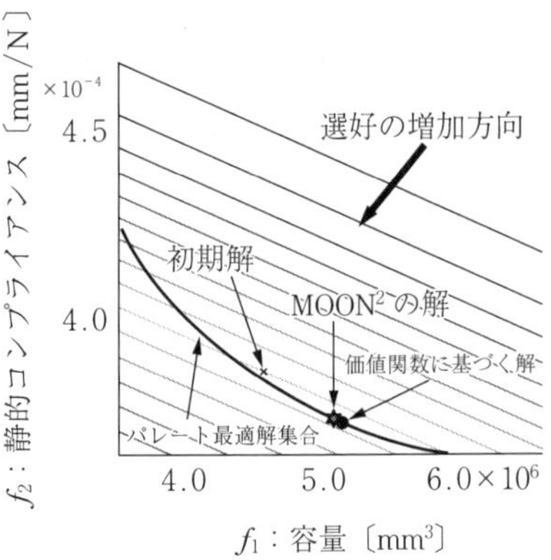

図5.19　想定した価値関数の下での求解結果

このほか，最適化手法としてSA（simulated annealing）法を用いて納期遅れと切替えコストを最小化する2目的フローショップスケジューリング問題[30)]を初めとして，種々の応用がMOON^{2}とそれを発展させたMOON^{2R}により試みられている[43)~47)]。この中には，ウェブアプリケーションとして[28)]やExcelシート上へ[43)]のソフトウェアの実装，価値関数の同定時に生じる選好情報の不整合性の検出や不整合があった場合に2.2.1項のISMや後述のAHPの理論を援用する対応法[44]などが提案されている。さらに，目的関数や制約条件の陽な数学モデルが得られずに，**実験計画法**（design of experiment）により設定された適当数の設計量の組（試行点）に対するシミュレーション結果をモデル化した**応答局面**（response surface）（メタモデル）を利用せざるを得ない場合の解法や，その際，探索を繰り返すたびに試行点と代替案を除去・追加することでメタモデルと価値関数の同定精度を漸次改良しながら探索を進めていく実用的な求解法も開発されている[47]。このような MOON^2/MOON^{2R} の求解手順の一般的な流れを**図 5.20** に示した。

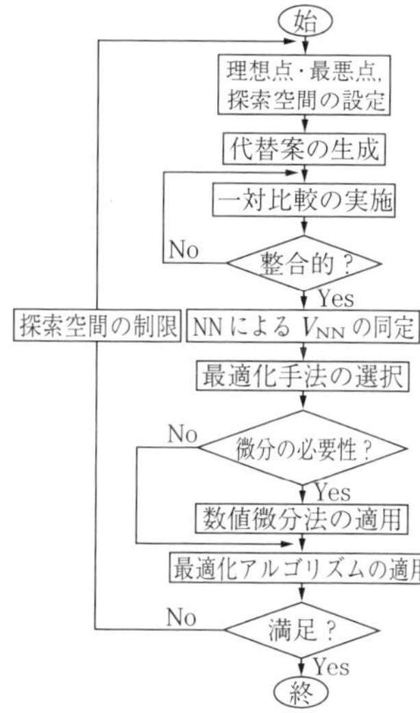

図 5.20　MOON^2/MOON^{2R} の求解手順

5.3.5　多目的混合整数計画法問題のハイブリッド解法

ここでは，多目的混合整数計画法問題に対して，既述（4.6.1 項参照）のハイブリッド GA を拡張した解法を示す[48]。ここで対象とする問題は，以下のように与えられる。

$$\text{(p.5.15)} \qquad \min_{\boldsymbol{x},\boldsymbol{z}} \{f_1(\boldsymbol{x},\boldsymbol{z}), f_2(\boldsymbol{x},\boldsymbol{z}), \cdots, f_N(\boldsymbol{x},\boldsymbol{z})\}$$

$$\text{subject to} \begin{cases} \boldsymbol{g}(\boldsymbol{x},\boldsymbol{z}) \leqq \boldsymbol{0} \\ \boldsymbol{h}(\boldsymbol{x},\boldsymbol{z}) = \boldsymbol{0} \quad (\boldsymbol{x}: \text{real}\,;\ \boldsymbol{z}: \text{integer}) \end{cases}$$

ここで $\boldsymbol{x}$ と $\boldsymbol{z}$ は，それぞれ n 次元の実数変数ベクトルと M 次元の整数変数ベクトルを表す。まず，この問題の POS を求めるためにつぎの階層的な定式化を与える。

$$\text{(p.5.16)} \qquad \min_{\boldsymbol{z}:\,\text{integer}} f_p(\boldsymbol{x},\boldsymbol{z}) \quad \text{subject to}$$

$$\min_{x:\text{real}} f_p(\boldsymbol{x},\boldsymbol{z}) \quad \text{subject to} \begin{cases} f_i(\boldsymbol{x},\boldsymbol{z}) \leqq f_i^* + \varepsilon_i \quad (i=1,\cdots,N,\ i \neq p) \\ \boldsymbol{g}(\boldsymbol{x},\boldsymbol{z}) \leqq \boldsymbol{0} \\ \boldsymbol{h}(\boldsymbol{x},\boldsymbol{z}) = \boldsymbol{0} \end{cases}$$

ここで $f_p(\cdot)$ は主眼とする目的関数を，f_i^* は i 番目の目的関数の最適値を，そして ε_i はその劣化量をそれぞれ表す。上の定式化で，下位レベルの問題は ε-制約問題であり，種々の ε_i に対して（p.5.16）を解くことによって POS を導出できる。

つぎに，POS の中から MOP（多目的最適化問題）の解となる選好最適解を求めるためには，候補となる解の間でのトレードオフ解析を行う必要がある。これは DM の選好に従っておのおのの目的関数の達成値を調整することと等価といえる。これを上の定式化に沿って言い直せば，各目的関数値の理想値からの劣化量 ε_i を最も好ましくなるように決定することである。こうした手順は以下のように実行される。

ステップ 1：整数変数 $\boldsymbol{z}$ と量子化された $\boldsymbol{\varepsilon}$ の劣化量を決めるため，制約条件なしの最適化問題を GA で解く（上位レベル）

ステップ 2：ステップ 1 での決定量（$\boldsymbol{z}$ と $\boldsymbol{\varepsilon}$）を下位レベルの問題に代入して与えられる制約条件付きの最適化問題を適当な数理計画法（MP）を用いて解く（下位レベル）。

ステップ 3：ステップ 2 での結果に基づいて目的関数値を計算して，ステップ 1 での探索結果の評価を行う。

ステップ 4：一定の収束条件が満足されるまで上述の手順を繰り返す。

ここでのハイブリッド化によって，制約なしの組合せ問題は GA で，制約ありの連続変数の問題は MP で，といった問題の種類とそれぞれの解法の適合性の良さは単一目的下でのハイブリッド GA の場合と同様である。しかし，MOP に単純に GA を適用することは，探索途中できわめて多数の主観的判断を DM に要求することになり，現実には採用し難い。この不便宜を避けるため，ここでのハイブリッド化では，さらに以下のような問題の変換を行う。

(p.5.17)　　$\max_{\boldsymbol{z},\boldsymbol{\varepsilon}_{-p}} V_{NN}(\boldsymbol{\varepsilon}_{-p}, f_p(\boldsymbol{x},\boldsymbol{z}); \boldsymbol{F}^R)$ subject to

$$\min_{x\,:\,\mathrm{real}} f_p(\boldsymbol{x},\boldsymbol{z}) \text{ subject to } \begin{cases} f_i(\boldsymbol{x},\boldsymbol{z}) \leqq f_i{}^* + \varepsilon_i & (i=1,\cdots,N,\ \ i \neq p) \\ \boldsymbol{g}(\boldsymbol{x},\boldsymbol{z}) \leqq \boldsymbol{0} \\ \boldsymbol{h}(\boldsymbol{x},\boldsymbol{z}) = \boldsymbol{0} \end{cases}$$

ここで，$\boldsymbol{\varepsilon}_{-p}$ は p 番目以外の ε 制約量，i.e.，$\boldsymbol{\varepsilon}_{-p}=(\varepsilon_1,\cdots,\varepsilon_{p-1},\varepsilon_{p+1},\cdots,\varepsilon_N)^T$ を，V_{NN} は複数の組に対する（$\boldsymbol{\varepsilon}^i_{-p},f^i_p$）と（$\boldsymbol{\varepsilon}^j_{-p},f^j_p$）の一対比較から得られたDMの選好関係をモデル化した価値関数を表す。この定式化による求解においては，このように別途モデル化した価値関数を用いるため，探索途中でDMに選好上の判断が求められることはない。以下では，具体的にこのアルゴリズムを示す。

図5.21 に，染色体の左側部分に整数変数を，右側には量子化された ε-制約量を表す2値化コードを示す。このデコード化はそれぞれ次式のように行う。

$$z_i = \sum_{j=1}^{J} 2^{j-1} s_{ij} \qquad (i=1,\cdots,M) \tag{5.15}$$

$$\varepsilon_i - \sum_{j=1}^{J'} 2^{j-1} s'_{ij} \delta\varepsilon_i \qquad (i=1,\cdots,N,\ \ i \neq p) \tag{5.16}$$

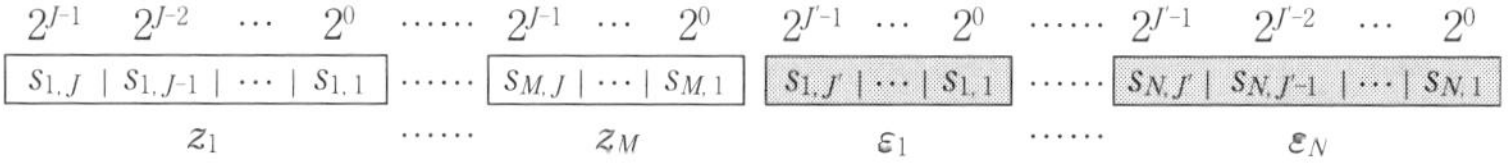

図5.21 ハイブリッドGAの2値化コード

ここで，s_{ij}，s'_{ij} は対立遺伝子に対応する0-1変数を，$\delta\varepsilon_i$ は量子化の単位量である。さらに J と J' はそれぞれ z_i と ε_i の定義域を覆うために必要となるビット数を表す。整数変数はこのような2値コード化によって正確に表すことができる。一方，一般に実数変数の2値コード化は，探索効率（染色体長さ）と求解精度（量子化単位）間のトレードオフ関係† に基づいて決められることになる。しかし，いまの場合，量子化単位 $\delta\boldsymbol{\varepsilon}$ の決定に関しては，そうしたトレードオフの存在を特に意識する必要はない。二つの候補解間の選好の違いを識別できるDMの分解能に相当する値として単純に設定できる。

† [0,10] の範囲にある変数を4ビット長の染色体で表現するとき，量子化の単位量 $\delta\varepsilon_i$ は $(10-0)/(2^4-1)=0.667$ となる。一方，8ビット長のときは0.039となり，より正確に実数値を表現できるが，探索空間は単純には $2^8/2^4=16$ 倍に広がる。

遺伝操作は，ルーレット戦略による淘汰・選択則を利用し，交さ法は整数部分と実数部分ごとの一点交さ，したがって，全体としては二点交さを，突然変異は任意の遺伝子座のビットの反転による方法を適用する。

さらに，集団ベースの手法であるGAの特性を利用すれば，通常の定量的評価だけでなく定性的評価も含むような悪定義な問題に対しても以下のような対応が可能となる[49]。定性的評価の直接的あるいは基数的評価は一般に困難となるため，とりあえず定量的評価だけによる多目的最適化を行っていくつかの有望な候補解を導出する。そして，定性的評価を含めた最終決定はDMの総合的な判断に託すことにするという問題解決法である。すみ分け関数を用いて適応度を変換することでこうした方法を具体化することができる。

まず，バイナリーコード化されている染色体の一対（m，n）間の違いを，**ハミング**（Hamming）**距離**を用いて次式のように計算する。

$$d_{mn}=\sum_{i=1}^{M}\sum_{j=1}^{J}|s_{ij}(m)-s_{ij}(n)|+\sum_{\substack{i=1\\i\neq p}}^{N}\sum_{j=1}^{J'}|s'_{ij}(m)-s'_{ij}(n)| \tag{5.17}$$

これを染色体長さで基準化した値 $\hat{d}_{mn}$ によって，修正適応度を次式のように求める。

$$\hat{F}_m=\frac{F_m}{\sum_{n=1}^{N_p}\{1-(\hat{d}_{mn})^a\}} \qquad (m=1,\cdots,N_p) \tag{5.18}$$

ここで a は正の定数で N_p は集団サイズである。このすみ分け補正適応度を使えば，最適解の近傍に適度に相互に分散した複数の解を求めることができる。これらは定量的評価のみからはほぼ同様に好ましいものではあっても，すみ分け効果によってコードのビットパターンとしては多様性を持つものとなっている。このため，最終的にはこれらの限られた数の候補解の中から，定性的評価も含めた全体的観点から十分に吟味して，最も好ましいものを選ぶという方法は現実的手段として合理的である。

5.4 有限の選択肢からの多目的最適決定法

5.4.1 価 値 評 価 法

社会システムと比べて比較的明確な価値構造を持つ工学システムでは，価値システムを単純なツリー構造で表現できる場合が少なくない。こうした場合に**価値評価法**（worth assessment method[50]）は，所与の有限個の選択肢（代替案）の中から最良のものを選ぼうとする際に適用の容易な一つの手法であり，以下のような手順となる。

最終目標を最上位レベルの目標として設定することから始められる。つぎに上位レベルの目標を，より具体的に表現できる下位レベルの目標に順次分割していき，最上位目標がDMにとって現実的に評価可能な目標によってのみ表現されるようにする。結果は，ツリー構造を持つ目的木として表される。ここで，最下位目標のおのおのに評価の基準を決め，これに基づき各代替案の満足度を得点として与える。一方，同一レベルに属し，かつ分枝元（親）を同じくする各目標（兄弟）に対して，分枝元の目標の達成にとっての相対的な重用度を表す重み係数を和が1となるよう配分する。これを分枝ごとに全レベルにわたって行う。そして，最下位目標ごとに分枝を上位へさかのぼりながら各レベルで配分された重み係数を順次掛け合わせていき，実効重み係数を計算する。さらに，これを判断の確信度を反映させた実効重み係数に変換する。最後に各代替案（$j=1,\cdots,M$）の総合評価点を，評価ごとの得点の実効重み係数による重み付け総和として計算し，最高得点のものを選択する。

このような手順の価値評価方法はわかりやすく，有限個の代替案に対する多目的評価を簡単に行うことができる。しかし，レベルごとの重み係数をDMに直接的に判断することを求めることは，必ずしも人間の判断になじまないといえる。

5.4.2 階 層 分 析 法（AHP）

サーティ（T. L. Saaty）によって開発された**階層分析法**（analytic hierarchy process，略してAHP）[31),51),52)]は，先の価値評価法の重み付けに関する直接的評価の代わりに，相対的な評価（一対比較）を通じて，系統的かつ整合的に対応しようとする手法である。この基本理論は平明で柔軟な適用性を有するため，工学システム以外にも種々の分野で応用されてきている[53]。工学システムと社会・環境システムとの接点はますます広がる傾向にあるため，2章で述べたような手法と組み合わせた展開[54]が期待される。

〔1〕 基本的考え方

この方法の基本的な適用における第1段階は，問題解決上の要素を，最終目標→評価基準→代替案という順に展開し，**図5.22**のように階層化することである。ここで価値評価法の目的木と違うのは，最下位層に代替案も併せて書き入れてある点である。各レベルの要素数は，後での要素間の比較を困難にしないよう，せいぜい7±2個程度† にとどめておき，これで十分に評価の主旨を表せない場合には，むしろ階層化してさらに細かく分類した方がよい。したがって，評価基準を表現するレベルは一般には3〜5層にもなる。また，同じレベルの中の要素は相互に独立となるものを選ぶようにする。そうしないと，類似の要素が重複して考慮されるため，その他の要素の重要度が割り引かれる。AHPによって以下どのようにして最良の代替案が選ばれるかを見てみる。

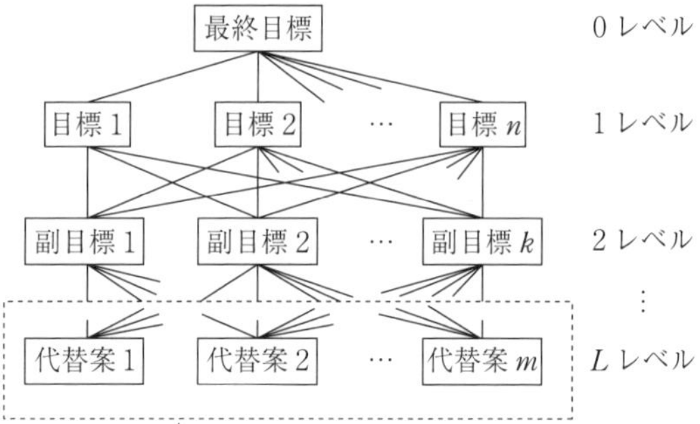

図5.22　AHPの階層図

まずDMの主観的判断に従って，兄弟関係にある n 個の要素の任意の2要素（x_i, x_j）間の相互の重要性の程度を比較して，数値の大小によって表現す

† 認知学において，人間の短期記憶量に関連する1チャンク量として知られている。

る。すなわち両者が同じ程度に重要なときには，$a_{ij}=1$ とし，x_i が x_j に比べて重要性が高ければその程度に応じて大きな値（$a_{ij}>1$）を，反対の場合には小さな値（$a_{ij}<1$）を与える。ここで明らかに $a_{ii}=1$ であり，さらに理想的には，$a_{ji}=1/a_{ij}$ であるとする。こうした（一対）比較を要素のすべての組合せ（総数は $n(n-1)/2$ となる）について行うことで，**図5.23**（a）に示すような一対比較行列（表5.5と同じ）が得られる。実際には，応答におけるDMの負担を軽くするため，既述の表5.4の左欄に示すような自然言語で応答してもらい，改めてこれを右欄の数値に換算する。

$$
\boldsymbol{A}=\left[\begin{array}{c|cccc}
 & x_1 & x_2 & \cdots & x_n \\
\hline
x_1 & 1 & a_{12} & \cdots & a_{1n} \\
x_2 & 1/a_{12} & 1 & \cdots & a_{2n} \\
\vdots & \vdots & \vdots & \vdots & \vdots \\
x_n & 1/a_{1n} & 1/a_{2n} & \cdots & 1
\end{array}\right]
=\left[\begin{array}{c|cccc}
 & x_1 & x_2 & \cdots & x_n \\
\hline
x_1 & 1 & w_1/w_2 & \cdots & w_1/w_n \\
x_2 & w_2/w_1 & 1 & \cdots & w_2/w_n \\
\vdots & \vdots & \vdots & \vdots & \vdots \\
x_n & w_n/w_1 & w_n/w_2 & \cdots & 1
\end{array}\right]
$$

（a）　一対比較行列　　　　（b）　重み係数行列

図5.23

このように主観的に得られた数値は，一般に基数としての意味を持たない。しかし与えられた値が，要素間の相対的重要度を表す重みベクトル $\boldsymbol{w}^T=(w_1, w_2, \cdots, w_n)$ の任意の要素間の比を正しく反映している（以後，前提〔1〕と呼ぶ）とすれば，$a_{ij}=w_i/w_j$ であり，図5.23（b）で表されるような重み係数行列を表現し直したものとみなすことができる。

そこでこれを行列 $\boldsymbol{A}$ で表し，この両辺に右から $\boldsymbol{w}$ をかけると

$$\boldsymbol{A}\boldsymbol{w}=n\boldsymbol{w} \tag{5.19}$$

となる。これを次式のように整理する。（$\boldsymbol{I}$ は単位行列）

$$(\boldsymbol{A}-n\boldsymbol{I})\,\boldsymbol{w}=\boldsymbol{0} \tag{5.20}$$

ここで n を λ と書き換えてみれば，式（5.20）は $\boldsymbol{A}$ の固有値を求める式にほかならず，λ と $\boldsymbol{w}$ はそれぞれ $\boldsymbol{A}$ の固有値と固有ベクトルに相当することがわ

かる。

さらに前提〔1〕の下では，$\boldsymbol{A}$ の第2行目以降は第1行目の値の定数倍となるので，$\boldsymbol{A}$ の階数は1となり，唯一の非零の固有値を持ち

$$\Sigma_i \lambda_i = \lambda_{\max} = \mathrm{Tr}(\boldsymbol{A}) = n \tag{5.21}$$

となる。ところで，前提〔1〕が必ずしも成立しない一般の場合にも，同様の関係が近似的に成立すると考えて，その最大固有値に対応する固有ベクトルを求め，これを $\Sigma_i w_i = 1$ となるように規格化して重み係数 $\boldsymbol{w}$ として用いる。

以上のようにして兄弟要素間の重要度を順次決定していくことができる。そして，代替案を直接的に評価することになる最下層レベルの要素の重み（総合重み）は，すでに価値評価法で行ったように，親子関係にある（分枝元を同じとする）要素をたどって順次計算していけばよい。なお，このようにして計算された総合重み係数 $w_i(L-1)$ は，多目的最適化の最適重み付け法（5.3.3項〔1〕参照）の加法的な統合化のためにも利用できる。

価値評価法では，最下層の評価基準の下で各代替案を直接に評価し得点化するのに対して，AHPではさらに最下層の評価の各要素から見た各代替案の好ましさをこれまでと同様に，一対比較に基づいて相対評価して重みとして求める。そして，このときの i 評価における j 代替案の重みを $w_{ij}(L)$ とすれば，これと総合重み $w_i(L-1)$ との荷重和を計算し，これを最大とするものを最良の選択とする。

$$\max_j \Sigma_i w_i(L-1) \cdot w_{ij}(L) \tag{5.22}$$

なお一対比較行列の任意の要素間で，「i より j が好ましく，j より k が好ましい」ならば「i より k の方が好ましい」という一対比較における首尾一貫性を示す関係，i.e., $a_{ij}a_{jk} = a_{ik}$，$\forall i$，j，k が成立するとき，$\boldsymbol{A}$ は（基数的）**整合性を持つ**と呼ぶ。そして $\boldsymbol{A}$ が整合的であるときには，式（5.21）より $\lambda_{\max} = n$ であり，一般には $\lambda_{\max} > n$ となるので，つねに整合的であるとはいえない主観的判断における整合性のずれを

$$CI = \frac{\lambda_{\max} - n}{n-1} \tag{5.23}$$

で定義される**整合度**（consistency index）を用いて判定する（理想値とのずれの平均値といえる）。完全に整合性があるときには $CI=0$ であり，整合性がないほど大きな値となる。

また，別の整合性の指標として**整合比** CR（consistency ratio）が知られている。$\boldsymbol{A}$ の要素は，1/9，1/8，…，1，2，…，9 のいずれかであるので，これらの値をランダム（ただし，対角要素は 1，対称要素間の逆数関係という条件は成立するようにしておく）に発生させた一対比較行列を作り，この CI を求める。こうした計算を多数回行い，その平均値を**ランダム整合度** R（**表 5.8** 参照）と呼ぶ。R と CI の比 $CR=CI/R$ は，所与の応答の整合性と一対比較における整合性をまったく無視したでたらめな応答の整合性の比の値と解釈される。CI，CR とも 0.1 以下となることが経験則の判定基準とされており，満たされない場合には一対比較の判断の再考を検討する必要がある。

表 5.8 ランダム整合度 R

要素数	1	2	3	4	5	6	7	7	8	9
R	0.0	0.0	0.58	0.90	1.12	1.24	1.32	1.41	1.45	1.49

AHP の手順をまとめれば以下のようになる。

ステップ 1：問題解決上の要因を分析して，その結果を階層図として表現する。(hierarchy)

ステップ 2：各レベルのすぐ上位のレベルに属する親要素から見たとき，兄弟要素間の重要性を一対比較行列として表す。これを階層図の上から下へ順に行う。

ステップ 3：各一対比較行列から要素間の重みと整合度 CI と整合比 CR を計算する。これらが基準値を越えるようであれば，ステップ 2 での一対比較の判断を再検討する（analytic）。

ステップ 4：階層図にそって重みを合成した総合重みと最終目標から見たときの各代替案の重要度との荷重和を計算してこの値が最大のものを選ぶ（analytic）。

ステップ 5：最終結果を全プロセスに沿って総合的に検討し，不整合な部分があればそれ以後の手順を再度実行する（process）。

AHP の大きな特徴の一つは，主観的な重要度の決定という定量的に取り扱いにくい問題解決を系統的手順として与え，一対比較行列 $\boldsymbol{A}$ の固有ベクトルの計算という単純な演算に置き換えている点にある。しかし，上記のまとめからもわかるように重みの導出自体は全体の手順の一部にすぎず，通り一遍の適用からは成功しない点は2.2.1項で述べたISMと同様である。

〔2〕 不完全情報への対応と不整合性の克服

（a） 不完全情報への対応——ハーカー（Harker）法　基礎理論で述べた手順に従えば，目的木や代替案数が大きくなるのに伴って必要となる一対比較の回数は飛躍的に増える。このため実際の応用においては，すべての比較を行うのが面倒でいくつかをパスするか，どうしても態度を決めにくいような場合がしばしば生じる。この結果として作成される一対比較行列は，部分的にいくつかの要素の抜けた不完全なものとなる。このような不完全な場合の対応法の一つとしてハーカー法[55)]が知られている。簡単な例を用いて以下に紹介する。

【例5.3】 ハーカー法の適用例

いま，式（5.24）のように部分的に未定の要素（□で示した）を含む不完全行列 $\boldsymbol{A}$ に対して，推定したい重みを $\boldsymbol{w}=(w_1, w_2, w_3, w_4)^T$ とする。対称要素はそれぞれの逆数とし，未定要素 a_{ij} を w_i/w_j で埋めるとすれば，形式的に固有値問題は式（5.25）のように書ける。

$$\boldsymbol{A}=\begin{bmatrix} 1 & \square & 1 & \square \\ \square & 1 & 5 & 3 \\ 1 & 1/5 & 1 & \square \\ \square & 1/3 & \square & 1 \end{bmatrix} \tag{5.24}$$

$$\begin{bmatrix} 1 & w_1/w_2 & 1 & w_1/w_4 \\ w_2/w_1 & 1 & 5 & 3 \\ 1 & 1/5 & 1 & w_3/w_4 \\ w_4/w_1 & 1/3 & w_4/w_3 & 1 \end{bmatrix}\begin{bmatrix} w_1 \\ w_2 \\ w_3 \\ w_4 \end{bmatrix}=\lambda\begin{bmatrix} w_1 \\ w_2 \\ w_3 \\ w_4 \end{bmatrix} \tag{5.25}$$

これより以下の関係が成り立つ。

$$\begin{cases} 3w_1+ \qquad\qquad w_3 \qquad\quad =\lambda w_1 \\ \qquad\qquad 2w_2+5w_3+3w_4=\lambda w_2 \\ w_1+1/5w_2+2w_3 \qquad\quad =\lambda w_3 \\ \qquad 1/3w_2+ \qquad\quad 3w_4=\lambda w_4 \end{cases} \tag{5.26}$$

これを整理し直し，再び行列表現すれば以下のようになる。

$$\begin{bmatrix} 3 & 0 & 1 & 0 \\ 0 & 2 & 5 & 3 \\ 1 & 1/5 & 2 & 0 \\ 0 & 1/3 & 0 & 3 \end{bmatrix}\begin{bmatrix} w_1 \\ w_2 \\ w_3 \\ w_4 \end{bmatrix}=\lambda\begin{bmatrix} w_1 \\ w_2 \\ w_3 \\ w_4 \end{bmatrix} \tag{5.27}$$

そしてこの固有値問題を解くことで，いまの場合，$\boldsymbol{w}$ の推定値が，$\boldsymbol{w}'=(0.115, 0.577, 0.115, 0.192)^T$ のように計算される（なお $\lambda_{\max}=4.0$ となる）。

ハーカー法は，すべての一対比較に整合性が成立するような完全整合行列（$\{a_{ij}\}=\{w_i/w_j\}$，$\forall i, j$）においては，そのうちの一部分からでも同じ重みを求めることができるという事実に基づいている。また，上の例の式（5.27）で与えられる行列をよく観察すれば，これは元の不完全行列において，未定要素を0に，対角要素をその行にある未定の要素の個数に1を加えたものに置き換えたものに等しいことに気付いてほしい。

（b）　不整合性の克服　　先に一対比較の整合性の判定基準として整合度指標，CI や CR を示した。そして経験的にこれらの値が0.1以上のときには，比較が不整合であるとしてやり直す必要があると述べた。しかし不整合であることがわかったときに，整合性を取り戻すための方法については何も示さなかった。以下ではこの問題について検討してみることにする。

最も簡単な方法はリーティ自身が示している方法で，計算された重みを基にして，w_i/w_j を（i, j）成分とする完全整合な行列を作り直し，元の行列と各要素を比較してみて，違いの大きいものに着目して，その部分の

（1）　一対比較をやり直す

（2）　$w_i/w_j:=a_{ij}$ と置き換える，というものである。

【例 5.4】　一対比較行列 $\boldsymbol{A}$ の整合性を判定して，不整合な場合は修正せよ。

解

$$\boldsymbol{A}=\begin{bmatrix} 1 & 4 & 6 & 7 \\ 1/4 & 1 & 3 & 8 \\ 1/6 & 1/3 & 1 & 7 \\ 1/7 & 1/8 & 1/7 & 1 \end{bmatrix} \tag{5.28}$$

に対して，$(w_1, w_2, w_3, w_4)=(0.587, 0.245, 0.130, 0.038)$；$CI=0.151$，と計算され，整合性の規準は満たされていない。そこで上で計算された重みを用いて，完

全整合な行列 $\boldsymbol{A}^*$ を作成すれば以下のようになる。

$$\boldsymbol{A}^*=\begin{bmatrix} 1 & 2.40 & 4.51 & \underline{15.45} \\ & 1 & 1.88 & 6.45 \\ & & 1 & \underline{3.42} \\ & & & 1 \end{bmatrix} \tag{5.29}$$

ここで式（5.28）と式（5.29）を比較して，特に違いの大きい下線部の要素に着目して

（1） 一対比較をやり直して，$a_{14}=8$，$a_{34}=4$ とする

（2） $a_{14}=9$（15.45＞最大値），$a_{34}=3$（3.42 を四捨五入）に置き換える

ことにより再評価したときの結果は，それぞれ

（1） $(w_1, w_2, w_3, w_4)=(0.605, 0.247, 0.107, 0.041)$；$CI=0.08$

（2） $(w_1, w_2, w_3, w_4)=(0.615, 0.246, 0.098, 0.042)$；$CI=0.05$

と計算され，どちらの場合も整合性の改善がなされたことがわかる。

また Cook と Kress[56] は，完全整合行列により厳密に近づけるため行列間の距離を定義し，最小化問題に帰着させる方法を提案している。

5.4.3 その他の方法

Promethee（preference ranking organization method for enrichment evaluations）と呼ばれる方法とその発展形の Promethe II は，つぎの 2 段階から構成される[57]。

ステップ 1：代替案の集合との優先関係を構築する。
ステップ 2：上の関係を利用して意思決定を行う。

ステップ 1 での具体的な手順は，評価項目の評価形状の指定，選好の数量化，優先グラフの作成，DM への優先関係の表示となっている。この表示には代替案をノード，優先関係を矢印で表したグラフ表現が用いられる。Promethee では，**図 5.24**（a）のように半順序として表されていた選好関係が，Promethe II では同図（b）のように順序付けられて表現されるようになっている。これらの方法は，先行研究の成果である Electre I ～III[58] を発展させたものである。

さらに，結果を直観的に分析するための視覚的表現手法である **GAIA**（Geometrical Analysis for Interactive Assistant）と連携した実装も行われてい

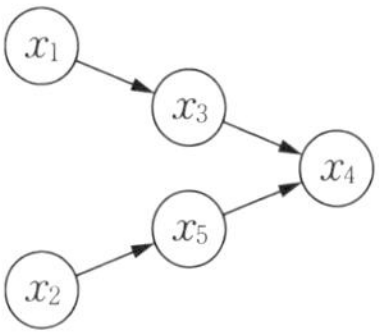

（a） Promethe

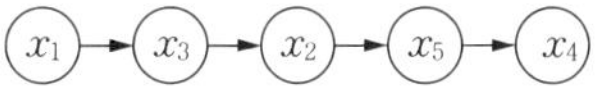

（b） Promethe Ⅱ

図 5.24 選好関係のグラフ表現

る[59]。結果をわかりやすく提示するという意思決定支援の重要な課題の一つの参考例になる。

5.5 ま と め

多目的評価の下での最適化問題の特徴を，改めて，単一目標の下での問題との関連において要約すれば以下のようである。

従来，工学システムでは経済性以外の評価項目の多くは，その満たすべき条件を制約条件の上下限値として与えることにより考慮されていた。そして，最適時にこれらが実際，活性制約なのか不活性制約なのかについてはあまり関心が払われず，すべての条件を満たす結果が得られればそれで満足していた。しかし，最適時に活性な制約式は，明らかに目的関数値に影響を及ぼすので，その制限値を緩和して改めて最適化を図れば以前より目的関数値をさらに良くできる。このとき，先に不活性であったものの中から新たに活性になるものが出てくれば，今度はそれを緩和することでさらに目的関数値の改良が可能となる。しかしこうした結果，DM が目的関数値は期待以上に改良された反面，先の制限を緩和しすぎたと感じたとする。では，「制限をもう少し元に戻して厳しくしてみよう…」といったごとくの試行錯誤が決定の質を上げるために必要となる。したがって，評価すべき項目を（ハードな）制約条件として固定して考えるよりは，それらも目的関数に含めて（ソフト制約式として）取り扱い，同じ範疇（ちゅう）の検討の場で調整を図った方がより好ましい結果が効率よく得られることが期待できる。こうした検討を数学的手順に従って行おうとするのが，多目的最適化手法といえる。

文献[60),61)]は，1980 年代中頃までの研究をサーベイした論文で，前者は応用面を，後者は方法論の紹介に重点を置いている。また，中山らの成書[62)]には，多くの例題と文献が記載されており，本書での不足分を補う上で参考になる。

また，近年研究の盛んな多目的進化手法は多目的解析法の一つであるが，現実の意思決定は数学的定式化に収まりきれない条件や評価を含めた総合的判断となるので，唯一の解より解集合を示す方が多面的であるとの立場からの現実的最適化とみなすこともできる。

現実的な問題解決においては，エンジニアリングの組織やそこでの機能分担の特性に応じて価値構造の分析を十分に行い，問題の範囲と定義を明確にすることが重要である。一般の設計問題では，例えばレンズの設計のように数十もの評価項目が存在するといわれているものも存在するが，多くの場合は高々数個までの評価項目を想定するのが妥当である。特に，基本構造の設計，制御システムの設計，スタートアップ/シャットダウンシステムの設計といったごとく，段階的に設計を進めていく手順においては，例題で見たように，経済性と信頼性，あるいは経済性と操作性などの 2 目的最適化問題を段階ごとに解けばよいという考え方もできる。時と場に見合った問題定義とハイブリッド化を含めた柔軟な解法の開発と適用の工夫が求められる。そして，複雑な社会におけ

コーヒーブレイク

「温故知新」

「温故知新」とは，論語の中の孔子の言葉として広く知られている。新しいものを生み出す原点は意外と古いところにあるという解釈が一般的にされている。「多目的最適化の解法」と上段に振りかぶれば，随分，難しく，最新の手法と向き合っているかの感がするが，所詮（しょせん），数え切れないくらい日常茶飯事に行っていることである。この分野でも，故（ふる）きを温（たず）ねれば，「フランクリンの功罪表」として知られている方法に出くわす。賢明なる読者諸氏もこうした過去の賢者や，身近では，「おばあちゃんの知恵」を借りて，実用的な多目的最適化手法をどんどん編み出してみてもらいたいものである。

る多様な価値観の下での意思決定の実行支援のための手段として，有限の選択肢からの決定問題の解法の発展を含めた多目的最適化分野の発展が望まれる。

ところで，通常の最適化に比べてより現実的といえる多目的最適化に基づく決定を実現に移すための手順を合理化することも最適化工学の重要な目標の一つとなる。このために古くから現在までよく用いられているプロジェクトスケジューリングの代表的な手法である **PERT**（Program Evaluation and Review Technique）や **CPM**（Critical Path Method）が使える。これらにより，プロジェクト完成に必要な個々の作業の日程計画を正しく立てて，その遂行を管理することで，問題が発生する前に日程計画のボトルネックとなる作業を見つけ，遅れや中断などの障害を回避することが可能となる。アポロ計画の実施にあたってPERTが成功裏に適用されたことにみられるように，決定を実行に移す際の有力な支援技術の一つとしてこれらの手法の活用が期待される。内容については他の成書[63]を参考にしていただきたい。

演　習　問　題

5.1　$\min\{f_1=(x-1)^2,\ f_2=(x-3)^2\}$ のパレート最適解集合を求めよ。

5.2　本文中（p.5.2）の唯一の最適解を $\boldsymbol{x}_\varepsilon^*$ とするとき，$\boldsymbol{f}(\boldsymbol{x}_\varepsilon^*)$ はパレート最適解であることを証明せよ。

5.3　非劣曲面が非凸の場合にも，重み付け min-max 問題において，重みを変化させて求解することで弱パレート最適解集合が求められることを示せ。

$$\min_{\boldsymbol{x}} \max_{k}\ w_k f_k(\boldsymbol{x})\ \text{suject to}\ \boldsymbol{x}\in X,\quad \sum_{k=1}^{N} w_k=1\quad (w_k\geqq 0)$$

5.4　価値関数 V_{RBF} が意思決定者の選好を正しく同定しているとき，MOON^2/MOON^{2R} で求めた最適解はパレート最適解を与えることを示せ。

5.5　AHP をグループにおいて適用するとき，一対比較値として，算術平均の代わりに幾何平均を用いた方が適当であることを，一対比較行列の作り方に基づいて示せ。

5.6　AHP を用いて，何か身近での選択肢の決定に関する問題解決を図ってみよ。

5.7　工学システムの種々の問題解決において意思決定支援手法としての多目的最適化の役割や期待される効果などについて述べよ。

5.8　以下は，B. フランクリンが 1772 年に，J. プリーストリにあてた手紙である。

この中で提案している方法（後にフランクリンの功罪表として知られている）を用いて，何か身近の意思決定問題の問題解決を図ってみよ。

Dear Sir,

In the affair of so much importance to you, wherein you ask my advice, I cannot, for want of sufficient premises, advise you what to determine, but if you please I will tell you how. When those difficult cases occur, they are difficult, chiefly because while we have them under consideration, all the reasons pro and con are not present to the mind at the same time ; but sometimes one set present themselves, and at other times another, the first being out of sight. Hence the various purposes or information that alternatively prevail, and the uncertainty that perplexes us. To get over this, my way is to divide half a sheet of paper by a line into two columns ; writing over the one Pro, and over the other Con. Then, during three or four days consideration, I put down under the different heads short hints of the different motives, that at different times occur to me, for or against the measure. When I have thus got them all together in one view, I endeavor to estimate their respective weights ; and where I find two, one on each side, that seem equal, I strike them both out. If I find a reason pro equal to some two reasons con, I strike out the three. If I judge some two reasons con, equal to three reasons pro, I strike out the five ; and thus proceeding I find at length where the balance lies ; and if, after a day or two of further consideration, nothing new that is of importance occurs on either side, I come to a determination accordingly. And, though the weight of the reasons cannot be taken with the precision of algebraic quantities, yet when each is thus considered, separately and comparatively, and the whole lies before me, I think I can judge better, and am less liable to make a rash step, and in fact I have found great advantage from this kind of equation, and what might be called moral or prudential algebra.

Wishing sincerely that you may determine for the best, I am ever, my dear friend, yours most affectionately.

B. Franklin

6 最適化工学の確立に向けて

6.1　現状の最適化技術の認識と分析

本節では，産官学からのメンバで構成される研究会などを通じて行われた，複数のアンケートの分析結果などを基に最適化技術の現状と課題について述べる。まず，最適化技術が現実的に成功するためのポイントについての指摘や意見を以下に示す。

（1）　成功のためのポイント

- 大規模な意思決定問題を階層的な問題として整理し，各階層の問題の目的を明確にした。そして，全体モデルと個別モデルの整合性をとることに注意した。
- 計算精度と収束安定性のバランスが重要であり，必ずしも厳密な最適解は必要なく，確実に可能解を求められることがシステムへの信頼度を高めた。
- 予定の変更に対する柔軟性や不確定性への対処が必須である。意思決定をする環境はつねに変化し続けている。
- 未知の最適解を求めるのではなく，既存の結果を裏付ける，評価するものとして位置付けた。

（2）　失敗の要因

- モデルが複雑すぎて実用的でない。技術面だけではなく運用面も考慮して，両面から問題範囲を適切に絞り込む必要があった。
- 個別の問題に強く依存したモデルでは，水平展開できない。問題の本質を損なわずに，汎用的なモデルを作るための手順が一般化できない。
- 現場の担当者が目的関数や制約条件が何であるか明確に説明できない。エンジニア側でモデル化したが，結果は現場の感覚に合わないものであった。
- 本来数値評価になじまない問題を，最適化問題として定式化してしまった。
- モデル化に苦労した割に，得られた結果は想定の範囲内であった。
- コンピュータの高速化，アルゴリズムの進歩によって，多くの最適化問題が解ける状況になった。しかし，現実問題とモデリングとの間のギャップは大きく，最適化技術が普及する障害となっている。

最適化技術成功のポイント，失敗の要因について分析した結果からは，最適化技術を今後さらに活用するためには以下のような点に注意する必要がある。

（3） 活用に向けた注意点

- 何をどう評価したいのかを設定すること自体が意思決定である。モデル化した段階で最適解はすでに決まっている。モデルの合理性の評価が重要となる。
- 現実の意思決定問題では，制約条件のすべてが明確でなく，評価も複数の曖昧(あいまい)な基準があり，最適化問題として定式化できない。
- 得られた最適解の持つ意味，最適性の理由の説明が十分でない。
- 設計者の思考過程に沿った問題解決の手順や要件が不明確となっている。
- エンジニアは，複雑，大規模な問題を要素に分解し，階層的に見ることができる反面，標準的な問題へ帰着しようという意識が希薄である。
- 現在の最適化技術による問題解決は個別（一品料理）的である。当該分野の標準問題を整理し，共通のまな板上で処理できる必要がある。

（4） 望まれる最適化教育

- 標準問題による定式化を意識させて，現実の問題をどうモデル化するかのセンスを養えるようにする。
- 工学や経済における意思決定問題をケーススタディとした演習を強化する。
- 求解よりモデル化に重点を置く。
- 得られた解の合理性の評価法を教える。

こうした結果を要約すれば，最適化技術は意思決定の強力なツールの一つであるが，まだだれもが手軽に利用し，確実な成果が与えられるような状況ではない現状が垣間(かいま)見えてくる。一般的に利用される技術にするためには，以下のような技術開発が必要不可欠であるといえる。

（5） 開発の必要な最適化技術

- 不確定性や粒度の異なる情報に適用可能な最適化技術
- 専門家でなくとも使える最適化ツール
- 最適化におけるモデル構築法，最適解の信頼性評価法，最適解の提示法
- 評価を定量化することができない問題に対する最適化アプローチ
- 変数の選択法，究極的には問題を定式化する方法論
- オンラインのダイナミック最適化

6.2 学術的最適化からの分析と提案

学会誌「オペレーションズ・リサーチ」へ寄稿された論文[1]の中で，モデリング（最適化）のための十戒として以下の項目が挙げられている。

① モデルを単純化せよ。ただしほどほどに。
② 小さなモデルから始めよ。ただし，小さな問題例に対するテストだけで，大規模問題例の解決を請け負ってはいけない。
③ データがとれないようなモデルを作成するなかれ。
④ 手持ちのデータに合うようなモデルを作成するなかれ。
⑤ 複雑なモデルは分割して解決せよ。ただしほどほどに。
⑥ 標準モデルへの帰着を考えよ。
⑦ モデルを抽象化して表現せよ。ただしほどほどに。
⑧ 異なる意思決定レベルを同一のモデルに押し込むなかれ。言い換えれば，森から脱出する際に木ばかり見るなかれ。
⑨ 解くための手法のことを考えてモデルを作成せよ。
⑩ 手持ちの手法からモデルを作成するなかれ。

また，上記第6項の標準モデルへの帰着について，茨木ら[2]は**図6.1**に示すような考え方を提案して，現実の多様な問題（a～z）すべてに対応可能な代替的な接近法を示している。そこでは，いくつかの**標準問題**（標準問題A～K）と，その問題に限ってのみきわめて効率的な解法（エンジン）をあらかじめ開発しておき，現実に対象となる問題をいずれかの標準問題に帰着させて対応しようとするものである。解きたい問題（実務）と解ける問題（学術）間のマッチングのための時間の短縮を図り，解決に至るまでの効率を高めることを可能とする現実的な考え方の一つといえる。

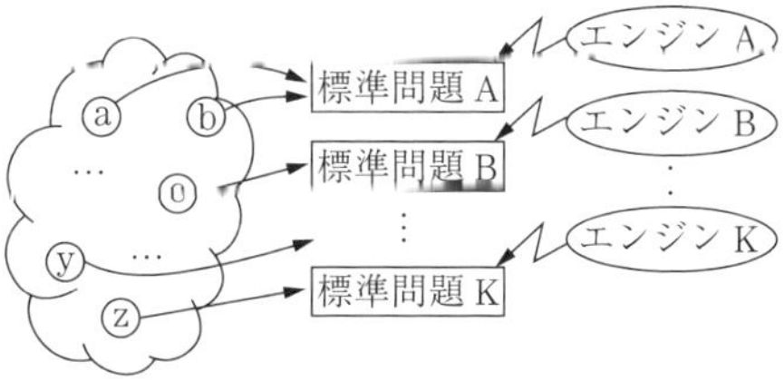

図6.1 標準問題による問題解決

6.3 応用最適化技術からの分析と提案

長年，最適化とかかわってきた技術者の視点や認識の分析結果を紹介しておくことは最適化工学の確立に向けてきわめて重要である。日本学術振興会プロセスシステム工学第143委員会の下で行われたワークショップ「意思決定技術としての最適化」の最終報告書からの記述を一部6.1節と重複する部分もあるが，以下に要約して引用する[3]。

最適化は，別途導出された結果の解釈や正当性の判定手段として有用であるが，その活用においては，以下のような課題が残されている。

- 協調作業として，最適化問題の3要素 $\{\boldsymbol{x}, f(\boldsymbol{x}), X\}$ に対する認識が人ごとに異なる
- 現実⇒定式化⇒解法と進む間に，ギャップ，相性，不確定性にかかわる問題が顕在化してくる
- 多段階となる問題解決ステップ間での情報の継承の不十分性や不完全性がある
- 成功・失敗事例のDBや効果的な検索手段がない

これらは現実問題に適用し活用していく上では，対象の定式化や解法の難しさという技術面の課題に加えて，最適化の目的意識から運用に至るまで一連の業務プロセスとして見た場合の課題といえる。この解決には，適用事例の集積を通じて，最適化実施フレームワークの構築による現実的最適化のための手順の標準化が必要である。

最適化を実施する上では，その目的と範囲などの方針を明確にすることが重要であるが，利用者においても最適化に対して持つイメージは，関連するそれぞれの立場により異なり，対象が大規模になるほど統一したイメージをまとめることが難しいのが実情である。例えば，「工場の生産計画の最適化」というテーマでも，販売，原料調達，装置運転，在庫出荷管理など，関連する立場ごとに最適化の目的や範囲のイメージは異なる。この整理が不十分な場合には

- すべての要求を満たす万能で必要以上に複雑なモデルとなる
- 支配的な要素が省略され最適化の方向性を見誤る

という問題を招きかねない。最適化を行う上では，まず視点とイメージを合わせた上で，目的と範囲を適切に設定し，関係者間で認識を共有化することが第一に重要である。

対象のモデル化は多くの場合，業務担当者へのヒアリングを伴うが，このヒアリングの難しさは，未整理の問題を整理して定式化するという難しさに加えて，「現状（≠非最適状態）」と「求められる最適状態」の間の認識の乖離に起因する点が多分にある。先と同じく「工場の生産計画の最適化」を例にとると，最適化導入前の工場全体の生産計画は，装置単位などいわば部分最適の集合体として成り立っている。すなわち，現状業務で認識されている目的関数や制約条件は，慣習や現状の業務形態に合うように限定された範囲内での便宜的条件である場合が多い。また，単なる慣習と解釈されがちな経験則に基づく制約も，過去の経験や事実が慣習としてのみ伝承され，数理的には与えられないが，考慮すべき制約である場合が少なくない点も認識すべきである。

したがって，現状を整理して定式化していく上では

- いま考えている制約は本当の制約か
- 部分最適の目的関数から全体最適の目的関数をどう設定するか
- 経験や慣習として暗に想定されている事実をいかに識別してモデル化するか

などの点を考慮し，ヒアリング対象者も含めて前述の「最適化の視点」を共有し，「現状と最適の乖離」を抑え込むことが必要である。

さらに不確定性は，実務上は運用方法の問題として暗黙的に扱われ，最適化における本質的な問題と認識されていない場合が見受けられる。一方で，逆に不確定性を過度に取り上げ，最適化の有効性を否定する傾向もある。不確定性に対する考察は最適化結果の解釈にも大きな影響を与えるものでもあり，特に留意が必要である。

このような最適化の視点と現状認識を合致させた上で改めて

- 当初の最適化の方針と目的は，不確定性や曖昧さを考慮した上で見合っているか
- 定式化やモデルの緻(ち)密さは，関連する情報の不確定さとバランスが取れているか
- 不確定性への対応を，モデルに反映させるか，結果を解釈する意思決定の範疇とするか
- 人の介在のさせ方，あるいは曖昧さをどこまで許容するか

などを考慮することが,「意思決定支援技術としての最適化」† に求められる。

また,最適化が実施可能か否かは,適用可能な最適化手法があるか,あるいは選択できるかに依存する。この点は 6.2 節での標準問題への帰着が可能か否かの判断から再度視点や現状を整理することも必要となる。

さらに,最適化を実務運用する段階では以下のような問題点が少なからず見られる。

- 導出された解が経験則と異なる場合に信用しない
- 制約過多で運用する（単なるシミュレーションとしての運用）
- 導出された解を無条件に信用する（不確定性の影響や制約の妥当性などを検証しない）
- 導出された解を理解できない（何が支配的な状況なのか解読できない）

最適化を実務に定着させ,「意思決定支援技術」として有効に活用していくためには,運用におけるこれらの不信,過信,あるいは理解不足を防ぐことが必要である。このためには最適化対象の理解に加えて,最適化の目的と範囲,適用する技術の特徴と限界なども運用者が十分に認識し,最適化技術の導入・開発時と同様の視点が運用者に受け継がれ,ブラックボックス化を防ぐことが重要である。また,前述の部分最適の集合から全体最適を指向する例の場合には,これに合致する業務形態や組織も見直していくことが有効な活用の上で不可欠である。

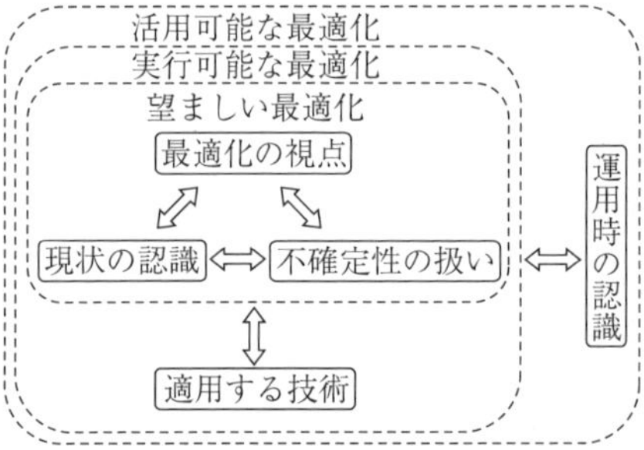

図 6.2　最適化技術活用における課題

また,最適化実施のためのフレームワークの構築に向けては

- 失敗事例のモデルベース化
- 各事例の共通事項の抽出と標準化
- 分野別の標準手順への展開
- 分野別での適用可能技術の探索手順の標準化

などが必要である。さらに,意思決定支援に最適化を活用していく上

† 「最適化工学」と読み替えていただきたい。

では

- 望ましい最適化＝最適化の視点や現状認識の整理と不確定性が考慮されている
- 実行可能な最適化＝適用可能な技術が得られる
- 活用可能な最適化＝運用時にまで最適化の視点と技術の特徴が引き継がれる

を考慮し，最適化の方針決定から運用に至るまでの一連の手順を確立する必要がある（**図 6.2** 参照）。

6.4 最適化工学の確立に向けた展望

6.4.1 教育のあり方へのテーゼ

日本オペレーションズ・リサーチ学会関西支部のメンバとその関係者に対して，「学んだ OR と使った OR」と題して実施されたアンケート有効回答数 84 の分析結果がある[4]。その中で着目すべき以下の四つの質問項目についての回答結果を**図 6.3** に示す。

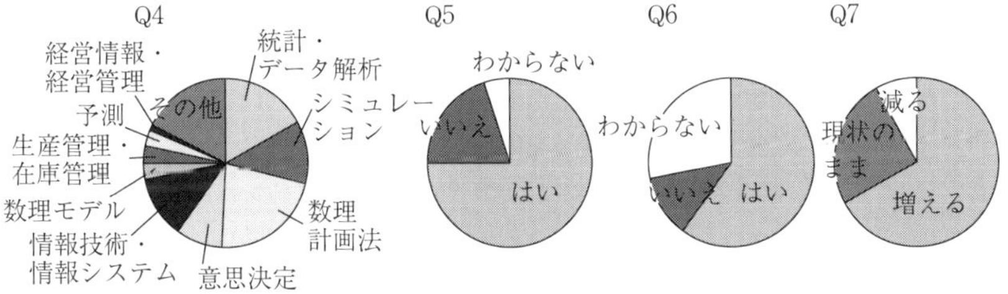

図 6.3 「学んだ OR と使った OR」に関するアンケート結果

Q 4．学生のときに，社会に出て役立つと考えていた OR 分野を，五つ以内で役に立つと思っていた順に選択下さい。

Q 5．学生時代に学んだ内容と，社会に出てから実際に現場で必要とされる知識にギャップを感じましたか？

Q 6．もう一度，改めて OR について勉強したいと思いますか？

Q 7．今後，社会における OR の必要性はどのようになると思いますか？

Q 4 の選択肢は，26 分野で 1 位のみの結果を示した。Q 5 の選択肢は，{はい，いいえ，わからない}，Q 6 は，{はい，いいえ，わからない}，そして Q 7 は，{増える，現状のまま，減る} である。

Q 4 の結果からは，最適化や数理計画法に有用性を認めているものの，現実での使われ方との間には，Q 5 の結果からわかるように圧倒的に，「はい」が「いいえ」を上回っており，大きな乖離がみられる。一方，Q 6，Q 7 の結果は，OR 教育の実社会における必要性を肯定するものといえる。これに，Q 5 の結果を併せて考えてみたとき，「使いたいのに使えない」という状況が，大学における教育の質に問題があるのか，量や工夫の不足に原因があるのかは明らかではない。今後の分析が求められる。しかしここでのアンケート結果は，6.1 節での分析結果と併せて，大学における最適化教育の今後のあり方を考える上で示唆に富むものである。

6.4.2　実効化へのテーゼ

これまでの分析から，最適化は意思決定支援のツールの一つとしての評価は低くないが，多くの現場で気軽に実際に適用して効果を見るまでには至っていないといえる。最適化を活用し実質的な成果を得ることを目指す最適化工学の理念からは，先に示したモデリングの覚え書きの 10 項目にさらに以下の 4 項目を加える必要がある。

⑪　最適化問題の 3 要素を意識し，チーム内でこの認識を共有せよ。
⑫　モデルの不完全性に対する補償を考えよ。
⑬　モデル作成/結果解析のためのわかりやすいユーザインタフェースを整備せよ。
⑭　モデルの再利用を促す仕組みを工夫せよ。

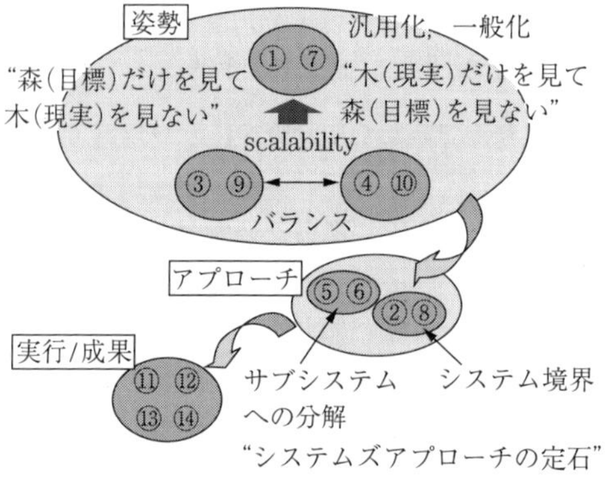

図 6.4　最適化を成功に導くための
フレームワーク

これらを合わせた 14 項目の中には同様の意味合いを持ったものも含まれているため，これらを「姿勢」，「アプローチ」，「実行/成果」というカテゴリーから整理して解釈を加えた**図 6.4** は，最適化を成功に導くためのフレームワークとすることができる。

さらに，従来の最適化の実用性についての消極的な見方を払拭（ふっしょく）するために，望むべき関連技術を挙げてみると

- 意思決定者の思考パターン・意思決定プロセスに即している
- 粒度の異なる情報を一元的に扱える
- 曖昧な情報にも対応してロバストな解を導ける
- 汎用解析ソフトとの連携が容易である
- 最適化結果の提示方法に工夫がある
- 専門家でなくても利用できる
- product oriented な最適化に適する枠組みがある

などが考えられる。実務家と専門家のより広範で深遠な共用作業によって，これらは実現可能となる。

6.4.3 理念形成へのテーゼ

近年の最適化に関連するキーワードと最適化手法との相関を見れば多くの領域の問題解決のために最適化手法の適用が可能であると同時に，それぞれ適当な手法は異なっているため，最適化手法を単に適用するだけの立場にあってもある程度の知識は必要となることがわかる。現在，特に最適化の実用化を主眼とする研究者は多くないため，技術社会の発展に合わせた最適化工学の実現のためには，今後いっそうの努力が求められる。そしてそうした取組みの蓄積が，最適化工学の理念形成にもつながっていくものと期待される。この際，情報の質の面から，粗野な現場のデータを昇華された知識へ導く一連のプロセスを現実化（標準化）することが現在求められているとする見方[5]は，理念形成にとって参考にすべきものの一つである。こうした全体的で大きな最適化工学の流れを作る努力は今後の残された課題として，次節では，所与の問題解決を多目的最適化問題として定式化するシステムズアプローチを一例として示したい。

6.5 具体例を用いた最適化問題定式化手順

前節までの考察より，最適化問題をシステマティックに定式化し，その結果

を所与の問題解決にかかわるグループ内での問題意識や周辺知識として共有することの重要性は明らかとなった。以下ではそうした一つの取組み例を示す。

この手順を要約すれば，まずブレインストーミングやTRIZなどの発想支援法によって要素の収集を行い，マインドマップやIDEF0で手順の流れの確認や認識の整理を行いながら具体化を進める。つぎにこの結果に基づいて，Excelシート上でQFD分析法に準拠した関係付けと重要性評価を与え，KANO法による属性の確認作業を経て，最終的にはIPを用いて所与の問題解決にふさわしい目的関数と決定変数の選択（最適化問題の定式化の大枠）の決定を行う。最後に，この結果を再びマインドマップにより視覚的にわかりやすく提示するものであるといえる。

【例6.1】 あるプラスチックフィルム巻取りプロセスの最適化問題を定式化せよ。

解 作業の前提として，一般的な問題解決の全体手順に関するIDEF0モデルにより与えられたテンプレート（図1.2参照）を参考に当該問題のモデルを作成し，問題の定式化が関与する範囲において「だれが」，「なぜ」，「どのように」，「何を」するのか。また関連する活動の関連や流れを理解してもらう。ついで以下の手順に従う。

ステップ1：ブレインストーミングなどにより，ソフト制約条件（目的関数）と（ハード）制約条件および決定変数候補を列挙する。以後，特に区別する必要のない場合は，ソフトとハード制約条件の両方を併せて単に制約条件と表現する。いまの場合，生産特性（顧客要求）と技術特性（社内要請）から想起する事項を洗い出して，マインドマップを用いて展開していく。さらに，個々の技術者や顧客の経験則的識見や思いつきによるブレインストーミングからだけでは技術的・原理的な摂理から求められる項目を見逃す恐れがある。そこで，この不備を補完するため，TRIZからのアプローチ，具体的には矛盾マトリックスを用いる（**図6.5**参照）。

本対象プロセスでは，品質（特に形状）の向上が問題になっており，この達成を阻害する（矛盾となる）ものは生産効率（生産原単位時間の短縮）である。そこで，12.shapeと32.manufacturabilityを技術的矛盾として，TRIZの発明原理の適用を行った。この結果のうち，1.segmentationより，運転速度（生産効率）を落とさずに，品質を落とさないためには，製品の幅を細狭くすると，しわなども入りにくく，巻き硬度をコントロールしやすくなる（空間による分離の適用）。これより

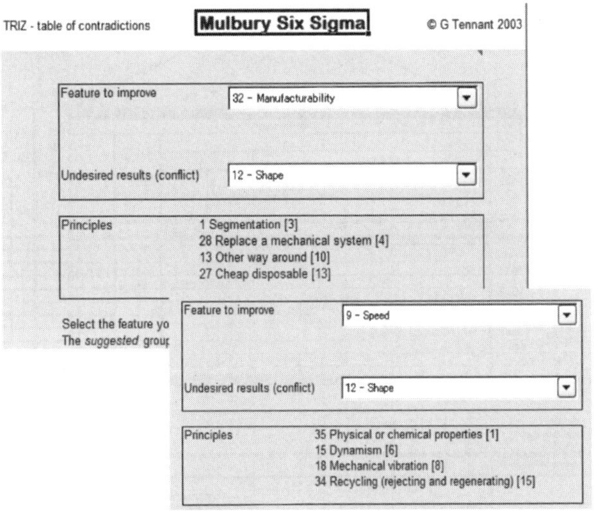

図 6.5　TRIZ の適用結果

- 制約条件：しわ，側面ずれ，巻き硬度
- 決定変数：運転速度，加速度

が想起される。また，speed と shape の矛盾に対して，35.physical or chemical properties，18 mechanical vibration より，フィルム表面に，帯電防止剤を塗布することにより，高速運転してもフィルム表面のスリップ性が向上しているので，剝離(はく)帯電を抑えて運転ができること（状況による分離の適用）を発想し

- 制約条件：静電気帯電量，湿度
- 決定変数：運転速度，加速度

をそれぞれの候補とする。

ステップ 2：品質，生産効率，安全性に対する技術特性と，これらに関する生産特性を軸（0 次）として，**図 6.6** に示すように，行・列方向にこれらをさらに具体的に展開（1 次から 3 次）していく。つぎに QFD 分析法に準拠して各要素の組（行列の行と列の交点）の関係性の強さを，{0：なし，1：少し，3：かなり，9：非常に} の 4 段階で評価し，数字を入力する（①の部分）。

ステップ 3：制約条件項目について，以下の二つの評価を行う。

（1）　制約条件（列）の各項目について，その属性の性質を KANO 法の分類，{M：あたりまえ，D：魅力的，B：一次元的} に従って充足度特性行に入力する（②の部分）。

（2）　各要素間の相互の関係性を評価する。すなわち，行列の屋根部の相関箇

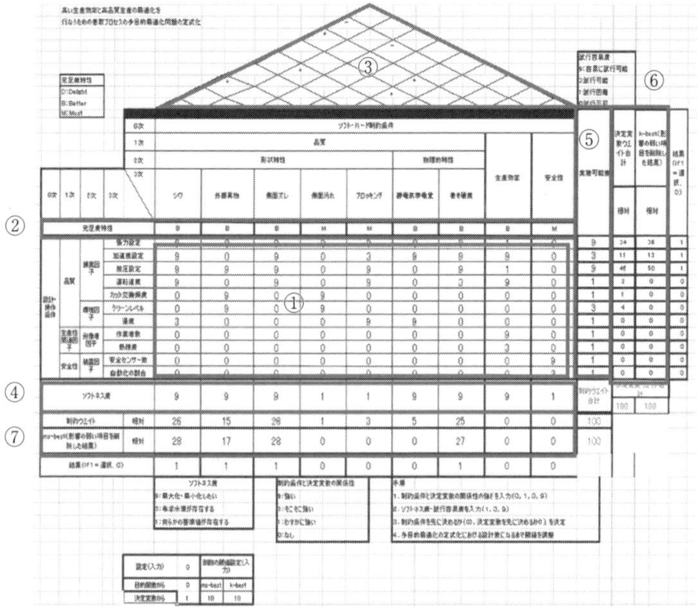

図 6.6　QFD 分析準拠法の Excel シート上への実装例

所に両者間にトレードオフがある場合は，+/−を，同一方向性がある場合は，+(比例関係）または−(反比例）を，相乗効果がある場合（両者が同時に達成されるとその効果が飛躍的に高まるまたは劣化する）は，++/−−を記入する（③の部分)。

ステップ 4：制約条件項目の性質を判断する。すなわち，各要素が以下のいずれに該当するかを判断して，{0：基準値なし，1：何らかの基準値あり，3：希求水準あり，9：最大化・最小化したい} の 4 分類を用いてソフトネス行に入力する(④の部分)。ここでソフトネス度が高いものほど目的関数としてふさわしいことを表す。

ステップ 5：技術特性項目（行）の実現可能性の程度を判断する。すなわち，各要素の生産現場での実施可能性を判断し，実現性欄に，{0：不可，1：困難，3：可能，9：容易} の 4 段階で入力する（⑤の部分)。ここで実施可能度が高いほど，現実に操作変数としても問題がないことを意味する。

ステップ 6：与えられた入力値を用いて行および列方向の寄与度（ウェイト）をそれぞれ算出する。ここでは通常の QFD のウェイト計算とは異なり，決定変数については実施可能度 u_i で，目的関数についてはソフトネス度 s_i による重み付けを行う。すなわち，決定変数ウェイト欄の i 行の値 w_i は，$w_i'=u_i\sum_j z_{ij}s_j$ とするとき，$w_i=w_i'/\sum_i w_i'$（⑥の部分）で，制約ウェイト行の j 欄の値 v_j は，$v_j'=s_j\sum_i z_{ij}u_i$ とするとき，$v_j=v_j'/\sum_j v_j'$（⑦の部分）となる。なお，行列の要素を Z_{ij} とするとき，z_{ij} はつぎのようである。

$$z_{ij}=\begin{cases}1 & \text{if} \quad Z_{ij}=\{9,3,1\}\\ 0 & \text{if} \quad Z_{ij}=0\end{cases}$$

ステップ7：ウェイトの大きなものから目的関数，制約条件，決定変数を選ぶ。具体的には，それぞれの個数に制限があるとして以下のように決定する。

（1）　簡便法：目的関数を先に，決定変数を後に決める場合は以下の手順となる。

ステップ1：列方向の t-best を選び，これから r 以上で決める。

ステップ2：1の結果に従って，選ばれなかった列をすべて除いてウェイトを再計算する。

ステップ3：行方向の p-best を選び，これから q 以上で決める。

ここで（t,r）と（p,q）は，それぞれ目的関数の選択数と決定変数の選択数の上下限値を表す。ソフトウェア化された Excel シートでは，より一般化し，上とは反対に，先に決定変数を決める場合も取り扱える。ここでは図の ⑦ 部分の数字の大きいものを目的関数とし，低いものを制約条件とする。しきい値以下のものは選択しない。さらに，⑥部分の数字の大きいものを決定変数とし，しきい値以下のものは選択しない。

（2）　厳密法

以下の最適化問題（0-1 計画問題）を解いて決める。

$$f(\boldsymbol{x},\boldsymbol{y})=\max\frac{\sum_{i=1}^{m}\sum_{j=1}^{n}w_i v_j}{\sum_{i=1}^{m}x_i\sum_{j=1}^{n}y_i}$$

$$\text{subject to}\begin{cases}w_i=u_i\sum_{k=1}^{n}z_{ik}x_i y_k s_k & (i=1,\cdots,m)\\ v_i=s_j\sum_{k=1}^{m}z_{kj}x_k y_j u_k & (j=1,\cdots,m)\\ q\leqq\sum_{i=1}^{m}x_i\leqq p\\ r\leqq\sum_{j=1}^{n}y_j\leqq t\\ x_i,y_i\in\{0,1\}\end{cases}$$

ここで，x_i は決定変数 i を選ぶときは 1，選ばないときは 0 を，同様に y_j は制約 j を目的関数として選ぶときは 1，そうでないときは 0 をとる。したがって，ここでの目的関数は，行・列の要素に相関があり，かつそれに対応する制約と決定変数が選択されたときに値を持ち，それを実施可能度とソフトネス度で重み付けた量（一種の影響力度）の平均値である。したがって，KANO 法の分類での「当たり前」属性に該当するものが目的関数として選ばれていたり，「一次元」属性が制約条件として選ばれていたりした場合は結果の再考が必要となる。

ステップ 8：以上の結果をグループ内で共有できるように，例えば，**図 6.7** に示すようなマインドマップとして表現する。

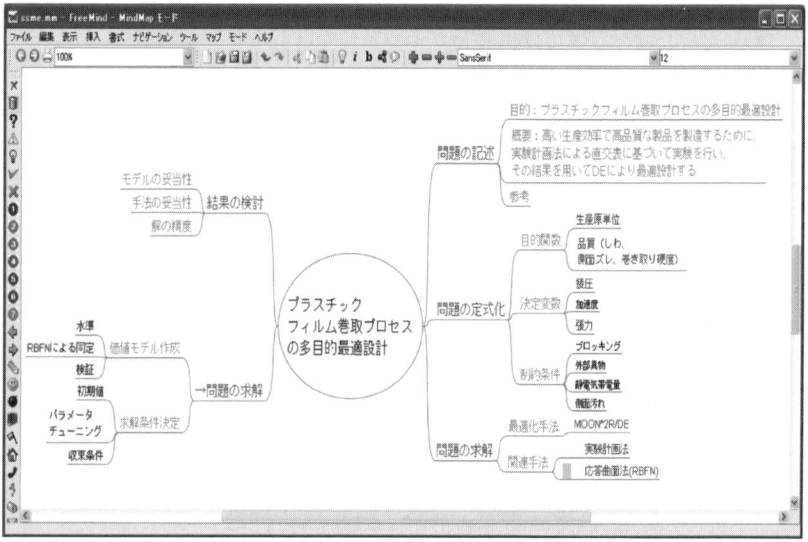

図 6.7　定式化結果と問題解決の共有認識のためのマインドマップ

対象プロセスのその後の考察における最適化では，上述の手順により抽出された四つの評価項目のうち三つ（しわ，側面ずれ，巻取り硬度）は品質として統合化し，生産性との 2 目的とすることが適当であるとされた。一方，決定変数は上述の結果のとおり，張力，加速度および接圧が採用された。また，対象システムと価値システムの逐次モデル化手法[6]を用いて求められた選好最適解が現実にプロセス操業条件の改善につながることが文献[7]には示されている。

6.6 ま と め

現在，最適化工学という用語は一般的に使われているものではなく，著者の造語で独断的に使っているにすぎない。こうした分野のねらいや今後のものづくりにおける重要性が広く理解され，最適化理論や最適化手法の最新の成果を現実の意思決定に役立てることができるような意思決定支援技術としてのフレームワークとなることを望んでいる。このため，本章では従来の最適化にかかわる問題と今後の展開についての分析を行った。そしてその分析の中で指摘の多かった最適化問題自体の定式化のための接近法について考察した。そして従来，個別に使われることの多かった認識共有や発想のための複数のソフトウェアをシステム工学的に用いることにより，信頼性の高い問題の定式化を行い，その結果をグループ内での問題意識や周辺知識として共有し，最適化結果を有効に意思決定に利用できる筋道を例示した。今後はさらに，最適化結果のわかりやすい表示方法を含めて最適化の周辺部分における多様な取組みと広がりが求められる。

コーヒーブレイク

「吾唯足知（われただたるをしる）」

上の四つの漢字に共通している部品はもちろん「口」である。この部分を生かした蹲（つくばい）（石の手洗い鉢で，水が入る口の部分を真ん中に上，右，下，左に残りの部分を配置すればそれぞれの漢字が完成する）が京都の龍安寺にある。エネルギーや食料不足が懸念されている中で欲望が増大している世界にとって，「足ることを知る（老子）」ことは，「持続ある成長」を続けていくための重要なキーワードの一つであると著者は思っている。このことは，有限の有形物に対する戒めとして，「知的な飢え」についてはまったくこの正反対であってほしい。興味という土壌が豊かでなければ，知力という果実の収穫は望めない。「吾未足不知」を，教育を与えるもの，受けるもの両者にとっての心構えのテーゼとしたい。

7 おわりに

本書は，現実的で効果的な問題解決手順を最適化とその周辺技術によって時と場合に適応して提示できる最適化工学の意図を世に問うもので，以下のような内容について触れた。

意思決定における合理性の概念はごく自然に求められる観点であるにもかかわらず，従来工学システムにおいてはあまり意識されていなかった。1章では，まず合理的であることの意味について考察を行った。ついで，問題発見と問題定義のためのシステムズアプローチを紹介した。一般に，このような初期の段階の意思決定は，問題発見と問題定義および関係者間で問題の把握や認識の共有に大きな関心が寄せられることを指摘し，数学的に悪定義な場合を含めて考察できるような接近法が有効となることを主張した。そして，そのような視点から役立つと思われる手法として，ISM 法と機能構造モデル化手法 IDEF0 を紹介した。またそのほか，一般的に有用で，かつ最適化問題の定式化とかかわりを持つ手法についても簡単に触れた。

ところで，対象とするシステムの特徴と，そこでどのような意図に従って解決を図ろうとするかによって，採るべきモデル化や解析の手順はまったく異なるものになる。こうした観点の下で，3章では，まず工学システムでの伝統的なモデル化手法の基礎的事項について述べた。また，工学システムといえども人とのかかわりを抜きにして現実を論じることはできないとの考えより，ペトリネットを用いた離散事象システムのモデル化と解析法の一端を示した。さらに近年，モデル化だけにとどまらず多様な分野での問題解決の有効な手段として用いられてきている NN の代表的な手法も取り上げた。NN では，モデル化しようとする関数の陽的表現を前もって与えておく必要がないこと，入出力変数のすべてが必ずしも数値である必要はなく，定性的なカテゴリー量が混在していてもよいことなどの特徴は，他の多くのモデル化手法にはない特筆すべき点である。

工学の問題解決に携わるものには，所与の解析目的に適するようにモデル化手法の選択が求められる。このとき，対象とする数式モデルが，どのような経緯で決められ，どの程度の近似度のものであるかをつねに知っていることはきわめて重要であることに再度言及しておく。

さらに，合理性を担保する規範として最適化は主要な位置を占めることから，4 章では，最適化理論と手法について述べた。まず，単一目的の最適化の中で最もよく知られている実用的解法である線形計画法（LP）の基礎について説明した。LP は新しい最適化手法とはいえないが，絶えず改良が行われてきたため，現在でも多くの分野での問題解決に広く応用されている。

一方，非線形計画問題は，実用的な求解面からは線形計画問題のレベルには及ばないが，最適化技術の役割が今後ますます増えていくことが予想される中で，現実のほとんどのシステムは非線形であることを考えれば，非線形システムの最適化理論や手法の新しい開発と応用が望まれる。

また，整数条件を持つ変数を導入することによって，応用上有用な最適化問題を多様に定式化できることについて例題を中心として示した。しかし，問題は数学的には NP-ハード/完全と称される求解のきわめて困難なクラスのものとなる。コンピュータの高速化やソフトウェアの高性能化によって，近年，求解能力は格段に向上し，かなり大規模な問題も求解できるようになっていることは心強い。しかし，整数変数の数の増大が求解を飛躍的に困難にするという事実は一般に変わらない。最適化工学の理念からは，問題ごとに工夫を凝らし，必要最小限の整数変数の導入でプロセスの表現を行う工夫や努力が特に望まれる。

こうした最適化研究の流れの中で，組合せ最適化問題や大局的最適化問題に対して，メタヒューリスティックと総称される手法の開発と応用が盛んに行われてきている。こうした手法は理論に深くとらわれず，シミュレーションベースで手軽に最適化ができることや，対象に応じて種々の工夫や他の手法とのハイブリッド化が比較的容易に実現できることなどから，今後より広範な応用が期待されている。これらの代表的手法の解説を行い，章全体として最適化手法を網羅的に紹介した。万能の手法は存在しないことを知った上で，対象とする問題解決にとって，最もふさわしい手法を選択するために有用となることを願った。

意思決定における評価は，本来的に多属性であり，近年の価値観の多様化を認める風潮とも合って，多目的最適化の重要性は増加してきている。5章では，このような多目的最適化とかかわる基本概念や手法と応用例を紹介した。また，近年この分野で研究盛んな多目的進化手法は，多目的解析法の一つである。しかし，現実的な意思決定は，数学的定式化におさまり切れない条件や評価を含めた総合的判断に帰着されるとの見方からは，これも広い意味での多目的最適化とみなしてもよいとした。さらに，意思決定プロセス自体の重要性に着目すれば，最適化プロセスを経験ベースとして別の意思決定支援に再利用する試みも興味深い今後の課題の一つといえる。多様な価値観の複雑な社会における意思決定支援のための手段として，有限の選択肢からの決定問題の解法や，多属性評価の可視化技術の発展を含めた多目的最適化分野の発展が望まれている。

6章では，現在一般的に使われている用語ではない最適化工学のねらいについて，最適化の現状と今後の展開に関する分析を通じて述べた。それが今後広く理解され，最新の最適化理論や最適化手法の成果を取り入れながら，現実の意思決定に役立つ意思決定支援技術として発展を遂げていくことを願っている。そして最後に，分析中で指摘の多かった最適化問題身体の定式化や，問題認識の共有のための具体的アプローチを示した。

従来，本書のように，最適化とそれにかかわる周辺技術を賢い決め方の道具として広く解説したものはないと思っている。こうした意を十分に尽くしながら，限られた著者の能力とページ数で，内容的にバランスよくまとめることは，もとより望むべきものではなかったがあえて挑戦してみた。これは，最適化が現実の意思決定支援技術としての地位を確固たるものとし，最適化工学として発展していくためには広いスコープが必要になると認識しているからである。化学，機械，電気，情報，環境，建築など工学の各分野を専門としながら，最適化とその周辺技術を意思決定の道具として自在に操れる人材が育つことが「最適化工学のすすめ」において望むところである。欲をいえば，社会科学や経営にかかわる視点もそこでは求めたい。若年層へのこうした学際的興味の広がりと彼らの資質の涵養がこれからのものづくり，ひいては工学に必要になると考えている。本書がこうした流れの一つの契機となり，最適化工学の今後の発展につながることを切に願っている。

コーヒーブレイク

「雑俳（ざっぱい）」

「松島や　ああ松島や　松島や」という俳句は，俳聖，松尾芭蕉が「奥の細道」紀行で松島を訪れた際に，あまりに絶景なので句が浮かばず詠（よ）んだという一説がある。これに習って，「最適化　ああ最適化　最適化」と詠んでみた。最適化工学があまりに種々の問題解決に有用なので，思わず感嘆の思いがこみ上げ，この句に及んだという戯言（たわごと）が流布することを夢見て筆を置く。

付　　　　録

1.　ベクトル・行列演算に関する用語と表記法

（和と差）　$\boldsymbol{A}$，$\boldsymbol{B}$ を m 行 n 列の行列とするとき，以下のように計算される。

$$\boldsymbol{A}=(\boldsymbol{a}_1,\cdots,\boldsymbol{a}_n)=\begin{bmatrix} a_{11} & \cdots & a_{1n} \\ \vdots & \ddots & \vdots \\ a_{m1} & \cdots & a_{mn} \end{bmatrix},\quad \boldsymbol{B}=(\boldsymbol{b}_1,\cdots,\boldsymbol{b}_n)=\begin{bmatrix} b_{11} & \cdots & b_{1n} \\ \vdots & \ddots & \vdots \\ b_{m1} & \cdots & b_{mn} \end{bmatrix}$$

$$\boldsymbol{A}\pm\boldsymbol{B}=(\boldsymbol{a}_1\pm\boldsymbol{b}_1,\cdots,\boldsymbol{a}_n\pm\boldsymbol{b}_n)=\begin{bmatrix} a_{11}\pm b_{11} & \cdots & a_{1n}\pm b_{1n} \\ \vdots & \ddots & \vdots \\ a_{m1}\pm b_{m1} & \cdots & a_{mn}\pm b_{mn} \end{bmatrix}$$

これについて以下の関係が成立する。

$$\boldsymbol{A}\pm\boldsymbol{B}=\pm\boldsymbol{B}+\boldsymbol{A},\ (\boldsymbol{A}\pm\boldsymbol{B})\pm\boldsymbol{C}=\boldsymbol{A}\pm(\boldsymbol{B}\pm\boldsymbol{C})$$

$$a(\boldsymbol{A}\pm\boldsymbol{B})=a\boldsymbol{A}\pm a\boldsymbol{B},\ (a\pm b)\boldsymbol{A}=a\boldsymbol{A}\pm b\boldsymbol{A}$$

（積）　$\boldsymbol{A}$ を m 行 n 列，$\boldsymbol{B}$ を k 行 m 列の行列とし，$(\boldsymbol{b}_i,\boldsymbol{a}_j)$ をベクトルの内積とするとき，以下のように計算される。

$$\boldsymbol{BA}=\begin{bmatrix} (\boldsymbol{b}_1,\boldsymbol{a}_1) & \cdots & (\boldsymbol{b}_1,\boldsymbol{a}_n) \\ \vdots & \ddots & \vdots \\ (\boldsymbol{b}_k,\boldsymbol{a}_1) & \cdots & (\boldsymbol{b}_k,\boldsymbol{a}_n) \end{bmatrix}=\begin{bmatrix} \sum_{j=1}^{m} b_{1j}a_{j1} & \sum_{j=1}^{m} b_{1j}a_{j2} & \cdots & \sum_{j=1}^{m} b_{1j}a_{jn} \\ \vdots & \vdots & \ddots & \vdots \\ \sum_{j=1}^{m} b_{kj}a_{j1} & \sum_{j=1}^{m} b_{kj}a_{j2} & \cdots & \sum_{j=1}^{m} b_{kj}a_{jn} \end{bmatrix}$$

したがって，任意の大きさの行列 $\boldsymbol{A}$，$\boldsymbol{B}$ に対して，つねに積は定義されない。

（正方行列）　行と列の数が等しい行列

（単位行列）　正方行列で対角要素のみが1で，残りはすべて0の行列で，$\boldsymbol{I}$ と表す。

（転置行列）　行列の列と行を入れ換えたもので，$\boldsymbol{A}^T$ のように表す。

$$(\boldsymbol{A}+\boldsymbol{B})^T=\boldsymbol{A}^T+\boldsymbol{B}^T$$

$$(\boldsymbol{AB})^T=\boldsymbol{B}^T\boldsymbol{A}^T$$

（階数）　線形変換 $\boldsymbol{y}=\boldsymbol{Ax}$ において，$\boldsymbol{x}$ が n 次元空間全体を動くとき，$\boldsymbol{y}$ の動く範囲の次元 r を行列 $\boldsymbol{A}$ の階数（rank）という。

（正則）　$\boldsymbol{A}$ が n 次元の正方行列であって，Rank $\boldsymbol{A}=n$ のとき，$\boldsymbol{A}$ は正則（regular）であるという。正則でない行列は特異（singular）と呼ばれる。

（**逆行列**）　$AA^{-1}=A^{-1}A=I$ を満たす A^{-1} を A の逆行列と呼ぶ。逆行列を持つためには，A は正則（Rank $A=n$）でなければならない。また，以下の関係が成立する。

$$(A^{-1})^{-1}=A$$
$$(AB)^{-1}=B^{-1}A^{-1}$$
$$(A^{T})^{-1}=(A^{-1})^{T}$$

（**ノルム**）　$\|x\|\geq 0$，$\|x+y\|\leq\|x\|+\|y\|$ を満たす $\|\cdot\|$ をノルムと呼び，$\|x\|^2=(x,x)=x^Tx$ で定義する。これは一種の距離の概念を与える。

（**微分の表記法**）

x の次元は n，h はスカラ，f と g の次元は m とする。

$$\frac{\partial h(x)}{\partial x}=\left(\frac{\partial h}{\partial x_1},\cdots,\frac{\partial h}{\partial x_n}\right)$$

$$\frac{dx}{dt}=\begin{bmatrix}\dfrac{dx_1}{dt}\\ \vdots\\ \dfrac{dx_n}{dt}\end{bmatrix}$$

$$\frac{\partial f(x)}{\partial x}=\begin{bmatrix}\dfrac{\partial f_1}{\partial x_1} & \cdots & \dfrac{\partial f_1}{\partial x_n}\\ \vdots & \ddots & \vdots\\ \dfrac{\partial f_m}{\partial x_1} & \cdots & \dfrac{\partial f_m}{\partial x_n}\end{bmatrix}$$

$$\frac{\partial[f(x)^Tg(x)]}{\partial x}=g(x)^T\left(\frac{\partial f(x)}{\partial x}\right)+f(x)^T\left(\frac{\partial g(x)}{\partial x}\right)$$

2.　最適化工学の展開のための IDEF0 モデル

2 章で一部示した最適化工学の適用手順の IDEF0 モデルを**図 A2.1** に示す。

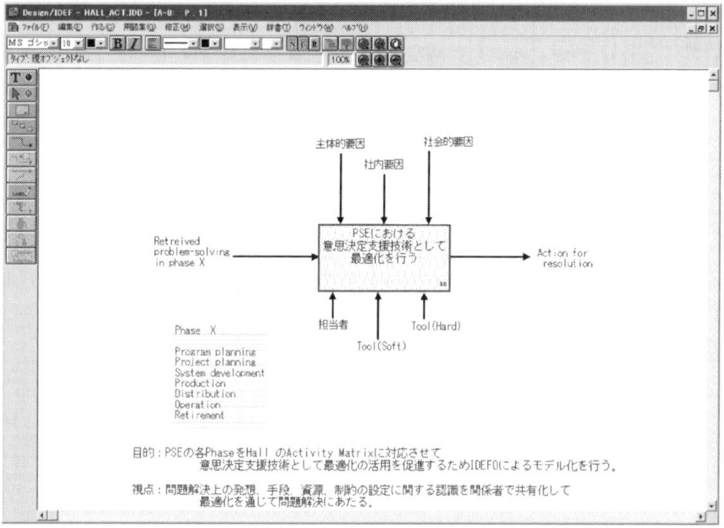

（a）　最上位モデル（A-0）

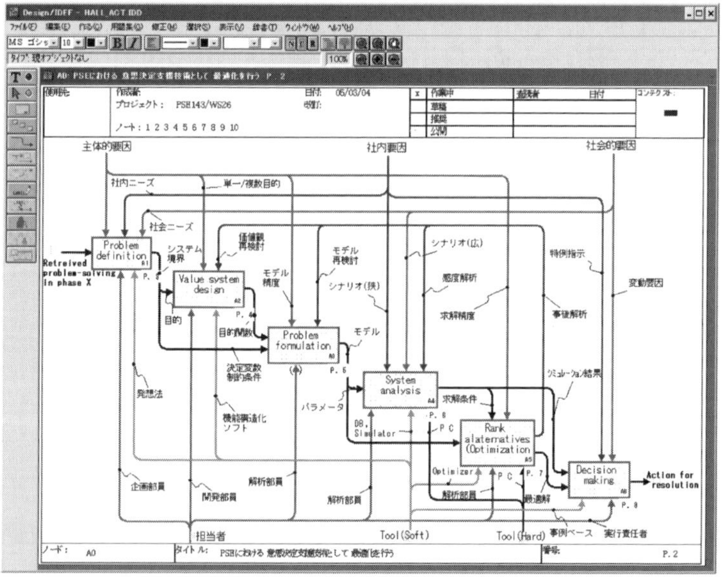

（b）　下位レベルモデル（A0）

図 A2.1　最適化工学の適用手順の IDEF0 モデル

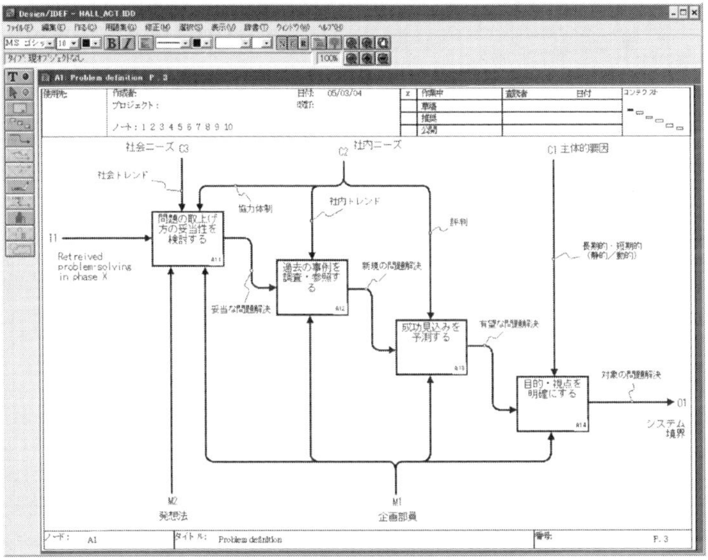

（c）　下位レベルモデル（A1）

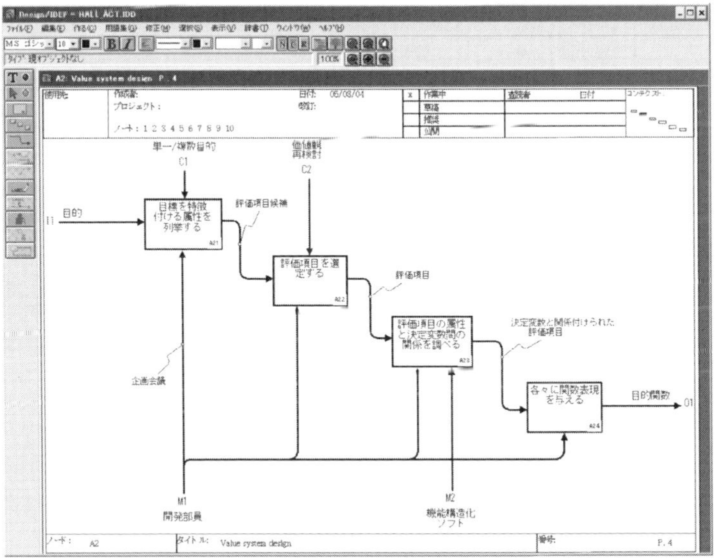

（d）　下位レベルモデル（A2）

図 A2.1　（つづき）

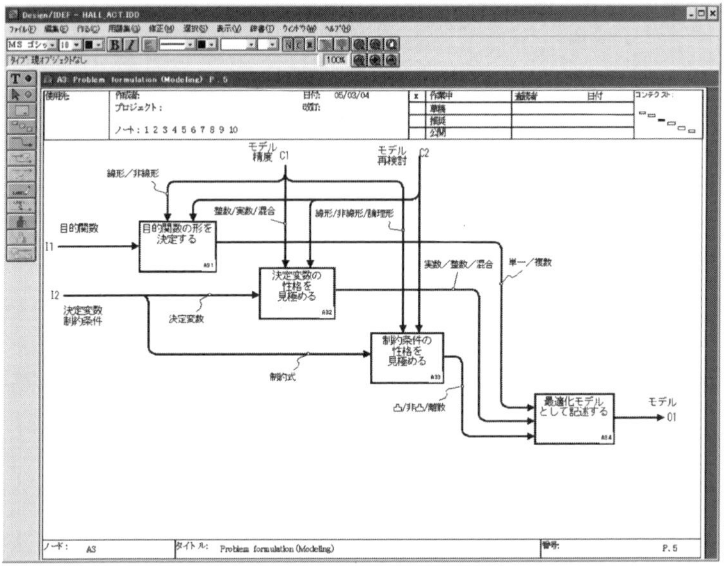

(e)　下位レベルモデル（A3）

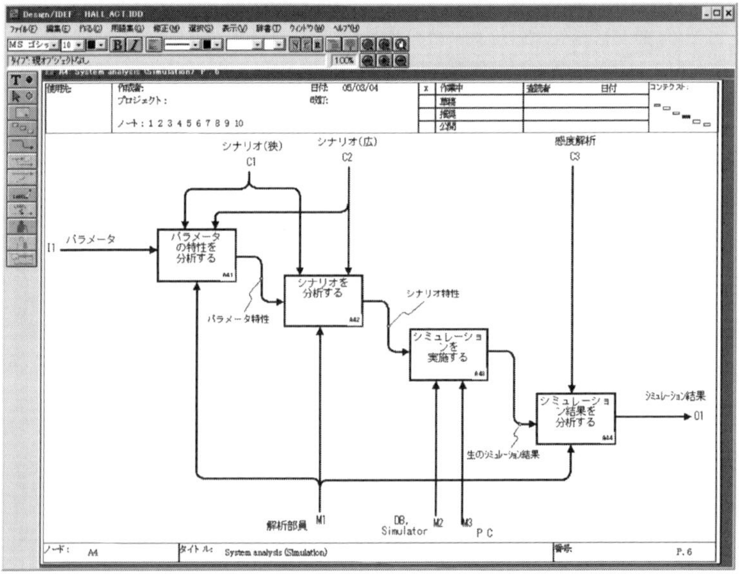

(f)　下位レベルモデル（A4）

図 A2.1　（つづき）

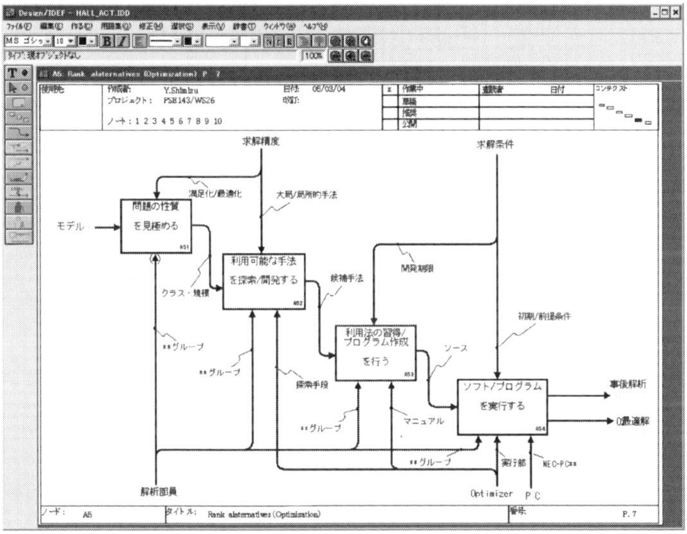

（g）　下位レベルモデル（A5）

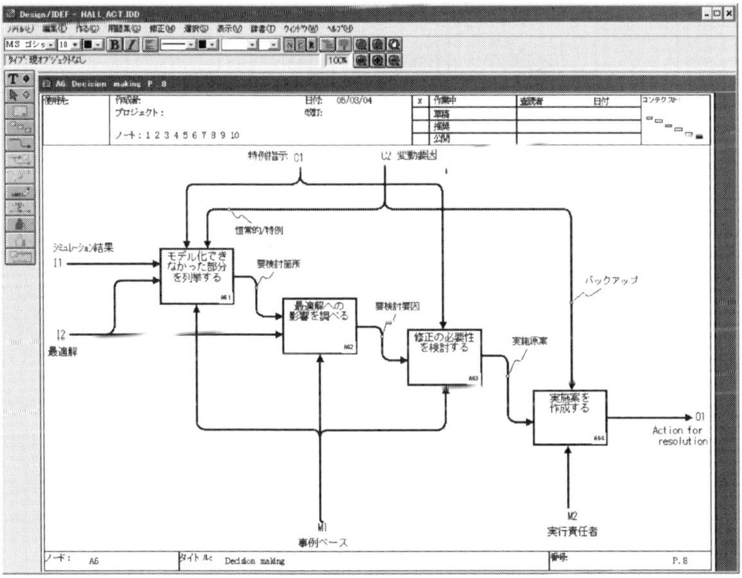

（h）　下位レベルモデル（A6）

図 A2.1　（つづき）

3.　凸性に関する用語と性質

凸集合（convex set）：R に属する任意の 2 点 $\boldsymbol{x}^1$，$\boldsymbol{x}^2$ を結ぶ線分上の任意の点 $\boldsymbol{x}$

$$\boldsymbol{x}=\alpha\boldsymbol{x}^1+(1-\alpha)\boldsymbol{x}^2 \qquad (0\leqq\alpha\leqq1) \tag{A3.1}$$

も，やはり R に属するようなものをいう。また凸集合の性質として，R_i（$i=1,2,\cdots$）が凸集合であれば，$\cap R_i$ も凸集合となることも式（A3.1）の定義より示せる。

- 集合 R の端点（extreme　point）：互いに異なる 2 点 $\boldsymbol{x}^1$，$\boldsymbol{x}^2\in R$ によって式（A3.1）のごとく表されないような点 $\boldsymbol{x}\in R$ のことである。
- 凸多面体（convex polyhedron）：有限個の閉半空間の共通部分として得られる凸集合といえる。
- ベクトルの凸結合（convex combination）：係数が負でなくて和が 1 であるようなベクトル間の一次結合をいう。すなわち，$\Sigma_i\lambda_i=1$（$\lambda_i\geqq0$）とするとき，$\boldsymbol{z}=\Sigma_i\lambda_i\boldsymbol{x}^i$ で表されるベクトル $\boldsymbol{z}$ は，$\boldsymbol{x}^i$（$i=1,\cdots,k$）の凸結合である。

こうした用語をあてる妥当性は，**図 A3.1** を見れば自然と理解されるものと思う。

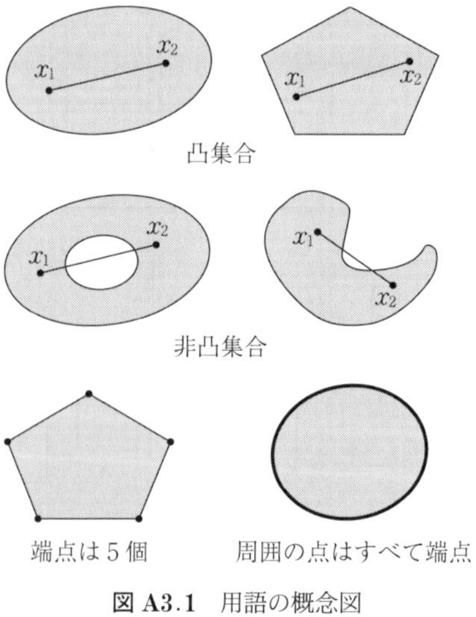

図 A3.1　用語の概念図

引用・参考文献

〔1章〕

1） 草刈君子：数理計画法の実用モデリングについて，オペレーションズ・リサーチ，**50**，pp.238-242（2005）

2） 化学工学会編：化学工学のための応用数学，丸善（1993）

3） 小西正躬，清水良明，寺嶋一彦，北川秀夫，北川孟，石光俊介，三宅哲夫：生産システム工学─知的生産の基礎と実際，朝倉書店（2001）

4） Y. Shimizu, Z. Zhang and R. Batres：Frontiers in computing technologies for manufacturing applications, Springer, London（2007）

5） 清水良明，野田賢編著：意思決定技術としての最適化，日本学術振興会 143 委員会第 26 WS 最終報告書（CD-ROM）（2008）

〔2章〕

1） 小橋康章：決定を支援する，東京大学出版会（1988）

2） 広内哲夫，小坂武：意思決定支援システム，竹内書店新社（1983）

3） A. P. Sage：Methodology for large scale systems, McGraw-Hill, New York（1977）

4） 椹木義一，河村和彦編：参加型システムズ・アプローチ，日刊工業新聞社（1981）

5） D. W. ミラー and M. K. スター（徳永豊，稲川和男共訳）：意思決定の構造，同文館（1975）

6） J. N. Warfield：Societal systems, John Wiley and Sons, New York（1976）

7） D. A. Marca and C. L. McGowan：IDEF 0/SADT business process and enterprise modeling, Eclectic Solutions Corporation, San Diego（1993）

8） http://www.idef.com/（2009 年 10 月現在）

9） AI0 WIN：ジール（KBSI 社代理店）；Design/IDEF（住友金属システム開発）

10） 研野和人，柏崎孝史，谷岡雄一：仕事の流れの記述法 IDEF（上），（中），（下），NIKKEI MECHANICAL, pp.78-83；pp.86-91；pp.98-105（1994）

11） Y. Shimizu, K. Kainuma and T. Kitajima：A prototype system for evaluating life cycle engineering of chemical products, J. Chem. Eng. Japan,. **34**, pp. 676-683（2001）

12） トニー・ブザン，神田昌典，バリー・ブザン：ザ・マインドマップ，ダイヤモ

ンド社（2005）
13） V. R. Fey，E. I. Rivin，畑村洋太郎著，実際の設計研究会編著：TRIZ 入門—思考の法則性を使ったモノづくりの考え方，日刊工業新聞社（1997）
14） N. Kano, N. Seraku, F. Takahashi and S. Tsuji：Attractive quality and must-be quality, Journal of the Japanese Society for Quality Control, **31**, 4, pp.147-156（1984）
15） 水野滋，赤尾洋二：品質機能展開，日科技連出版社（1978）

〔3 章〕
1） 示村悦二郎：線形システム解析入門，コロナ社（1987）
2） 近藤次郎：数学モデル入門，日科技連出版社（1974）
3） 高橋安人：システムと制御，岩波書店（1970）
4） 村田忠夫：ペトリネットの解析と応用，近代科学社（1992）
5） J. L. Peterson：ペトリネット入門—情報システムのモデル化，共立出版（1992）
6） J. O. Moody：Feedback control of petri nets based on place invariants, Automatica, **32**, 1, pp.15-28（1996）
7） J. O. Moody, et al.：Petri net feedback controller design for a manufacturing system, Proceeding of IFAC world Congress, San Francisco, B, pp.67-72（1996）
8） 小川高弘：不可制御—不可観測な事象を含む離散システムのペトリネットモデルに基づく制御，豊橋技術科学大学大学院修士論文（1999）
9） J. Wang：Timed petri nets-theory and application, Kluwer Academic Publishers（1998）
10） Y. Shimizu, K. Hiraide T. Kodama and T. Kitajima：Timed colored petri net model for analyzing operation procedures for batch processes, J. Chem. Eng. Japan, **37**, 2, pp.224-230（2004）
11） D. E. Rumelhart, G. E. Hinton and R. J. Williams：Learning representations by back-propagating errors, Nature, **323**, 9, pp.533-536（1986）
12） Orr MJL：Introduction to radial basis function networks, http://www.anc.ed. ac. uk/rbf/rbf.html（2009 年 10 月現在）
13） 平野広美：C でつくるニューラルネットワーク，パーソナルメディア（1991）
14） P. D. Wasserman：Neural computing-Theory and practice, Van Nostrand Reinhold, New York（1989）
15） 松葉育雄：ニューラルネットワークによる最適計算，計測と制御，**29**，12，pp. 1110-1113（1990）
16） 増田達也，池谷治彦，藤井善行：隠れユニットの分裂と合成による適切なサイズのニューラルネットワーク構造の獲得手法，電学論 C，**113**，10，pp.865-

871 (1993)
17) D. C. Psichogios and L. H. Ungar：A hybrid neural network-first principles approach to process modeling, AIChE J., **38**, 10, pp.1499-1511 (1992)

〔**4 章**〕

1) L. Wolsey：Integer programming, John Wiley & Sons (1998)
2) L. T. Biegler, A. M. Cervantes and A. Wachter：Advances in simultaneous strategies for dynamic process optimization, Chem. Eng. Sci., **57**, pp.575-593 (2002)
3) N. Karmarkar：A new polynomial-time algorithm for linear programming, Combinatorica, **4**, pp.373-395 (1984)
4) G. B. Dantzig：Linear programming and extensions, Princeton Univ. Press (1963)
5) G. Hadley：Linear programming, Addison-Wesley, Reading, MA (1962)
6) 小野勝章：計算を中心とした線形計画法，日科技連出版社 (1963)
7) 反町洋一編：線形計画法の実際，産業図書 (1992)
8) 平本巌，栗原和夫：文科系の線形計画法入門，牧野書店 (2000)
9) 日本オペレーションズ・リサーチ学会編：OR 事例集，日科技連出版社 (1983)
10) 清水良明：化学プロセスにおける問題解決のための線形計画法の漸進的適用―PROLP の開発と応用，化学工学論文集，**21**，3，pp.521-530 (1995)
11) 清水良明：ニューラルネットの適用による漸進的線形計画法 (PROLP) のカスタム化，化学工学論文集，**21**，3，pp.614-617 (1995)
12) A. P. Sethi and G. L. Thompson：The pivot and probe algorithm for solving a linear program, Math. Program, **29**, pp.219-233 (1984)
13) Y. Shimizu：Two-step algorithm of generalized PAPA method applied to linear programming solution of dynamic matrix control, Annu. Rep. Res. Reactor Inst., Kyoto Univ., **24**, pp.84-89 (1991)
14) 茨木俊秀，福島雅夫：最適化プログラミング，岩波書店 (1991)
15) H. A. Taha：Operations research：an introduction (7th ed.), Prentice Hall, Upper Saddle River (2003)
16) 八巻直一，矢部博：非線形計画法，朝倉書店 (1999)
17) 今野浩，山下浩：非線形計画法，日科技連出版社 (1978)
18) J. Kowalik and M. R. Osborne (山本善之，小山健夫共訳)：非線形最適化問題，培風館 (1970)
19) J. A. Nelder and R. Mead：Simplex method for functional minimization, Computer Journal, **7**, pp.308-313 (1965)
20) H. H. Rosenbrock：An automatic method for finding the greatest or least value of a function, Computer J., **3**, 175 (1960)

21) R. Hooke and T. A. Jeeves：Direct search solution of numerical and statistical problems, Journal of the Association for Computing Machinery, **8**, pp.212-229（1961）
22) R. Fletcher and M. J. D. Powell：A rapidly convergent descent method for minimization, Computer J., **6**, 163（1963）
23) M. J. Box：A new method of constrained optimization and a comparison with other methods, Computer Journal, 8, pp.42-52（1965）
24) A. V. Fiacco and G. P. McCormick：Computational algorithm for the sequential unconstrained minimization technique for nonlinear programming, Management Sci., **10**, 601（1964）
25) J. Abadie and J. Carpentier（R. Fletcher, Ed.）：Generalization of the Wolfe reduced gradient method to the case of nonlinear constraints in optimization, Academic Press, New York, pp.37-47（1969）
26) H. Yamashita：A globally convergent primal-dual interior point method for constrained optimization, Math. Programming（1998）
27) Y. Shimizu and T. Takamatsu：Application of mixed-integer linear programming in multiterm expansion planning under multiobjectives, Comput. Chem. Eng., **9**, pp.367-377（1985）
28) 今野浩，鈴木久敏編：整数計画法と組み合わせ最適化，日科技連出版社（1982）
29) 茨木俊秀：組み合わせ最適化，産業図書（1983）
30) R. M. Nauss：Parametric integer programming, Univ. Missouri Press（1979）
31) 清水良明，和田健：ハイブリッドタブーサーチによるロジスティクスの最適化，システム制御情報学会論文誌，**17**，6，pp.241-248（2004）
32) 和田健，清水良明：ハイブリッド型メタ戦略によるサプライチェーンネットワークの全体最適化，システム制御情報学会論文誌，**19**，2，pp.69-77（2006）
33) 清水良明，松田茂晴，和田健：ハイブリッドメタ戦略を援用した需要変動に対して柔軟な物流ネットワーク設計，システム制御情報学会論文誌，**19**，9，pp.342-349（2006）
34) 和田健，山崎善広，清水良明：ロジスティックス最適設計問題のハイブリッド型メタ解法―多品種製品輸送およびボリュームディスカウントの考慮，日本機械学会論文集，**73-C**，727，pp.919-926（2007）
35) Y. Shimizu, Y. Yamazaki and T. Wada：Multimodal logistics network design over planning horizon through a hybrid meta-heuristic approach, Journal of Advanced Mechanical Design, Systems, and Manufacturing, **2**, 4, pp.562-573（2008）
36) I. E. Grossmann and J. Santibanes：Applications of mixed integer linear programming in process synthesis, Comput. Chem. Eng., **4**, 205（1980）

37) I. E. Grossmann：Mixed-integer programming approach for the synthesis of integrated process flowsheets, Comput. Chem. Eng., **9**, 463 (1985)

38) J. H. Holland：Adaptation in natural and artificial systems, University of Michigan Press, Ann Arbor (1975)

39) D. E. Goldberg：Genetic algorithms in search, optimization and machine learning, Kluwer, Boston (1989)

40) L. Davis：Handbook of genetic algorithms, Van Nostrand Reinhold, New York (1991)

41) L. D. Chambers (ed.)：Practical handbook of genetic algorithms：complex coding systems. CRC Press, Boca Raton (1999)

42) 北野宏明：遺伝的アルゴリズム，産業図書 (1993)，同2 (1995)，同3 (1997)，同4 (2000)

43) S. Kirkpatrick, C. D. Gelatt and M. P. Vecchi：Optimization by simulated annealing, Science, **220**, pp.671-680 (1983)

44) F. W. Glover and G. A. Kochenberger：Handbook of metaheuristics-variable neighborhood search (international series in operations research and management science 57), Springer, Netherlands (2003)

45) F. Glover：Tabu search：Part I, ORSA Journal on Computing, **1**, pp.190-206 (1989)

46) F. Glover：Tabu search：Part II, ORSA Journal on Computing, **2**, pp.4-32 (1990)

47) R. Storn and K. Price：Differential evolution—a simple and efficient heuristic for global optimization over continuous spaces, Journal of Global Optimization, **11**, pp.341-359 (1997)

48) J. Kennedy and R. Eberhart：Particle swarm optimization, Proc. IEEE International Conference on Neural Networks, pp.1942-1948 (1995)

49) C. W. Reynolds：Flocks, herds, and schools：a distributed behavioral model, in computer graphics, Proc. SIGGRAPH '87, **4**, pp.25-34 (1987)

50) M. Dorigo and T. Stutzle：Ant colony optimization, MIT Press, Cambridge (2004)

51) P. Moscato：On evolution, search, optimization, genetic algorithms and martial arts：towards memetic algorithms, Caltech Concurrent Computation Program, C3P Report 826 (1989)

52) M. Laguna and R. Marti：Scatter search：methodology and implementation in C (Operations Research/Computer Science Interfaces Series 24), Kluwer, Norwell (2003)

53) J. R. Koza：Genetic Programming：on the programming of computers by means of natural selection, The MIT press, USA (1992)

54) Y. Shimizu, K. Tsuji and M. Nomura：Optimal disassembly sequence generation using a Genetic Programming, International Journal of Production Research, **45**, pp.4537-4554（2007）
55) Y. Shimizu and H. Kawamoto：An Implementation of parallel computing for hierarchical logistic network design optimization using PSO, 18th European Symposium on Computer Aided Process Engineering, pp.605-610, Lyon, France（2008）
56) イ・エム・ゲリファント，エス・ヴェ・フォーミン（関根智明訳）：変分法，総合図書（1970）
57) L. S. Pontryagin, V. G. Boltyanskii, R. V. Gamkrelidze and E. F. Mishchenko：Optimal process of mathematical theory, chap.6, John Wiley, New York（1962）
58) T. Takamatsu and Y. Shimizu：An effective computational method of the optimal discrete control action of chemical process based on sensitivity analysis, J. Chem. Eng. Japan., **11**, 3, pp.221-226（1978）
59) Y. Shimizu：An evolutionary approach to derive adaptive optimal control policy for chemical processes, J. Chem. Eng. Japan, **42**, 4, pp.265-273（2009）
60) http://tech.groups.yahoo.com/group/lp_solve/
61) http://www.gnu.org/software/glpk/glpk.html
62) http://www.caam.rice.edu/~zhang/lipsol/
63) http://www.sztaki.hu/~meszaros/bpmpd/
64) http://www.maths.ed.ac.uk/~gondzio/software/hopdm.html
65) http://www.netlib.org/opt/index.html
66) http://neos.mcs.anl.gov/
（60)～66）は 2009 年 10 月現在）
67) 柳浦睦憲，茨木俊秀：組み合わせ最適化―メタ戦略を中心として，pp.190-191，朝倉書店（2001）
68) 大野勝久編著：Excel によるシステム最適化，コロナ社（2001）
69) 新村秀一：Excel と LINGO で学ぶ数理計画法，丸善（2008）
70) Y. Shimizu, Z. Zhang and R. Batres：Frontiers in computing technologies for manufacturing applications, Chap.2.5.1, Springer, London（2007）

〔**5 章**〕

1) C. A. C. Coello：A short tutorial on evolutionary multiobjective optimization, In：E. Zitzler, K. Deb, L. Thiele, A. Carlos, C. Coello, D. Corne（eds.）, Proc. First International Conference on Evolutionary Multi-Criterion Optimization（Lecture Notes in Computer Science）, pp.21-40, Springer, Berlin（2001）

2) J. D. Schaffer : Multiple objective optimization with vector evaluated genetic algorithms, Proc. 1st International Conference on Genetic Algorithms and Their Applications, pp.93-100, Lawrence Erlbaum Associates Inc., Hillsdale (1985)

3) M. P. Fourman : Compaction of symbolic layout using genetic algorithms, Proc. 1st International Conference on Genetic Algorithms and Their Applications, pp.141-153, Lawrence Erlbaum Associates Inc., Hillsdale (1985)

4) R. Allenson : Genetic algorithms with gender for multi-function optimization, EPCC-SS 92-01. University of Edinburgh, Edinburgh (1992)

5) H. Ishibuchi : Multi-objective genetic local search algorithm, In : T. Fukuda, T. Furuhashi (eds.), Proc. 1996 IEEE International Conference on Evolutionary Computation, Nagoya, pp.119-124 (1996)

6) P. Hajela and C. Y. Lin : Genetic search strategies in multicriterion optimal design Struct Optim, **4**, pp.99-107 (1992)

7) M. Valenzuela-Rendon and E. Uresti-Charre : A non-generational genetic algorithm for multiobjective optimization, In : T. Back (ed.), Proc. Seventh International Conference on Genetic Algorithms, pp.658-665, Morgan Kaufmann Publishers Inc., San Francisco (1997)

8) D. E. Goldberg : Genetic algorithms in search, optimization and machine learning, Kluwer, Boston (1989)

9) D. E. Goldberg and J. Richardson : Genetic algorithm with sharing for multimodal function optimization, In : Grefenstette JJ (ed.), Proc. 2nd International Conference on Genetic Algorithms and Their Applications, pp.41-49, Lawrence Erlbaum Associates Inc., Hillsdale (1987)

10) C. M. Fonseca and P. J. Fleming : Genetic algorithm for multi-objective optimization : formulation, discussion and generalization, Proc. 5th International Conference on Genetic Algorithms and Their Applications, Chicago, pp.416-42 (1993)

11) N. Srinivas and K. Deb : Multiobjective optimization using nondominated sorting in genetic algorithms, Evolutionary Computation, **2**, pp.221-248 (1994)

12) J. Horn and N. Nafpliotis : Multiobjective optimization using the niched Pareto genetic algorithm, IlliGAl Rep. 93005, University of Illinois at Urbana-Champaign (1993)

13) K. Deb, S. Agrawal, A. Pratap and T. Meyarivan : A fast elitist non-dominated sorting genetic algorithm for multi-objective optimization : NSGA-II, Proc. Parallel Problem Solving from Nature VI (PPSN-VI), pp. 849-858 (2000)

14) E. Zitzler, K. Deb and L. Thiele：Comparison of multiobjective evolutionary algorithms：empirical results. Evolutionary Computation, **8**, pp.173-195 (2000)

15) P. Czyzak and A. J. Jaszkiewicz：Pareto simulated annealing-a meta-heuristic technique for multiple-objective combinatorial optimization, Journal of Multi-criteria Decision Analysis, **7**, pp.34-47 (1998)

16) D. Jaeggi, G. Parks, T. Kipouros and J. Clarkson：A multi-objective tabu search algorithm for constrained optimization problems, EMO 2005, LNCS 3410, pp.490-504 (2005)

17) T. Robic and B. Filipic：DEMO：differential evolution for multi-objective optimization, Evolutionary Computation. In：Coello CCA et al (eds.), Proc. EMO 2005, pp.520-533, Springer, Berlin (2005)

18) D. Fatrias, Y. Shimizu and T. Sakaguchi：Multi-objective analysis of periodic review inventory problem with coordinated replenishment in two-echelon supply chain system, Proc. 4th Int. Symp. on Scheduling, pp.244-259, Nagoya (2009)

19) Y. Shimizu, T. Waki and J-K. Yoo：Multi-objective analysis for a sequencing planning of mixed-model assembly line，システム制御情報学会論文誌, **22**, pp.49-57 (2009)

20) A. R. Rahimi-Vahed, M. Rabbani, R. T. Tavakkoli-Moghaddam, S. A. Torabi and F. Jolai：A multi-objective scatter search for a mixed-model assembly line sequencing problem, Advanced Engineering Informatics, **21**, pp.85-99 (2007)

21) 市川惇信編：多目的決定の理論と方法，計測自動制御学会 (1980)

22) 中山弘隆，谷野哲三：多目的計画法の理論と応用，計測自動制御学会 (1994)

23) R. L. Keeney and H. Raiffa：decisions with multiple objectives：preferences and value tradeoffs, John Wiley and Sons, New York (1976)

24) M. Zeleny：Multiple criteria decision making, McGraw Hill, New York (1982)

25) J. L. Cohon：Multiobjective programming and planning, Academic Press, New York (1978)

26) P. C. Fishburn：Utility theory for decision making, John Wiley and Sons, New York (1970)

27) Y. Shimizu and A. Kawada：Multi-objective optimization in terms of soft computing, Transactions of SICE, **38**, pp.974-980 (2002)

28) Y. Shimizu, Y. Tanaka and A. Kawada：Multi-objective optimization system. MOON^2 on the Internet, Computers and Chemical Engineering, **28**, pp. 821-828 (2004)

29) Y. Shimizu, J-K. Yoo and Y. Tanaka：Web-based application for multi-objective optimization in process systems, In：B. Chen, A. W. Westerberg (eds.), Proc. 8th International Symposium on Computer-Aided Process Systems Engineering, Kunming, pp.328-333, Elsevier, Amsterdam (2004)
30) Y. Shimizu and Y. Tanaka：A practical method for multi-objective scheduling through soft computing approach, International Journal of JSME, Series C, **46**, pp.54-59 (2003)
31) T. L. Saaty：The Analytic Hierachy Process, McGraw Hill, New York (1980)
32) J. H. Seinfeld and W. L. Mcbride：Optimization with multiple performance criteria, Ind. Eng. Chem. Process Des. Develop., **9**, pp.53-57 (1970)
33) A. Charnes and W. W. Cooper：Goal programming and multiple objective optimizations-part 1, European Journal of Operational Research, **1**, pp.39-54 (1977)
34) A. M. Geoffrion：An interactive approach for multi-criterion optimization with an application to the operation of an academic department, Management Science, **19**, pp.357-368 (1972)
35) Y. Y. Haimes：Hierarchical analyses of water resources systems：modeling and optimization of large-scale systems, McGraw-Hill, New York (1977)
36) R. Benayoun, J. de Montgolfier and J. Tergny：Linear programming with multiple objective functions：step method (STEM), Mathematical Programming, **1**, pp.366-375 (1971)
37) T. Umeda, S. Kobayashi and A. Ichikawa：Interactive solution to multiple criteria problems in chemical process design, Computer and Chemical Engineering, **4**, pp.157-165 (1980)
38) 高松武一郎，清水良明：多目的線形計画法の対話的解法（RESTEM），システムと制御，**25**，pp.307-315（1981）
39) 田村坦之編：大規模システム，昭晃堂（1983）
40) H. Nakayama：Aspiration level approach to interactive multi-objective programming and its applications, In：P. M. Pardolas et al. (eds.), Advances in Multicriteria Analysis, Kluwer, pp.147-174 (1995)
41) Y. Shimizu：Optimization of radioactive waste management system by application of multiobjective linear programming, Journal of Nuclear Science and Technology, **18**, pp.773-784 (1981)
42) Y. Shimizu：Multiobjective optimization for expansion planning of radwaste management system, Journal of Nuclear Science and Technology, **20**, pp.781-783 (1983)
43) Y. Shimizu and T. Nomachi：Integrated product design through multi-

objective optimization incorporated with meta-modeling technique, J. Chem. Eng. Japan, **41**, pp.1068-1074 (2008)

44) Y. Shimizu, J-K. Yoo and Y. Tanaka：A design support through multi-objective optimization aware of subjectivity of value system, Transactions of JSME, **72**, pp.1613-1620 (in Japanese) (2006)

45) Y. Shimizu and Y. Yamada：A Meta-heuristic approach for supporting adaptive disassembly sequencing using a multi-objective concept, International Journal of Sustainable Engineering, **45**, pp.4537-4554 (2008)

46) J-K. Yoo, T. Moriyama, and Y. Shimizu：A practical method for solving simultaneous sequencing problem of mixed-model assembly line and paint line under multiple objectives, Proc. 8th Asia Pacific Industrial Engineering & Management Systems Conference, pp.1-12, Kaohsiung, Taiwan (2007-12)

47) 清水良明，三浦和希，柳在圭，田中康嗣：価値観とメタモデルの逐次関連モデル化に基づく多目的最適設計，機械学会論文集（C編），**71**，712，pp.296-303（2005）

48) Y. Shimizu：Multi objective optimization for site location problems through hybrid genetic algorithm with neural network, Journal of Chemical Engineering of Japan, **32**, pp.51-58 (1999)

49) Y. Shimizu：Multi-objective optimization for mixed-integer programming problems through extending hybrid genetic algorithm with niche method, Transactions of SICE, **35**, pp.951-956 (in Japanese) (1999)

50) D. R. Farris and A. P. Sage：Worth assessment in large scale systems, Proc. Milwaukee Symposium on Automatic Controls, pp.274-279 (1974)

51) 木下栄蔵：意思決定論入門，啓学出版（1992）

52) 刀根薫：ゲーム感覚意思決定法 AHP 入門，日科技連出版社（1990）

53) 刀根薫，眞鍋龍太郎：AHP 事例集，日科技連出版社，東京（1990）

54) Y. Shimizu and Y. Sahara：A Supporting system for evaluation and review of business process through activity-Based approach, Comp. Chem. Eng., **24**, pp.997-1003 (2000)

55) P. T. Harker：Incomplete pairwise comparisons in the analytic hierarchy process, Mathematical Modelling, **9**, pp.837-848 (1987)

56) W. D. Cook and M. Kress：Deriving weights from pairwiser comparison ratio matrices：An axiomatic approach, European Journal of Operational Research, **37**, pp.355-362 (1988)

57) J. P. Brans, Ph. Vincke and B. Mareschal：How to select and how to rank projects；The promethee method, European Journal of Operational Research, **24**, pp.228-238 (1986)

58) B. Roy and P. H. Vincke：Multicriteria analysis, Survey and new tendencies,

European Journal of Operational Research, **8**, 3, pp.207-218（1981）
59) J-P. Brans and B. Mareschal：The PROMCALC & GAIA decision support system for multicriteria decision aid, Decision Support Systems, **12**, pp.297-310（1994）
60) A. Grauer, A. Lewandowski and A. Wierzbicki：Multiple objective decision analysis applied to chemiacal engineering, Comput. Chem. Eng., **8**, pp.285-293（1984）
61) C. L. Hwang, S. R. Paidy, K. Yoon and A. S. M. Masud：Mathematical programming with multiple objectives：a tutorial, Comput. Oper. Res., **7**, pp.5-31（1980）
62) 中山弘隆，岡部達哉，荒川雅生，尹禮分：多目的最適化と工学設計，現代図書（2007）
63) 関根智明：RERT・CPM，日科技連出版社（1975）

〔**6 章**〕
1) 久保幹雄：モデリングのための覚え書き，オペレーションズ・リサーチ，**50,** pp.255-258（2005）
2) 茨木俊秀：「問題解決エンジン」群とモデリング，オペレーションズ・リサーチ，**50,** pp.229-232（2005）
3) 丸山亨：意思決定技術としての最適化（清水良明，野田賢　編著），日本学術振興会 143 委員会第 26 WS 最終報告書，4.1.2 節（2008）
4) 毛利新太郎：「学んだ OR と使った OR」アンケート集計，オペレーションズ・リサーチ，**52,** 5，pp.295-300（2007）
5) 草刈君子：数理計画法の実用モデリングについて，オペレーションズ・リサーチ，**50,** pp.238-242（2005）
6) 清水良明，三浦和希，柳在圭，田中康嗣：価値観とメタモデルの逐次関連モデル化に基づく多目的最適設計，機械学会論文集（C 編），**71,** 712，pp.296-303（2005）
7) Y. Shimizu, Y. Kato and T. Kariyahara：A prototype development for supporting multi-objective decision in ill-posed environment-a case study on plastic sheet rolling machine, Technical report（2009）

演習問題解答

2章

2.1　スポーツのリーグ戦の順位決定には，勝率最大化ルールを基本として，辞書式ルールがよく用いられる。AO入試は選言ルールで，服や車など嗜好品を選ぶときは，連言ルールが通常とられる。就職試験では，排除ルールを適用して，異なる性格の試験を段階的に行い，条件を満たさない志望者を順次落としていく。改良のための決定では，改良前後を比べて効用差を評価する効用差加算ルールがとられ，一般入試では効用加算ルールに基づく評価が通常行われている。

2.2　**解図2.1**のとおり

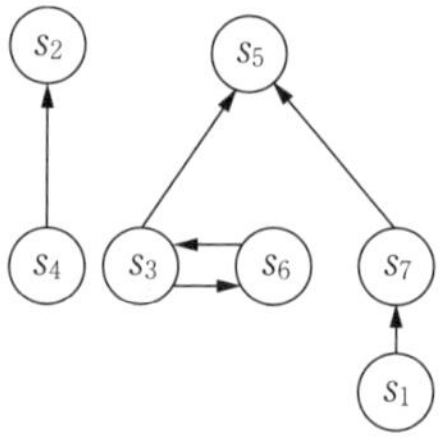

解図2.1

2.3　ISMグラフを作成すれば，（A）が妥当といえる。

2.4　省略

3章

3.1　（1）$V\rho C_p(dT/d\tau)=\rho C_p u(T_i-T)+Q$

（2）$dx/dt=-x+q+1$　　（3）$1+q$

3.2　$\boldsymbol{x}(t)=-\boldsymbol{A}^{-1}(\boldsymbol{I}-e^{At})\boldsymbol{b}=\dfrac{1}{30}\begin{bmatrix}1-5e^{-2t}+2e^{-5t}\\3-5e^{-2t}-4e^{-5t}\end{bmatrix}$

3.3　（1）$\begin{cases}d\theta/dt=\omega\\d\omega/dt=-(g/l)\sin(\theta)\end{cases}$　　（2）$\begin{cases}d\theta/dt=\omega\\d\omega/dt=-(g/l)\theta\end{cases}$

3.4　$y=a_0+a_1x$ の a_0，a_1 を求める。$(\boldsymbol{F}^T\boldsymbol{F})^{-1}\boldsymbol{F}^T\boldsymbol{y}$ において，$\boldsymbol{y}^T=(0.75,2.25,3.25,3.75)$

$$\boldsymbol{F}^T=\begin{bmatrix}1&1&1&1\\-1&0&1&2\end{bmatrix}$$ より $(a_0,a_1)=(2,1)$ が得られる。

3.5　**解図3.1**のとおり

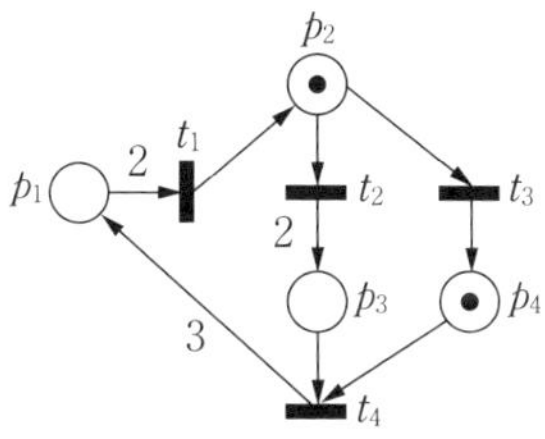

解図 3.1

3.6　(1)
$$D^+ = \begin{bmatrix} 0 & 1 & 1 \\ 1 & 0 & 0 \\ 0 & 1 & 0 \\ 0 & 0 & 1 \end{bmatrix}$$
(2)
$$D^- = \begin{bmatrix} 2 & 0 & 0 \\ 0 & 1 & 0 \\ 0 & 0 & 1 \\ 0 & 1 & 0 \end{bmatrix}$$
(3)
$$D = \begin{bmatrix} -2 & 1 & 1 \\ 1 & -1 & 0 \\ 0 & 1 & -1 \\ 0 & -1 & 1 \end{bmatrix}$$
(4) $\boldsymbol{x}^T = (0 \quad 0 \quad 1 \quad 1)$　(5) 1

3.7　それ以下では反応しない不感帯を表すしきい値を与える。

3.8　省略

3.9　{グー，チョキ，パー} をそれぞれ {0，1，2} に，また，{負け，あいこ，勝ち} をそれぞれ {−1，0，1} に対応させ，2 入力 1 出力のニューラルネットに，{(0，0)→0，(0，1)→1，(0，2)→−1，(1，0)→−1，(1，1)→0，(1，2)→1，(2，0)→1，(2，1)→−1，(2，2)→0} の 9 個のデータを学習させればよい。ただし，結果は，入力の第一要素に対するものとする。

3.10　最小二乗法では，モデル化のための関数形をあらかじめ決めておく必要があるが，ニューラルネットワークでは不要である。また後者は，カテゴリー化されたデータを持つ説明変数に対してもごく自然に対応できる。ともに内挿に対しては高い精度が期待できるが，外挿に関してはこの限りでない点について留意する必要がある，など。

4 章

4.1　$(m+n)!/(n!m!)$ 通りある。

4.2　$x = x' - x''$ と変換して，x，x'，$x'' \geqq 0$ とすればよい。

4.3　省略

4.4　一般的にいって，計算誤差や計算の安定性の面では 2 段階法の方が優れているが，計算時間はペナルティ法の方が短くてすむ。また，プログラム上の手続きは 2 段階法の方は複雑で，ペナルティ法では M の決め方に一意性がない。

4.5　(1) (0.6,0.8)，(3.0,0.0)，(4.0,0.0)，(0.0,3.0)，(0.0,2.0)
(2) $\boldsymbol{x}^* = (0.6, 0.8)^T$，$z^* = 3.4$

（3）max　$2\pi_1+3\pi_2-12\pi_3$　subject to $\begin{cases} 2\pi_1+\pi_2-3\pi_3 \leqq 3 \\ \pi_1+3\pi_2-4\pi_3 \leqq 2 \\ \pi_1, \pi_2, \pi_3 \geqq 0 \end{cases}$

（4）1.4

4.6　双対問題は以下のように与えられる。原問題，双対問題のそれぞれに対する図解法より，［定理 4.6］（1）の意味するところは明らかである。

$$\min \quad \pi_1+\pi_2 \quad \text{subject to} \begin{cases} \pi_1-\pi_2 \geqq 1 \\ -\pi_1+\pi_2 \geqq 1 \\ \pi_1, \pi_2 \geqq 0 \end{cases}$$

4.7　シンプレックス乗数に相当し，右辺係数の変化に対する感度係数となる。

4.8　際立った実用性と汎用ソフトの充実などを特徴として述べ，限界としては，現実システムの多くが非線形であることなどに言及すればよい。

4.9　$x=\dfrac{\sum_{i=1}^n p_i x_i}{P}$，$y=\dfrac{\sum_{i=1}^n p_i y_i}{P}$，$z=\dfrac{\sum_{i=1}^n p_i z_i}{P}$，ここで，$P=\sum_{i=1}^n p_i$ である。

4.10　$u(x)=\dfrac{f(x)}{x}=\dfrac{a}{x}+bx^{k-1}$ として，$\dfrac{du(x)}{dx}=0$ より $x=\left\{\dfrac{a}{(k-1)b}\right\}^{\frac{1}{k}}$

4.11　$\min (p-a)^2+(q-b)^2$　subject to $Ap+Bq+C=0$ より
$p=(aB^2-AbB-AC)/(A^2+B^2)$
$q=(bA^2-aBA-CB)/(A^2+B^2)$ となる。

4.12　（1），（2）省略，（3）$x_1=x_2=\dfrac{1}{2}$，（4）$\lambda_1=\lambda_2=0$，$\lambda_3=-2(x_2-2)=3$ となる。

4.13　$x_1=x_2=\cdots=x_n=a^{\frac{1}{n}}$，$f(x)=na^{\frac{1}{n}}$

4.14　矩形の一辺をそれぞれ x_1，x_2 とすると，max　x_1x_2 subject to $2(x_1+x_2)=a$ の解より，正方形となる。

4.15　（1）max　$24x_1+2x_2+30x_3+60x_4$ subject to $20x_1+10x_2+15x_3+20x_4 \leqq 50$，$x_i \in \{0,1\}$　（2）D，C，A，B　（3）D，C，B

4.16　（1）$x_1^{(1)}=10(1-\tau)=3.82$，$x_2^{(1)}=10\tau=6.18$　（2）$x_1^{(2)}=0.618$，$x_2^{(2)}=7.64$　（3）[3.82,7.64]

4.17　（1）$x_1=8$，$x_2=13$　（2）$x_3=16$　（3）2/21

4.18　min　$f(\boldsymbol{x})^T f(\boldsymbol{x})$ の最適解を求める。

4.19　最悪点を除いた重心は，$\boldsymbol{x}^0=\begin{pmatrix}4\\6\end{pmatrix}$ より，$\boldsymbol{x}^r=\begin{pmatrix}4\\6\end{pmatrix}+1.1\left\{\begin{pmatrix}4\\6\end{pmatrix}-\begin{pmatrix}1\\2\end{pmatrix}\right\}=\begin{pmatrix}7.3\\10.4\end{pmatrix}$

4.20　（1）$x_1=7/4$，$x_2=2$　（2）$\boldsymbol{H}=\begin{bmatrix}4 & -4\\-4 & 6\end{bmatrix}$

（3）正定である。なぜなら $\boldsymbol{d}^T\boldsymbol{H}\boldsymbol{d}=4\boldsymbol{d}_1^2-8\boldsymbol{d}_1\boldsymbol{d}_2+6\boldsymbol{d}_2^2=4(\boldsymbol{d}_1-\boldsymbol{d}_2)^2+2\boldsymbol{d}_2^2>0$ となる。

（4） $\boldsymbol{g}(1,1)=-\left(\frac{\partial f}{\partial x_1},\frac{\partial f}{\partial x_2}\right)^T=(-1,3)^T$ より，$(-16,22)\begin{pmatrix}v_2\\v_2\end{pmatrix}=0$ となればよいので，$\begin{pmatrix}v_1\\v_2\end{pmatrix}=\begin{pmatrix}11\\8\end{pmatrix}$ などとしてよい。

（5） $\begin{pmatrix}\frac{7}{4}\\ 2\end{pmatrix}=\begin{pmatrix}1\\1\end{pmatrix}+t_1\begin{pmatrix}-1\\3\end{pmatrix}+t_2\begin{pmatrix}11\\8\end{pmatrix}$ より，$t_1=5/41$，$t_2=13/164$ となる。

4.21　$\boldsymbol{u}^T(\nabla F(\boldsymbol{x}^*)^T-\nabla F(\boldsymbol{y}^*)^T)=0$ と $\nabla F(\boldsymbol{x})^T=\boldsymbol{A}\boldsymbol{x}+\boldsymbol{b}$ より，$\boldsymbol{u}^T\boldsymbol{A}(\boldsymbol{x}^*-\boldsymbol{y}^*)=\boldsymbol{u}^T\boldsymbol{A}\boldsymbol{v}=0$ となり，共役となる。

4.22　（1）-（d）　（2）-（b）　（3）-（a）　（4）-（c）　（5）-（e）

4.23　省略

5章

5.1　x の数直線上の $[1,3]$ の線分となる。

5.2　問題の最適解 $\boldsymbol{x}_\varepsilon^*$ がパレート最適解を与えないと仮定すると，$\boldsymbol{f}(\boldsymbol{x})\leqq\boldsymbol{f}(\boldsymbol{x}_\varepsilon^*)$ となるような実行可能解 $\boldsymbol{x}$ が存在する。このとき，もし

（1） $f_p(\boldsymbol{x})<f_p(\boldsymbol{x}_\varepsilon^*)$ なら，$\boldsymbol{x}_\varepsilon^*$ が最適解であることに反する。一方，もし，

（2） $f_p(\boldsymbol{x})\leqq f_p(\boldsymbol{x}_\varepsilon^*)$ なら，$\boldsymbol{x}_\varepsilon^*$ の唯一性は成立しない。

したがって，（1），（2）のいずれの場合とも矛盾を生ずる。よって $\boldsymbol{x}_\varepsilon^*$ はパレート最適解を与える。

5.3　最適解 $\boldsymbol{x}_w^*\in\boldsymbol{X}$ が，所与の問題の弱パレート最適解を与えないと仮定すると，$f(\boldsymbol{x})<f(\boldsymbol{x}_w^*)$ となるような実行可能解が存在する。このとき $\boldsymbol{x}_w^*$ は任意の $\boldsymbol{w}$ に対して，問の最適解とはならず仮定に矛盾する。よって $\boldsymbol{x}_w^*$ は弱パレート最適解となる。

5.4　V_{RBF} の下での最適解に対する各評価関数値を $\hat{f}_i^*(i=1,\cdots,N)$ で表すとき，$\hat{\boldsymbol{f}}^*$ がパレート最適解でないと仮定する。すると，少なくとも以下のようなある $\boldsymbol{f}^o$ が存在する。$f_j^o<\hat{f}_j^*$，$f_i^o\leqq\hat{f}_i^*$ $(i=1,\cdots,N,i\neq j)$ このとき，DM の選好は，$\boldsymbol{f}_o>\hat{\boldsymbol{f}}^*$ となるから，正しく同定された価値関数 V_{RBF} に対しては，$V_{\mathrm{RBF}}(\boldsymbol{f}^o;\boldsymbol{F}^R)>V_{\mathrm{RBF}}(\hat{\boldsymbol{f}}^*;\boldsymbol{F}^R)$ でなければならない。これは，$\hat{\boldsymbol{f}}^*$ が V_{RBF} の下での最適解であることに反する。よって，$\hat{\boldsymbol{f}}^*$ はパレート最適解である。

5.5　M 人中，第 k 番目の DM の i-j 要素に対する応答を a_{ij}^k と書く。

算術平均：$\bar{a}_{ij}=\sum_{k=1}^{M}a_{ij}^k/M$ の場合は，i-j 要素と j-i 要素間に逆数関係は成立しない。一方，幾何平均：$\tilde{a}_{ij}=\sqrt[M]{\prod_{k=1}^{M}a_{ij}^k}$ では，この逆数関係が成立するので，幾何平均の方が望ましい。

5.6～5.8　省略

索　　引

―― 著者略歴 ――

1971年　京都大学工学部化学工学科卒業
1973年　京都大学大学院工学研究科修士課程修了（化学工学専攻）
1976年　京都大学大学院工学研究科博士課程単位取得退学（化学工学専攻）
　　　　工学博士
1976年　京都大学助手
1988年　京都大学助教授
1997年　豊橋技術科学大学教授
　　　　現在に至る

最適化工学のすすめ
―賢い決め方のワークベンチ―
An Encouragement of Learning Optimization Engineering
― workbench for smart decision making ―

2010年2月22日　初版第1刷発行　★

検印省略

著　者　清水良明（しみず よしあき）
発行者　株式会社　コロナ社
　　　　代表者　牛来真也
印刷所　新日本印刷株式会社

112-0011　東京都文京区千石4-46-10
発行所　株式会社　**コロナ社**
CORONA PUBLISHING CO., LTD.
Tokyo　Japan
振替 00140-8-14844・電話(03)3941-3131(代)
ホームページ　http://www.coronasha.co.jp

ISBN 978-4-339-02444-9　（横尾）　（製本：愛千製本所）
Printed in Japan